Ansys Workbench 2024 有限元分析从入门到精通

胡仁喜　康士廷　等编著

机械工业出版社
CHINA MACHINE PRESS

本书以 Ansys 2024 为依据，对 Ansys Workbench 分析的基本思路、操作步骤、应用技巧进行了详细介绍，并结合典型工程应用实例详细讲述了 Ansys Workbench 的具体工程应用方法。

本书前 9 章为操作基础，详细介绍了 Ansys Workbench 分析全流程的基本步骤和方法，包括 Ansys Workbench 2024 基础、项目管理、DesignModeler 图形用户界面、草图模式、三维特征、高级三维建模、概念建模、一般网格控制和 Mechanical 简介。后 9 章为专题实例，按不同的分析专题讲解了参数设置方法与技巧，包括静力结构分析、模态分析、响应谱分析、谐响应分析、随机振动分析、线性屈曲分析、结构非线性分析、热分析和优化设计。

本书适合使用 Ansys 软件的初中级用户和有初步使用经验的技术人员阅读；可作为理工科院校相关专业的高年级本科生、研究生及教师的培训教材，也可作为相关行业从事结构分析的工程技术人员的参考书。

图书在版编目（CIP）数据

Ansys Workbench 2024 有限元分析从入门到精通 / 胡仁喜等编著. -- 北京：机械工业出版社，2024. 10.
ISBN 978-7-111-76438-0

Ⅰ. O241. 82-39

中国国家版本馆 CIP 数据核字第 2024H9R215 号

机械工业出版社（北京市百万庄大街 22 号　邮政编码 100037）

策划编辑：黄丽梅　　　　　　责任编辑：黄丽梅　王春雨
责任校对：韩佳欣　李　杉　　责任印制：任维东
北京中兴印刷有限公司印刷
2024 年 10 月第 1 版第 1 次印刷
184mm × 260mm · 22.5 印张 · 569 千字
标准书号：ISBN 978-7-111-76438-0
定价：89.00 元

电话服务　　　　　　　　网络服务
客服电话：010-88361066　机 工 官 网：www.cmpbook.com
　　　　　010-88379833　机 工 官 博：weibo.com/cmp1952
　　　　　010-68326294　金 书 网：www.golden-book.com
封底无防伪标均为盗版　机工教育服务网：www.cmpedu.com

前　言

有限元法作为工程分析领域应用较为广泛的一种数值计算方法，自 20 世纪中叶以来，以其独有的计算优势得到了广泛的发展和应用，已出现了不同的有限元算法，并由此产生了一批非常成熟的通用和专业有限元商业软件。随着计算机技术的飞速发展，各种工程软件也得以广泛应用。

Ansys 软件是美国 Ansys 公司研制的大型通用有限元分析 (FEA) 软件，能够进行包括结构、热、声、流体以及电磁场等学科的研究，在核工业、铁道、石油化工、航空航天、机械制造、能源、汽车交通、国防军工、电子、土木工程、造船、生物医药、轻工、地矿、水利、日用家电等领域有着广泛的应用。Ansys 的功能强大，操作简单方便，现在它已成为国际流行的有限元分析软件，在历年 FEA 评比中都名列第一。

Workbench 是 Ansys 公司开发的新一代协同仿真环境，与传统 Ansys 相比较，Workbench 有利于协同仿真、项目管理，可以进行双向的参数传输，具有复杂装配件接触关系的自动识别、接触建模功能，可对复杂的几何模型进行高质量的网格处理，自带可定制的工程材料数据库，方便操作者进行编辑、应用，支持所有 Ansys 的有限元分析功能。

本书以 Ansys 的新版本 Ansys 2024 为依据，对 Ansys Workbench 分析的基本思路、操作步骤、应用技巧进行了详细介绍，并结合典型工程应用实例详细讲述了 Ansys Workbench 的具体工程应用方法。

本书前 9 章为操作基础，介绍了 Ansys Workbench 分析全流程的基本步骤和方法：第 1 章为 Ansys Workbench 2024 基础；第 2 章为项目管理；第 3 章为 DesignModeler 图形用户界面；第 4 章为草图模式；第 5 章为三维特征；第 6 章为高级三维建模；第 7 章为概念建模；第 8 章为一般网格控制；第 9 章为 Mechanical 简介。后 9 章为专题实例，按不同的分析专题讲解了参数设置方法与技巧：第 10 章为静力结构分析；第 11 章为模态分析；第 12 章为响应谱分析；第 13 章为谐响应分析；第 14 章为随机振动分析；第 15 章为线性屈曲分析；第 16 章为结构非线性分析；第 17 章为热分析；第 18 章为优化设计。

本书附有电子资料包，除了有每个实例 GUI 实际操作步骤的视频，还以文本文件的格式给出了每个实例的命令流文件，用户可以直接调用。用户可以登录百度网盘下载，链接：https://pan.baidu.com/s/1y_prXDvlQKERFstdosvujQ 密码：swsw，（读者如果没有百度网盘，需要先注册一个才能下载），也可以扫描下面二维码下载：

　　本书由三维书屋工作室总策划，石家庄三维书屋文化传播有限公司的胡仁喜博士和康士廷老师主要编写，参加编写的还有李鹏、周冰、董伟、李瑞、王敏、刘昌丽、张俊生、王玮、孟培、王艳池、阳平华、袁涛、闫聪聪、王培合、路纯红、王义发、王玉秋、杨雪静、张日晶、卢园、王渊峰、王兵学、孙立明、甘勤涛、李兵、徐声杰、张琪、李亚莉。

　　本书适合使用 Ansys 软件的初中级用户和有初步使用经验的技术人员阅读；可作为理工科院校相关专业的高年级本科生、研究生及教师学习 Ansys 软件的培训教材，也可作为相关专业从事结构分析的工程技术人员使用 Ansys 软件的参考书。由于时间仓促，加之作者的水平有限，不足之处在所难免，恳请专家和广大读者不吝赐教，联系 714491436@qq.com 批评指正。

编著者

2024.4

目 录

第 1 章

Ansys Workbench 2024 基础

本章首先介绍 CAE 技术及其有关基本知识，并由此引出了 Ansys Workbench。然后讲述了 Ansys Workbench 的功能特点以及程序结构和分析基本流程。

本章提纲挈领地介绍 Ansys Workbench 的基本知识，主要是为了给读者提供一个对 Ansys Workbench 的感性认识。

学 习 要 点

◎ CAE 软件简介

◎ 有限元法简介

◎ Ansys 简介

◎ Ansys Workbench 概述

◎ Ansys Workbench 2024 分析的基本过程

◎ Ansys Workbench 2024 的设计流程

◎ Ansys Workbench 2024 系统要求和启动

1.1 CAE 软件简介

传统产品设计流程图如图 1-1 所示。由图 1-1 可以发现，传统产品设计流程中，各项产品测试皆在设计流程后期方能进行。因此，一旦发生问题，除了必须付出设计成本，相关前置作业也需改动，而且发现问题越晚，重新设计所付出的成本就会越高，若影响交货期或产品形象，损失更是难以估计，为了避免发生这种情况，预期评估产品的特质便成为设计人员的重要课题。

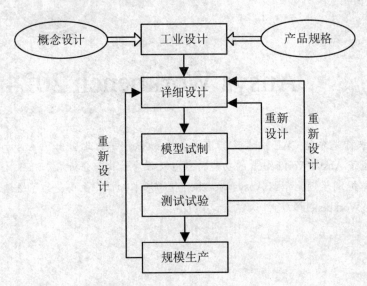

图 1-1　传统产品设计流程图

计算力学、计算数学、工程管理学特别是信息技术的飞速发展极大地推动了相关产业和学科研究的进步。有限元、有限体积及差分等方法与计算机技术相结合，诞生了新兴的跨专业和跨行业的学科。计算机辅助工程（CAE）作为一种新兴的数值模拟分析技术，越来越受到工程技术人员的重视。

在产品开发过程中引入 CAE 技术后，在产品尚未批量生产之前，不仅能协助工程人员进行产品设计，更可以在争取订单时，作为一种强有力的工具协助营销人员及管理人员与客户沟通；在批量生产阶段，可以协助工程技术人员在重新更改时，找出问题发生的起点。

在批量生产以后，相关分析结果还可以成为下次设计的重要依据。图 1-2 所示为引入 CAE 后的产品设计流程图。

以电子产品为例，80% 的电子产品在使用过程中可能会受到撞击，研究人员往往需要针对产品做相关的质量试验，如常见的自由跌落试验，这不仅耗费了大量的研发时间和成本，而且试验本身也存在很多缺陷，表现在以下几个方面：

◆ 试验发生的时间很短，很难观察试验过程中的现象。

◆ 测试条件难以控制，试验的重复性很差。

◆ 试验时很难测量产品内部特性和观察内部现象。

◆ 一般只能得到试验结果，而无法确定试验结果产生的原因。

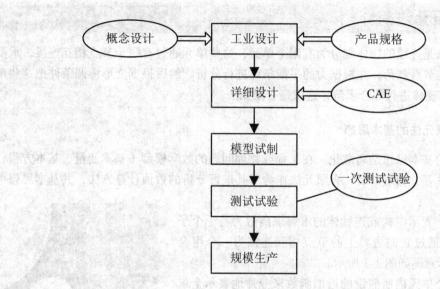

图 1-2　引入 CAE 后的产品设计流程图

　　引入 CAE 后，在产品开模之前，可以通过相应软件对电子产品模拟自由跌落试验（Free Drop Test）、模拟冲击试验（Shock Test）以及应力应变分析、振动仿真、温度分布分析等求得设计的最佳解，进而为一次试验甚至无试验可使产品通过测试规范提供了可能。

　　CAE 的重要性主要体现在以下几个方面：

　　（1）CAE 本身就可以看作是一种基本试验。计算机计算弹体的侵彻与炸药爆炸过程以及各种非线性波的相互作用等问题，实际上是求解含有很多线性与非线性的偏微分方程、积分方程以及代数方程等的耦合方程组。利用解析方法求解爆炸力学问题是非常困难的，一般只能考虑一些很简单的问题。利用试验方法费用昂贵，还只能表征初始状态和最终状态，中间过程无法得知，因而也无法帮助研究人员了解问题的实质。而数值模拟在某种意义上比理论与试验对问题的认识更为深刻、更为细致，不仅可以了解问题的结果，而且可随时连续动态地、重复地显示事物的发展，了解其整体与局部的细致过程。

　　（2）CAE 可以直观地显示目前还不易观测到的、说不清楚的一些现象，容易为人理解和分析；还可以显示任何试验都无法看到的发生在结构内部的一些物理现象。如弹体在不均匀介质侵彻过程中的受力和偏转；爆炸波在介质中的传播过程和地下结构的破坏过程。同时，数值模拟可以替代一些危险、昂贵的甚至是难于实施的试验，如核反应堆的爆炸事故、核爆炸的过程与效应等。

　　（3）CAE 促进了试验的发展，能够对试验方案的科学制定和试验过程中测点的最佳位置、仪表量程等的确定提供更可靠的理论指导。侵彻、爆炸试验费用是昂贵的，并存在一定危险，因此数值模拟不但有很好的经济效益，而且可以加速理论、试验研究的进程。

　　（4）一次投资，长期受益。虽然数值模拟大型软件系统的研制需要花费相当多的经费和人力资源，但与试验相比，数值模拟软件可以进行复制移植、重复利用，并可进行适当修改以满足不同情况的需求。据相关统计数据显示，应用 CAE 技术后，开发期的费用占开发成本的比例从 80%~90% 下降到 8%~12%。

1.2 有限元法简介

把一个原来是连续的物体划分为有限个单元，这些单元通过有限个节点相互连接，承受与实际载荷等效的节点载荷，并根据力的平衡条件进行分析，然后根据变形协调条件把这些单元重新组合成能够整体进行综合求解，这就是有限元法。

📖 1.2.1 有限元法的基本思想

有限元法的基本思想是离散化。在工程或物理问题的数学模型（基本变量、基本方程、求解域和边界条件等）确定以后，有限元法作为对其进行分析的数值计算方法，其基本思想可简单概括为以下 3 点：

（1）将一个表示结构或连续体的求解域离散为若干个子域（单元），并通过它们边界上的节点相互连接为一个组合体，单元划分示意图如图 1-3 所示。

（2）用每个单元内所假设的近似函数来分片地表示全求解域内待求解的未知场变量。而每个单元内的近似函数由未知场函数（或其导数）在单元各个节点上的数值和与其对应的插值函数来表达。由于在连接相邻单元的节点上，场函数具有相同的数值，因而将它们作为数值求解的基本未知量。这样一来，求解原待求场函数的无穷多自由度问题转换为求解场函数节点值的有限自由度问题。

图 1-3　单元划分示意图

（3）通过和原问题数学模型（如基本方程、边界条件等）等效的变分原理或加权余量法，建立求解基本未知量（场函数节点值）的代数方程组或常微分方程组。此方程组成为有限元求解方程，并表示成规范化的矩阵形式，接着用相应的数值方法求解该方程，从而得到原问题的解答。

📖 1.2.2 有限元法的特点

（1）对于复杂几何构形的适应性。由于单元在空间上可以是一维、二维或三维的，而且每一种单元可以有不同的形状，同时各种单元可以采用不同的连接方式，所以，工程实际中遇到的非常复杂的结构或构造都可以离散为由单元组合体表示的有限元模型。图 1-4 所示为一个三维实体的单元划分模型。

（2）对于各种物理问题的适用性。由于用单元内近似函数分片地表示全求解域的未知场函数，并未限制场函数所满足的方程形式，也未限制各个单元所对应的方程必须有相同的形式，因此它适用于各种物理问题，如线弹性问题、弹塑性问题、黏弹性问题、动力问题、屈曲问题、流体力学问题、热传导问题、声学问题、电磁场问题等，而且还可以用于各种物理现象相互耦合的问题。图 1-5 所示为一个热应力问题。

（3）建立于严格理论基础上的可靠性。因为用于建立有限元方程的变分原理或加权余量法在数学上已证明是微分方程和边界条件的等效积分形式，所以只要原问题的数学模型是正确的，同时用来求解有限元方程的数值算法是稳定可靠的，则随着单元数目的增加（即单元尺寸的缩小）或者是随着单元自由度数的增加（即插值函数阶次的提高），有限元解的近似程度不断被改进。如果单元是满足收敛准则的，则近似解最后收敛于原数学模型的精确解。

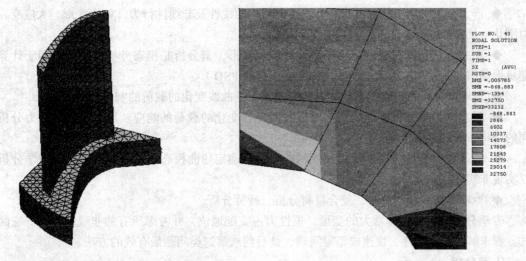

图 1-4　一个三维实体的单元划分模型　　　　图 1-5　一个热应力问题

（4）适合计算机实现的高效性。由于有限元分析的各个步骤可以表达成规范化的矩阵形式，最后导致求解方程可以统一为标准的矩阵代数问题，特别适合计算机的编程和执行。随着计算机硬件技术的高速发展以及新的数值算法的不断出现，大型复杂问题的有限元分析已成为工程技术领域的常规工作。

1.3　Ansys 简介

Ansys 软件是融合结构、热、流体、电磁、声学于一体的大型通用有限元分析软件，可广泛用于核工业、铁道、石油化工、航空航天、机械制造、能源、汽车交通、国防军工、电子、土木工程、造船、生物医学、轻工、地矿、水利、日用家电等一般工业及科学研究。该软件可在大多数计算机及操作系统中运行，从 PC 到工作站再到巨型计算机，Ansys 文件在其所有的产品系列和工作平台上均兼容。Ansys 多物理场耦合的功能，允许在同一模型上进行各式各样的耦合计算成本，如热 - 结构耦合、磁 - 结构耦合以及电 - 磁 - 流体 - 热耦合，在 PC 上生成的模型同样可运行于巨型计算机上，这样就确保了 Ansys 对多领域多变工程问题的求解。

1.3.1　Ansys 的发展

Ansys 能与多数 CAD 软件结合使用，实现数据共享和交换，如 AutoCAD、I-DEAS、Pro/Engineer、NASTRAN、Alogor 等，是现代产品设计中的高级 CAD 工具之一。

Ansys 软件提供了一个不断改进的功能清单，具体包括：结构高度非线性分析、电磁分析、计算流体力学分析、设计优化、接触分析、自适应网格划分、大应变 / 有限转动功能以及利用 Ansys 参数设计语言（APDL）的扩展宏命令功能。基于 Motif 的菜单系统使用户能够通过对话框、下拉菜单和子菜单进行数据输入和功能选择，为用户使用 Ansys 提供"导航"。

1.3.2 Ansys 的功能

1. 结构分析

◆ 静力分析：用于静态载荷。可以考虑结构的线性及非线性行为，如大变形、大应变、应力刚化、接触、塑性、超弹性及蠕变等。

◆ 模态分析：计算线性结构的自振频率及振形，谱分析是模态分析的扩展，用于计算由随机振动引起的结构应力和应变（也称为响应谱或 PSD）。

◆ 谐响应分析：确定线性结构对随时间按正弦曲线变化的载荷的响应。

◆ 瞬态动力学分析：确定结构对随时间任意变化的载荷的响应。可以考虑与静力分析相同的结构非线性行为。

◆ 特征屈曲分析：用于计算线性屈曲载荷并确定屈曲模态形状（结合瞬态动力学分析可以实现非线性屈曲分析）。

◆ 专项分析：断裂分析、复合材料分析、疲劳分析。

专项分析用于模拟非常大的变形，惯性力占支配地位，并考虑所有的非线性行为。它的显式方程求解冲击、碰撞、快速成型等问题，是目前求解这类问题最有效的方法。

2. 热分析

热分析一般不是单独进行的，其后往往进行结构分析，计算由于热膨胀或收缩不均匀引起的应力。热分析包括以下类型：

◆ 相变（熔化及凝固）：金属合金在温度变化时的相变，如铁合金中马氏体与奥氏体的转变。

◆ 内热源（如电阻发热等）：存在热源问题，如在加热炉中对试件进行加热。

◆ 热传导：热传递的一种方式，当相接触的两物体存在温度差时发生。

◆ 热对流：热传递的一种方式，当存在流体、气体和温度差时发生。

◆ 热辐射：热传递的一种方式，只要存在温度差时就会发生，可以在真空中进行。

3. 电磁分析

电磁分析中考虑的物理量是磁通量密度、磁场密度、磁力、磁力矩、阻抗、电感、涡流、耗能及磁通量泄漏等。磁场可由电流、永磁体、外加磁场等产生。磁场分析包括以下类型：

◆ 静磁场分析：计算直流电（DC）或永磁体产生的磁场。

◆ 交变磁场分析：计算由交流电（AC）产生的磁场。

◆ 瞬态磁场分析：计算随时间随机变化的电流或外界引起的磁场。

◆ 电场分析：用于计算电阻或电容系统的电场。典型的物理量有电流密度、电荷密度、电场及电阻热等。

◆ 高频电磁场分析：用于微波及 RF 无源组件、波导、雷达系统、同轴连接器等。

4. 流体分析

流体分析主要用于确定流体的流动及热行为。流体分析包括以下类型：

◆ 计算流体动力学（Computational Fluid Dynamics，CFD）分析：Ansys/FLOTRAN 提供了强大的计算流体动力学分析功能，包括不可压缩或可压缩流体、层流及湍流以及多组分流等。

◆ 声学分析：考虑流体介质与周围固体的相互作用，进行声波传递或水下结构的动力学分析等。

◆ 容器内流体分析：考虑容器内的非流动流体的影响，可以确定由于晃动引起的静压。

◆ 流体动力学耦合分析：在考虑流体约束质量的动力响应基础上，在结构动力学分析中使用流体耦合单元。

5. 耦合场分析

耦合场分析主要考虑两个或多个物理场之间的相互作用。如果两个物理场之间相互影响，单独求解一个物理场是不可能得到正确结果的，因此需要一个能够将两个物理场组合到一起求解的分析软件。例如，在压电力分析中，需要同时求解电压分布（电场分析）和应变（结构分析）。

1.4 Ansys Workbench 概述

Workbench 是 Ansys 公司开发的新一代协同仿真环境：

1997 年，Ansys 公司基于广大设计的分析应用需求、特点，开发了专供设计人员应用的分析软件 Ansys DesignSpace（DS），其前后处理功能与经典的 Ansys 软件完全不同，软件的易用性和与 CAD 的接口非常好。

2000 年，Ansys DesignSpace 的界面风格更加受到广大用户的喜爱，Ansys 公司决定提升 Ansys DesingnSpace 的界面风格，以使经典的 Ansys 软件的前后处理也能应用，形成了协同仿真环境：Ansys Workbench Environment（AWE）。其功能定位于以下几个方面：

◆ 重现经典 Ansys PP 软件的前后处理功能。

◆ 新产品的风格界面。

◆ 收购产品转化后的最终界面。

◆ 用户的软件开发环境。

其后，在 AWE 基础上，开发了 Ansys DesignModeler（DM）、Ansys DesignXplorer（DX）、Ansys DesignXplorer VT（DX VT）、Ansys FatigueModule（FM）、Ansys CAE Template 等。当时目的是和 DS 共同提供给用户先进的 CAE 技术。

Ansys Inc. 允许以前只能在 ACE 上运行的 MP、ME、ST 等产品，也可在 AWE 上运行。用户在启动这些产品时，可以选择 ACE，也可选择 AWE。AWE 作为 Ansys 软件的新一代前后处理，还未支持 Ansys 所有的功能，目前主要支持大部分的 ME 和 Ansys Emag 的功能，而且与 ACE 的 PP 并存。

1.4.1 Ansys Workbench 2024 的特点

1. 协同仿真、项目管理

集设计、仿真、优化、网格变形等功能于一体，对各种数据进行项目协同管理。

2. 双向的参数传输功能

支持 CAD-CAE 间的双向参数传输功能。

3. 高级的装配部件处理工具

具有复杂装配件接触关系的自动识别、接触建模功能。

4. 先进的网格处理功能

可对复杂的几何模型进行高质量的网格处理。

5. 分析功能

支持几乎所有 Ansys 的有限元分析功能。

6. 内嵌可定制的材料库

自带可定制的工程材料数据库，方便操作者进行编辑、应用。

7. 易学易用

Ansys 公司所有软件模块共同运行、协同仿真与数据管理环境，工程应用的整体性、流程性都大大增强。完全的 Windows 友好界面和工程化应用，方便工程设计人员应用。实际上，Workbench 的有限元仿真分析采用的方法（单元类型、求解器、结果处理方式等）与 Ansys 经典界面是一样的，只不过 Workbench 采用了更加工程化的方式来适应操作者，即使是没有多长有限元软件应用经历的人也能很快地完成有限元分析工作。

📖 1.4.2　Ansys Workbench 2024 的应用分类

1. 本地应用（见图 1-6）

现有的本地应用有"项目原理图""工程数据"和"工具箱"。本地应用完全在 Workbench 窗口中启动和运行。

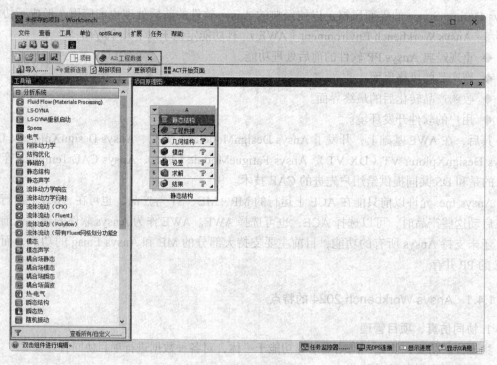

图 1-6　本地应用

2. 数据整合应用（见图 1-7）

现有的应用包括 Mechanical、Mechanical APDL、FLUENT、CFX、AUTODYN 以及其他。

在工业应用领域中，为了提高产品设计质量、缩短周期、节约成本，CAE 技术的应用越来越广泛，设计人员参与 CAE 分析已经成为必然。这对 CAE 分析软件的灵活性、易学易用性提出了更高的要求。

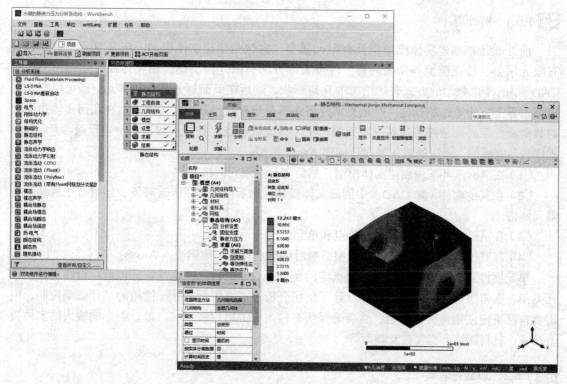

图 1-7　数据整合应用

1.5　Ansys Workbench 2024 分析的基本过程

　　Ansys 分析的基本过程包含 4 个主要的步骤：初步确定、前处理、加载并求解、后处理，如图 1-8 所示。其中初步确定为分析前的蓝图，操作步骤为后三个步骤。

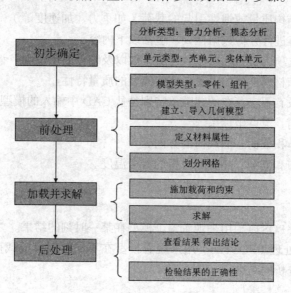

图 1-8　Ansys 分析的基本过程

📖 1.5.1 前处理

前处理是指创建实体模型以及有限元模型。它包括创建实体模型、定义单元属性、划分有限元网格、修正模型等几项内容。现今大部分的有限元模型都是用实体模型建模，类似于CAD、Ansys 以数学的方式表达结构的几何形状，然后在里面划分节点和单元，还可以在几何模型边界上方便地施加载荷，但是实体模型并不参与有限元分析，所以施加在几何实体边界上的载荷或约束必须最终传递到有限元模型上（单元或节点）进行求解，这个过程通常是 Ansys 程序自动完成的。可以通过 4 种途径创建 Ansys 模型：

（1）在 Ansys 环境中创建实体模型，然后划分有限元网格。

（2）在其他软件（如 CAD）中创建实体模型，然后读入到 Ansys 环境，经过修正后划分有限元网格。

（3）在 Ansys 环境中直接创建节点和单元。

（4）在其他软件中创建有限元模型，然后将节点和单元数据读入 Ansys。

单元属性是指划分网格以前必须指定的所分析对象的特征，这些特征包括：材料属性、单元类型、实常数等。需要强调的是，除了磁场分析不需要告诉 Ansys 使用的是什么单位制，但需要自己决定使用何种单位制，然后确保所有输入值的单位制统一，单位制影响输入的实体模型尺寸、材料属性、实常数及载荷等。

📖 1.5.2 加载并求解

（1）自由度（DOF）：定义节点的自由度（DOF）值（如结构分析的位移、热分析的温度、电磁分析的磁势等）。

（2）面载荷（包括线载荷）：作用在表面的分布载荷（如结构分析的压力、热分析的热对流、电磁分析的麦克斯韦尔表面等）。

（3）体积载荷：作用在体积上或场域内的载荷（如热分析的体积膨胀和内生成热、电磁分析的磁流密度等）。

（4）惯性载荷：结构质量或惯性引起的载荷（如重力、加速度等）。

在进行求解之前应进行分析数据检查，包括以下内容：

（1）单元类型和选项、材料性质参数、实常数以及统一的单位制。

（2）单元实常数和材料类型的设置、实体模型的质量特性。

（3）确保模型中没有不应存在的缝隙（特别是从 CAD 中输入的模型）。

（4）壳单元的法向、节点坐标系。

（5）集中载荷和体积载荷、面载荷的方向。

（6）温度场的分布和范围、热膨胀分析的参考温度。

📖 1.5.3 后处理

（1）通用后处理（POST1）用来观看整个模型在某一时刻的结果。

（2）时间历程后处理（POST26）用来观看模型在不同时间段或载荷步上的结果，常用于处理瞬态分析和动力分析的结果。

1.6 Ansys Workbench 2024 的设计流程

在现在应用的新版本中，Ansys 对 Workbench 构架进行了重新设计，全新的"项目视图（Project Schematic View）"功能改变了用户使用 Workbench 仿真环境（Simulation）的方式。在 Ansys Workbench 主要产品设计流程示意图中，仿真项目（Projects）中的各种任务以相互连接的图形化方式清晰地表达出来，如图 1-9 所示，使用户可以非常方便地理解项目的工程意图、数据关系、分析过程的状态等。

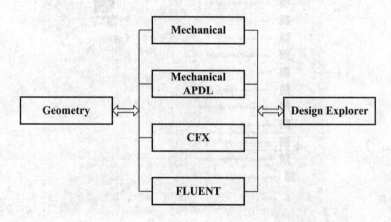

图 1-9　Ansys Workbench 主要产品设计流程示意图

1.7 Ansys Workbench 2024 系统要求和启动

 ### 1.7.1　系统要求

1. 操作系统要求

（1）Ansys Workbench 2024 可运行于 HP-UX Itanium 64（hpia64）、IBM AIX 64（aix64）、Sun SPARC 64（solus64）、Sun Solaris x64（solx64）、Linux 32（lin32）、Linux Itanium 64（linia64）、Linux x64（linx64）、Windows x64（winx64）、Windows 32（win32）等各类计算机及操作系统中，其数据文件是兼容的。

（2）确定计算机安装有网卡、TCP/IP 协议，并将 TCP/IP 协议绑定到网卡上。

2. 硬件要求

（1）内存：8GB 以上（推荐 16GB 或 32GB）。

（2）硬盘：40GB 以上。

（3）显示器：支持 1024px×768px、1366px×768px 或 1280px×800px 分辨率的显示器，一些应用会建议使用高分辨率，如 1920px×1080px 或 1920px×1200px；可显示 24 位以上颜色显卡。

（4）介质：可由网络下载或用 USB 储存安装。

📖 1.7.2 启动

（1）从 Windows 开始菜单启动，如图 1-10 所示。

图 1-10　从 Windows 开始菜单启动

（2）从其支持的 Inventor 系统中启动，如图 1-11 所示。

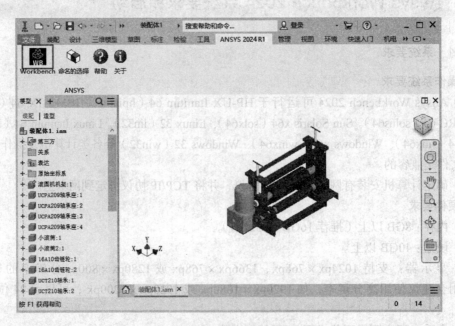

图 1-11　从其支持的 Inventor 系统中启动

1.8　Ansys Workbench 2024 的界面

启动 Ansys Workbench 2024 将进入如图 1-12 所示图形界面。大多数情况下 Ansys Workbench 2024 的图形界面分成两部分，其他部分将在后续章节中介绍。

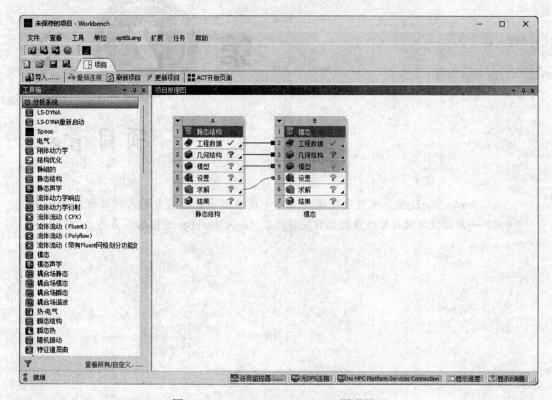

图 1-12　Ansys Workbench 2024 图形界面

第 **2** 章

项目管理

Ansys Workbench 项目管理是定义一个或多个系统所需要的工作流程的图形体现。一般情况下项目管理中的工作流程放在 Ansys Workbench 图形界面的右边。

- ◎ 工具箱
- ◎ 项目原理图
- ◎ Ansys Workbench 2024 选项窗口
- ◎ Ansys Workbench 2024 文档管理
- ◎ 创建项目原理图实例

2.1 工具箱

通过项目原理图中的工作流程可以运行多种应用，分为以下两种方式：

（1）现有多种应用是完全在 Workbench 窗口中运行的，包括项目原理图、材料属性管理与设置探索。

（2）非本地应用是在各自的窗口中运行的，包括 Mechanical（formerly Simulation）、Mechanical APDL（formerly Ansys）、Ansys FLUENT、Ansys CFX 等。

Ansys Workbench 2024 的工具箱列举了可以使用的系统和应用程序，可以通过工具箱将这些应用程序和系统添加到项目原理图中。如图 2-1 所示，工具箱由 7 个子组组成，可以展开或折叠起来，也可以通过工具箱下面的"查看所有 / 自定义"按钮来调整工具箱中应用程序或系统的显示或隐藏。工具箱包括 7 个子组：

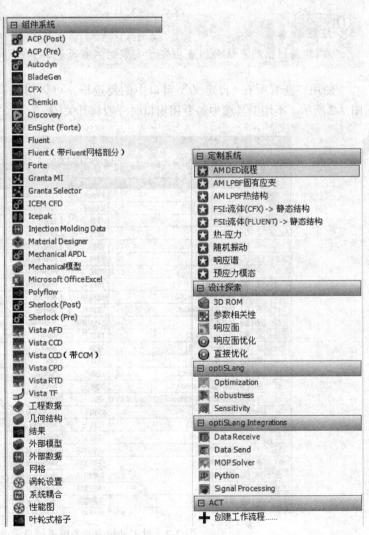

图 2-1　Ansys Workbench 2024 工具箱

- 分析系统：可用在示意图中的预定义模板，是已经定义好的分析体系，包含工程数据模拟中不同的分析类型，在确定好分析流程后可直接使用。

- 组件系统：相当于分析系统的子集，包含各领域独立的建模工具和分析功能，可单独使用，也可通过搭建组装形成一个完整的分析流程。

- 定制系统：为耦合应用预定义分析系统（FSI、热 - 应力、随机振动等）。用户也可以建立自己的预定义系统。

- 设计探索：参数化管理和优化设计的探索。

- optiSLang：通过将 Workbench 强大的参数化建模功能与 optiSLang 强大的设计优化（RDO）方法相结合，来优化产品设计。用于灵敏度分析、优化和健壮性评估的分析。

- optiSLang Integrations：提供了 optiSLang 与外部编程的接口，包括 Data Receive、Data Send、MOP Solver、Python 和 Signal Processing。

- ACT（扩展连接）：外部数据的扩展接口。

注意：

工具箱列出的系统和组成决定于安装的 Ansys 产品。

使用"查看所有 / 自定义"窗口中的复选框，可以对工具箱中的各项进行显示设置，如图 2-2 所示。不用工具箱中的专用窗口时一般将其关闭。

	名称	物理场	求解器类型	AnalysisType
1				
2	□ 分析系统			
3	☑ LS-DYNA	Explicit	LSDYNA@LSDYNA	结构
4	☑ LS-DYNA重新启动	Explicit	RestartLSDYNA@LSDYNA	结构
5	☑ Speos	任意	任意	任意
6	☑ 电气	电气	Mechanical APDL	稳态导电
7	☑ 刚体动力学	结构	刚体动力学	瞬态
8	☑ 结构优化	结构	Mechanical APDL	结构优化
9	☑ 静磁的	电磁	Mechanical APDL	静磁的
10	☑ 静态结构	结构	Mechanical APDL	静态结构
11	□ 静态结构（ABAQUS）	结构	ABAQUS	静态结构
12	□ 静态结构（Samcef）	结构	Samcef	静态结构
13	☑ 静态声学	多物理场	Mechanical APDL	静态
14	☑ 流体动力学响应	瞬态	Aqwa	流体动力学响应
15	☑ 流体动力学衍射	模态	Aqwa	流体动力学衍射
16	☑ 流体流动（CFX）	流体	CFX	
17	☑ 流体流动（Fluent）	流体	FLUENT	任意
18	☑ 流体流动（Polyflow）	流体	Polyflow	任意
19	☑ 流体流动（带有Fluent网格划分功能的Flu	流体	FLUENT	任意
20	☑ 模态	结构	Mechanical APDL	模态
21	□ 模态（ABAQUS）	结构	ABAQUS	模态
22	□ 模态（Samcef）	结构	Samcef	模态
23	☑ 模态声学	多物理场	Mechanical APDL	模态
24	☑ 耦合场静态	多物理场	Mechanical APDL	静态
25	☑ 耦合场模态	多物理场	Mechanical APDL	模态
26	☑ 耦合场瞬态	多物理场	Mechanical APDL	瞬态
27	☑ 耦合场谐波	多物理场	Mechanical APDL	谐波

图 2-2　对工具箱中的各项进行显示设置

2.2 项目原理图

项目原理图是通过放置应用或系统到项目管理区中的各个区域，定义全部分析项目的。它表示了项目的结构和工作的流程。为项目中各对象和它们之间的相互关系提供了一个可视化的表示。项目原理图由一个个模块组成，如图 2-3 所示。

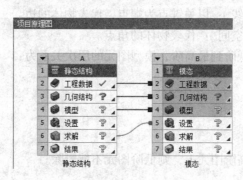

图 2-3　项目原理图

项目原理图可以因要分析的项目不同而不同，可以仅由一个单一的模块组成，也可以是含有一套复杂链接的系统耦合分析或模型的方法。

项目原理图中的模块由将工具箱里的应用程序或系统直接拖动到项目管理界面中或是直接在项目上双击载入。

2.2.1　系统和模块

要生成一个项目，需要从工具箱中添加模块到概图中形成一个项目原理图系统，项目原理图系统是由一个个模块所组成。要定义一个项目，还需要在模块之间进行交互。也可以在模块中右键单击，弹出快捷菜单，在里面选择可使用的模块。通过一个模块，可以实现下面的功能：

◆ 通过模块进入数据集成的应用程序或工作区。
◆ 添加与其他模块间的链接系统。
◆ 分配输入或参考的文件。
◆ 分配属性分析的组件。

项目原理图中的模块含有一个或多个单元，如图 2-4 所示，每个单元都有一个与它关联的应用程序或工作区，如 Ansys Fluent 或 Mechanical 应用程序。可以通过此单元单独打开这些应用程序。

图 2-4　项目原理图中的模块

2.2.2　模块的类型

模块包含许多可以使用的分析和组件系统，下面介绍通用的分析单元。

1. 工程数据

使用工程数据组件定义或访问使用材料模型中的分析所用数据。双击工程数据的单元格，或右键单击打开快捷菜单，从中选择"编辑"，以显示工程数据的工作区。可以自工作区中来定义数据材料等。

2. 几何结构

使用几何结构单元来导入、创建、编辑或更新用于分析的几何模型。

（1）4类图元：

◆ 体（三维模型）：由面围成，代表三维实体。

◆ 面（表面）：由线围成。代表实体表面、平面形状或壳（可以是三维曲面）。

◆ 线（可以是空间曲线）：以关键点为端点，代表物体的边。

◆ 关键点（位于三维空间）：代表物体的角点。

（2）层次关系。从最低阶到最高阶，模型图元的层次关系为：

◆ 关键点。

◆ 线。

◆ 面。

◆ 体。

如果低阶的图元连在高阶图元上，则低阶图元不能删除。

3. 模型

模型建立之后，需要划分网格，它涉及以下4个方面：

（1）选择单元属性（单元类型、实常数、材料属性）。

（2）设定网格尺寸控制（控制网格密度）。

（3）网格划分以前保存数据库。

（4）执行网格划分。

4. 设置

使用此设置单元可打开相应的应用程序。设置包括定义载荷、边界条件等。也可以在应用程序中配置分析。在应用程序中的数据会被纳入到 Ansys Workbench 的项目中，这其中也包括系统之间的链接。

载荷是指加在有限单元模型（或实体模型，但最终要将载荷转化到有限元模型上）上的位移、力、温度、热、电磁等。载荷包括边界条件和内外环境对物体的作用。

5. 求解

在所有的前处理工作进行完后，要进行求解，求解过程包括选择求解器、对求解进行检查、求解的实施及对求解过程中会出现问题的解决等。

6. 结果

分析问题的最后一步工作是进行后处理，后处理就是对求解所得到的结果查看、分析和操作。结果单元即为显示的分析结果的可用性和状态。结果单元是不能与任何其他系统共享数据的。

📖 2.2.3 了解模块状态

1. 典型的模块状态

❓ 无法执行：丢失上行数据。

❓ 需要注意：可能需要改正本单元或者上行单元。

🔄 需要刷新：上行数据发生改变，需要刷新单元（更新也会刷新单元）。

需要更新：数据一改变单元的输出也要相应地更新。

最新的。

发生输入变动：单元是局部刷新的，上行数据发生变化也可能导致其发生改变。

2. 解决方案特定的状态

中断：表示已经中断的解决方案。此选项执行的求解器正常停止，这将完成当前迭代，并写一个解决方案文件。

挂起：标志着一个批次或异步解决方案正在进行中。当一个模块进入挂起状态，可以与项目的其他部分退出 Ansys Workbench 或工作。

3. 故障状态

刷新失败，需要刷新。

更新失败，需要更新。

更新失败，需要注意。

2.2.4 项目原理图中的链接

链接的作用是连接系统之间的数据共享系统或数据传输。可能会在项目原理图中出现的链接主要类型（见图 2-5）包括：

◆ 指示数据链接系统之间的共享。这些链接以方框终止。

◆ 指示数据的链接是从上游到下游系统。这些链接以圆形终止。

◆ 链接指示系统是强制的输入参数。这些链接通过连接系统参数设置栏和绘制箭头进入系统。

◆ 链接指示系统提供输出参数。这些链接连接系统参数设置栏，并用箭头指向系统。

◆ 表明设计探索系统的链接，它连接到项目参数。这些链接连接设计探索系统参数设置栏。

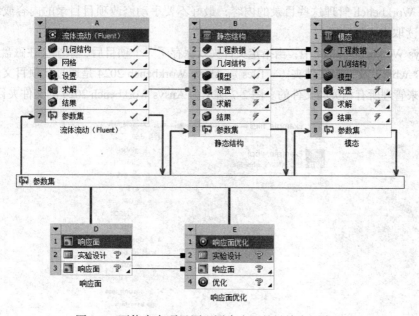

图 2-5　可能会在项目原理图中出现的链接主要类型

2.3   Ansys Workbench 2024 选项窗口

利用"查看"菜单（或在项目原理图上右键单击）在 Ansys Workbench 2024 选项窗口可以显示附加的信息。如图 2-6 所示，高亮显示 Geometry 单元，从而其属性便显示出来。可以在属性中查看和调整项目原理图中单元的属性。

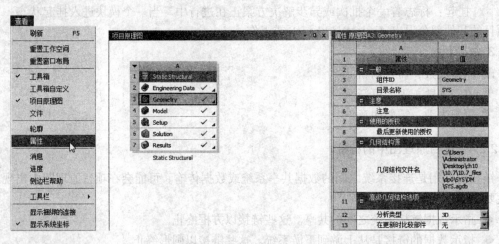

图 2-6   Ansys Workbench 2024 选项窗口

2.4   Ansys Workbench 2024 文档管理

Ansys Workbench 2024 会自动创建所有相关文件，包括一个项目文件和一系列的子目录。用户应允许 Workbench 管理这些目录的内容，最好不要手动修改项目目录的内容或结构。否则会引起程序读取出错的问题。

在 Ansys Workbench 2024 中，当指定文件夹及保存了一个项目后，系统会在磁盘中保存一个项目文件（*.wbpj）及一个文件夹（*_files）。Ansys Workbench 2024 是通过此项目文件和文件夹及其子文件来管理所有相关的文件的。图 2-7 所示为 Ansys Workbench 2024 的文件夹目录结构。

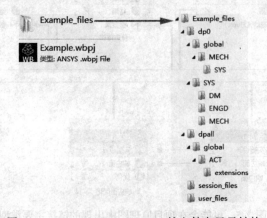

图 2-7   Ansys Workbench 2024 的文件夹目录结构

2.4.1 目录结构

Ansys Workbench 2024 文件夹目录结构内文件的作用如下：

◆ dp0：是设计点文件目录，这实质上是特定分析的所有参数的状态文件，在单分析情况下只有一个"dp0"目录。它是所有参数分析所必需的。

◆ global：包含分析中各个模块中的子目录。图 2-7 中的"MECH"目录中包括数据库以及 Mechanical 模块的其他相关文件。其内的 MECH 目录为仿真分析的一系列数据及数据库等相关文件。

◆ SYS：包括了项目中各种系统的子目录（如 Mechanical、FLUENT、CFX 等）。每个系统的子目录都包含有特定的求解文件。比如说 MECH 的子目录有结果文件、ds.dat 文件、solve.out 文件等。

◆ user_files：包含输入文件、用户文件等，这些可能与项目有关。

2.4.2 显示文件明细

如需查看所有文件的具体信息，在 Workbench"查看"菜单中（见图 2-8），激活"文件"选项，以显示一个包含文件明细与路径的窗口，如图 2-9 所示文件窗格。

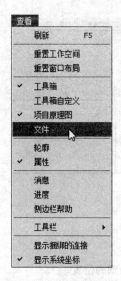

图 2-8 "查看"菜单

	A	B	C	D	E	F
1	名称	单...	尺寸	类型	修改日期	位置
2	SYS.agdb	A3	2 MB	几何结构文件	2023/9/19 8:36:43	dp0\SYS\DM
3	material.engd	A2	62 KB	工程数据文件	2023/9/19 8:36:30	dp0\SYS\ENGD
4	SYS.engd	A4	62 KB	工程数据文件	2023/9/19 8:36:30	dp0\global\MECH
5	电磁力仿真.wbpj		69 KB	Workbench项目文件	2023/9/19 8:41:14	C:\Users\Administrator\Desktop\原文件\ch
6	act.dat		259 KB	ACT Database	2023/9/19 8:41:10	dp0
7	SYS.mechdb	A4	9 MB	Mechanical项目文件	2023/9/19 8:41:12	dp0\global\MECH
8	EngineeringData.xml	A2	60 KB	工程数据文件	2023/9/19 8:41:12	dp0\SYS\ENGD
9	CAERep.xml	A1	18 KB	CAERep文件	2023/9/19 8:39:05	dp0\SYS\MECH
10	CAERepOutput.xml	A1	789 B	CAERep文件	2023/9/19 8:39:09	dp0\SYS\MECH
11	ds.dat	A1	14 MB	.dat	2023/9/19 8:39:02	dp0\SYS\MECH
12	file.aapresults	A1	121 B	.aapresults	2023/9/19 8:41:15	dp0\SYS\MECH
13	file.DSP	A1	2 KB	.dsp	2023/9/19 8:39:06	dp0\SYS\MECH
14	file.rmg	A1	28 MB	.rmg	2023/9/19 8:39:07	dp0\SYS\MECH
15	file0.err	A1	611 B	.err	2023/9/19 8:39:04	dp0\SYS\MECH
16	MatML.xml	A1	62 KB	CAERep文件	2023/9/19 8:39:01	dp0\SYS\MECH
17	solve.out	A1	25 KB	.out	2023/9/19 8:39:08	dp0\SYS\MECH
18	designPoint.wbdp		163 KB	Workbench设计点文件	2023/9/19 8:41:14	dp0

图 2-9 文件窗格

2.5 创建项目原理图实例

01 将工具箱里的"静态结构"选项直接拖动到项目管理界面中或是直接在项目上双击载入，添加结果如图 2-10 所示。

02 模块下面的名称为可修改状态，输入"初步静力学分析"，作为此模块的名称。

03 在工具箱中选中"模态"选项，按着鼠标不放，向项目管理器中拖动，此时项目管理器中可拖动到的位置将以绿色虚线框显示，如图 2-11 所示。

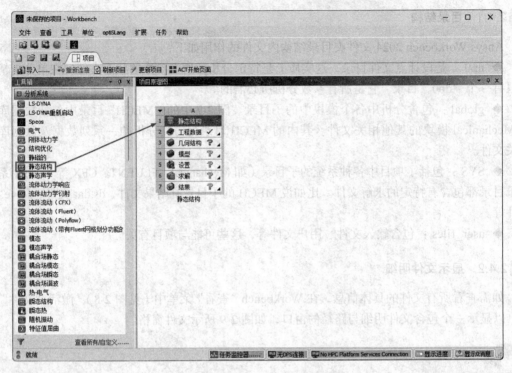

图 2-10 添加"静态结构"选项

04 将"模态"选项放到"静态结构"模块的第 6 行中的"求解"中，此时两个模块分别以字母 A、B 编号显示在项目管理器中，其中两个模块中间出现 4 条链接，其中以方框结尾的链接为可共享链接、以圆形结尾的链接为下游到上游链接，结果如图 2-12 所示。

05 单击 B 模块左上角的下箭头，此时弹出快捷菜单，在快捷菜单中选中"重新命名"选项，如图 2-13 所示，将此模块更改名称为"模态分析一"。

图 2-11 可拖动到的位置

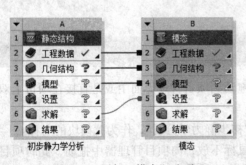

图 2-12 添加"模态"选项

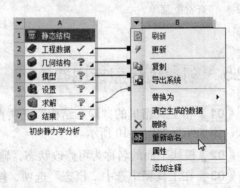

图 2-13 更改名称

06 右键单击"初步静力学分析"第6行中的"求解"单元，在弹出的快捷菜单中选择"将数据传输到'新建'"→"模态"，添加模态分析一，如图2-14所示。另一个模态分析模块将添加到项目管理器中，并将名称更改为"模态分析二"，结果如图2-15所示。

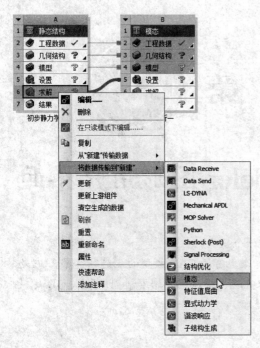
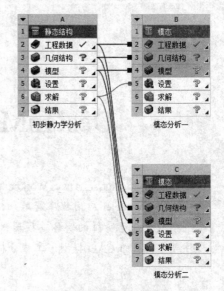

图 2-14　添加模态分析一　　　　　　　　图 2-15　添加模态分析二

下面列举项目原理图中需注意的地方：

■ 分析模块可以用鼠标右键选择菜单进行删除。

■ 使用该转换特性时，将显示所有的转换可能（上行转换和下行转换）。

■ 高亮显示系统中的分支不同，程序呈现的快捷菜单也会有所不同，如图2-16所示。

图 2-16　不同的快捷菜单

第 3 章

DesignModeler 图形用户界面

DesignModeler 是 Ansys Workbench 的一个模块。

DesignModeler 应用程序是用来作为一个现有的 CAD 模型的几何编辑器。它是一个参数化基于特征的实体建模器，可以直观、快速地开始绘制 2D 草图、3D 建模零件或导入三维 CAD 模型、工程分析预处理。

- ◎ 图形界面
- ◎ 选择操作
- ◎ 视图操作
- ◎ 右键快捷菜单
- ◎ 帮助文档

3.1 启动 DesignModeler

除了主流CAD建模软件一般的功能，还具有其他一些独一无二的几何修改能力：特征简化、包围操作、填充操作、焊点、切分面、面拉伸、平面体拉伸和梁建模等。

DesignModeler 还具有参数建模能力：可绘制有尺寸和约束的 2D 图形。

另外，DesignModeler 还可以直接结合其他 Ansys Workbench 模块，如 Mechanical、Meshing、Advanced Meshing（ICEM）、DesignXplorer 或 BladeModeler 等。

下面介绍启动 DesignModeler 的方式：

（1）在"开始"菜单中执行"所有应用"→"Ansys 2024"→"Workbench 2024 R1（本书以 R1 版本为例）"命令，打开 Workbench 程序，如图 3-1 所示。

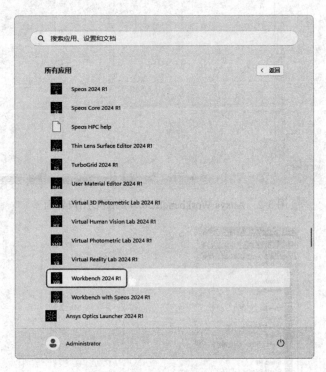

图 3-1　打开 Workbench 程序

进入到 Workbench 2024 程序中可看到如图 3-2 所示 Ansys Workbench 2024 的图形用户界面。双击左边"组件系统"中的"几何结构"模块，则在右边的项目管理器空白区内会出现一个项目概图 A，如图 3-3 所示。

（2）右键单击并选择"导入几何模型"→"浏览"，系统弹出如图 3-4 所示的"打开"对话框。

（3）在"打开"对话框中，浏览选择欲导入 DesignModeler 支持的文件，单击"打开"按钮。返回到 Workbench 图形界面。

（4）右键单击项目概图 A 中的 A2 栏"几何结构"，在弹出的快捷菜单中选择"在 DesignModeler 中编辑几何结构"，打开 DesignModeler 应用程序。

⊙ 注意：

　　本步骤为导入几何体时的操作步骤，如直接在 DesignModeler 中创建模型，则可不用执行步骤（4）。

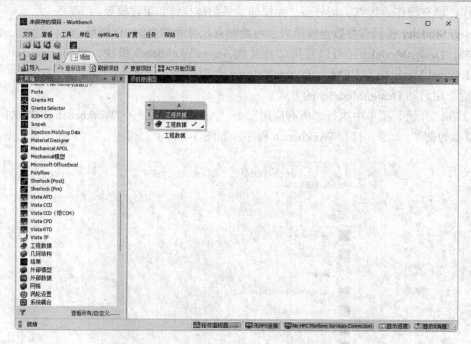

图 3-2　Ansys Workbench 2024 的图形用户界面

图 3-3　几何结构项目概图

图 3-4 "打开"对话框

3.2 图形界面

Ansys Workbench 2024 提供的图形用户界面还具有直观、分类科学的优点，方便学习和应用。

3.2.1 操作界面介绍

标准的图形用户界面如图 3-5 所示，包括 6 个部分：

◆ 菜单栏：与其他 Windows 程序一样，菜单栏的按钮用下拉菜单组织图形界面的层次，可以从中选择所需的命令。该菜单的大部分允许在任何时刻访问。菜单栏包含 7 个下拉级联菜单，分别是：文件、创建、概念、工具、单位、查看、帮助等。

◆ 工具栏：工具栏是一组图标型工具的集合，稍停片刻即在该图标一侧显示相应的工具提示。此时，点取图标可以启动相应命令。工具栏对于大部分 Ansys Workbench 2024 工具均可使用。菜单和工具栏可以接受用户输入及命令。工具栏可以根据我们的要求放置在任何地方，也可以自行改变其尺寸。

◆ 树轮廓：树轮廓包括平面、特征、操作、几何模型等。它表示了所建模型的结构关系。树轮廓是一个很好的操作模型选择工具。习惯从树轮廓中选择特征、模型或平面将会大大提高建模的效率。在树轮廓中，可看到有两种基本的操作模式：草图绘制和建模。如图 3-6 所示，为分别选择"草图绘制"和"建模"后显示的不同标签。

◆ 信息栏：信息栏也称为细节信息栏，顾名思义，此栏是用来查看或修改模型的细节的。在信息栏中细节以表格的方式来显示，左栏为细节名称，右栏为具体细节。为了便于操作，信息栏内的细节是进行了分组的。

◆ 视图区：视图区是指界面右下方的大片空白区域，视图区是使用 Ansys Workbench 2024 绘制图形的区域，完成一个建模的操作都是在视图区中来完成。

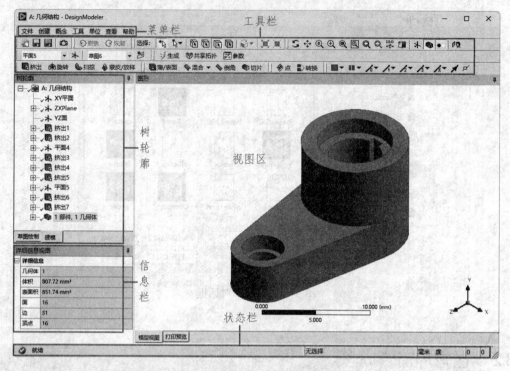

图 3-5 标准的图形用户界面

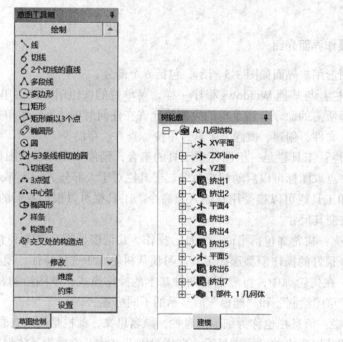

图 3-6 "草图绘制"和"建模"的不同标签

◆ 状态栏：窗口底部的状态栏提供与正执行的功能有关的信息，给出必要的提示信息。要养成经常查看提示信息的习惯。

3.2.2 Workbench 窗口定制

在 Workbench 窗口中，所有的窗格都允许按需定制，不仅可以调整各个窗格的大小，而且可以将窗格设置为窗格停靠，将窗格停靠在上下左右栏对齐方式。另外，还可以将窗格设置为自动隐藏。在窗格右上角的"大头针"图标可以调整窗格为自动隐藏还是一直显示。如图 3-7 所示，当图标处于 📌 状态时，窗格为一直显示的；当图标处于 📌 状态时，窗格为自动隐藏的。

窗格也可以移动，可以通过移动调到合适的位置，通过拖曳标题栏来移动窗格（单击鼠标拖动），将其拖动至未接入的窗格，然后利用接入目标预览窗格的最终位置，最后松开鼠标安放窗格，如图 3-8 所示。

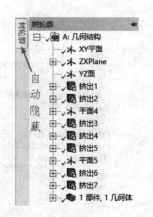

图 3-7　设置窗格隐藏还是显示

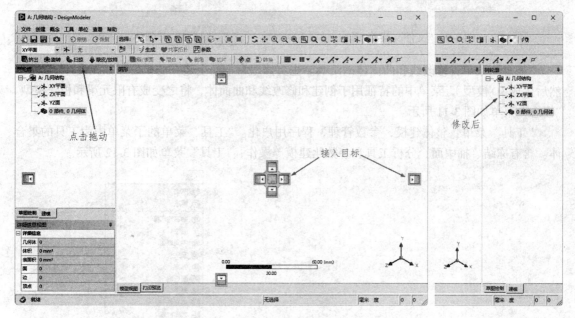

图 3-8　移动窗格

当调整后的布局不合理或要恢复到初始设计布局时，可以使用菜单栏中的"查看"→"Windows"→"重置布局"命令，恢复到原始状态。

3.2.3 DesignModeler 主菜单

和其他 Windows 菜单操作一样，在 DesignModeler 中利用主菜单可以实现其中大部分功能，如保存、输出文件和帮助文件等。主菜单包括以下菜单：

"文件"菜单：用于基本的文件操作，包括常规的文件输入、输出、与 CAD 交互、保存数据库文件以及脚本的运行功能，"文件"菜单如图 3-9 所示。

"创建"菜单：用于创建 3D 模型和修改工具。它主要是进行 3D 特征的操作，包括新建平面、拉伸、旋转和扫描等，"创建"菜单如图 3-10 所示。

图 3-9 "文件"菜单　　　　　　　　　　　　图 3-10 "创建"菜单

"概念"菜单：修改线和曲面体的工具。主要修改自下而上建立的模型（如先设计 3D 草图然后生成 3D 模型），菜单中的特征用于创建和修改线和曲面体，将之变成有限元梁和板壳模型。"概念"菜单如图 3-11 所示。

"工具"菜单：整体建模，参数管理，程序用户化。"工具"菜单的子菜单中为工具的集合体。含有冻结、抽中面、分析工具和参数化建模等操作，"工具"菜单如图 3-12 所示。

图 3-11 "概念"菜单　　　　　　　　　　　图 3-12 "工具"菜单

"单位"菜单：用于更改模型的单位。"单位"菜单如图 3-13 所示。模型里面包含两种类型的单位；即基于长度的单位和基于角度的单位。基于长度的单位根据模型大小大致分为三种类型：小型、中型和大型。

- 小型：微米；
- 中型：米、厘米、毫米、英尺和英寸；
- 大型：米和英尺（支持大型）。

"查看"菜单：修改显示设置。子菜单中上面部分为视图区域模型的显示状态，下面是其他附属部分的显示设置。"查看"菜单如图 3-14 所示。

"帮助"菜单：取得帮助文件。Ansys Workbench 提供了功能强大、内容完备的帮助，包括大量关于 GUI、命令和基本概念等的帮助。熟练使用帮助是 Ansys Workbench 学习进步的必要条件。这些帮助以 Web 页方式存在，可以很容易地访问。"帮助"菜单如图 3-15 所示。

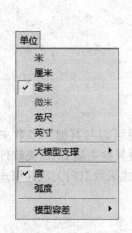

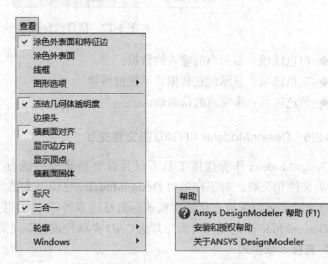

图 3-13 "单位"菜单　　　图 3-14 "查看"菜单　　　图 3-15 "帮助"菜单

3.2.4 DesignModeler 工具栏

除了菜单栏，Ansys Workbench 2024 同样具有工具栏可以执行绝大多数的操作。工具栏上的每个按钮对应一个命令、菜单命令或宏。默认位于菜单栏的下面，只要单击既可以执行命令，但这里的工具栏是不可以添加或删除的。图 3-16 所示为所有工具栏按钮。

图 3-16 所有工具栏按钮

3.2.5 信息栏窗格

信息栏窗格提供了数据的列表，会根据选取分支的不同自动改变。信息栏左栏为细节名称，右栏为具体细节。如图 3-17 所示，右栏中的方格底色会有不同的颜色。

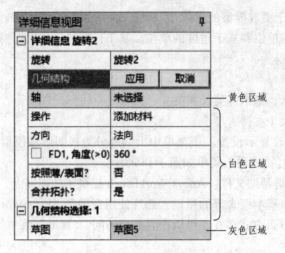

图 3-17　信息栏窗格

- ◆ 白色区域：显示当前输入的数据。
- ◆ 灰色区域：显示信息数据，不能被编辑。
- ◆ 黄色区域：未完成的信息输入。

3.2.6　DesignModeler 和 CAD 类文件交互

DesignModeler 作为建模工具不仅具有重新建模的能力，而且可以与其他大多数主流的 CAD 类文件相关联。对于许多对 DesignModeler 建模不太熟悉而对其他主流 CAD 类软件熟悉的用户来说，可以采取直接读取模式，直接读取外部 CAD 模型，或采取双向关联性模式，直接将 DesignModeler 的导入功能与其他 CAD 类软件进行双向关联。

1. 直接读取模式

外部 CAD 类软件建模后，可以将模型导入到 DesignModeler 中。

目前可以直接读取的外部 CAD 模型的格式有：
ACIS（*.sat，*.sab）、Unigraphics NX（*.prt）、Catia（*.model，*.exp，*.session，*.CATPart，*.CAT-Product）、Creo Parametric（*.prt，*.asm）、Solid Edge（*.par，*.asm，*.psm，*.pwd）、SOLIDWORKS（*.SLDPRT，*.SLDASM）、Parasolid（*.x_t，*.xmt_txt，*.x_b，*.xmt_bin）、IGES（*.igs，*.iges）、Inventor（*.ipt，*.iam）、Creo Elements/Direct Modeling（*.pkg，*.bdl，*.ses，*.sda，*.sdp，*.sdac，*.sdpc）、Ansys DesignModeler（.agdb）、JT（*.jt）、Monte Carlo N-Particle（*.mcnp）、SpaceClaim（*.scdoc）、STEP（*.stp，*.step）等。

搜索中间格式的几何体文件并打开，选择读取模式，具体操作为：单击"文件"→"附加到活动 CAD 几何结构"，如图 3-18 所示。

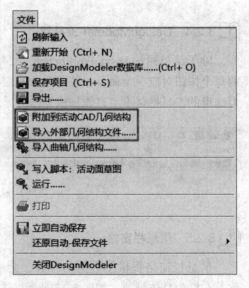

图 3-18　将模型导入 DesignModeler 中

2. 双向关联性模式

这也是它自己的特色。这种技术被称为双向关联性，它在并行设计迅速发展的今天大大提高了工作的效率，双向关联性的具体优势为：同时打开其他外部 CAD 类建模工具和 DesignModeler 两个程序，当外部 CAD 中的模型发生变化时，DesignModelcr 中的模型只要刷新便可同步更新，同样当 DesignModeler 中的模型发生变化时也只要通过刷新，则 CAD 中的模型也可同步更新。

它支持的 CAD 类软件有：Catia [V5]（*.CATPart，*.CATProduct）、Unigraphics NX（*.prt）、Inventor（*.ipt，*.iam）、Creo Elements/Direct Modeling（*.pkg，*.bdl，*.ses，*.sda，*.sdp，*.sdac，*.sdpc）、Creo Parametric（*.prt，*.asm）、SOLIDWORKS（*.SLDPRT，*.SLDASM）和 Solid Edge（*.par，*.asm，*.psm，*.pwd）。

从一个打开的 CAD 系统中探测并导入当前的 CAD 文件进行双向关联性的具体操作为：单击"文件"→"导入外部几何结构文件"，如图 3-18 所示。

3. 输入选项

在导入模型时导入的主要选项为几何体类型（包含实体、表面、全部等）。

导入的模型可以进行简化处理，具体简化项目为：

◆ 几何体：如有可能，将 NURBs 几何体转换为解析的几何体。

◆ 拓扑：合并重叠的实体。

另外，对于导入的模型可以进行校验和修复，对非完整的或质量较差的几何体可以进行修补。

导入选项的具体操作为：单击"工具"→"选项"，将打开如图 3-19 所示的"选项"对话框。

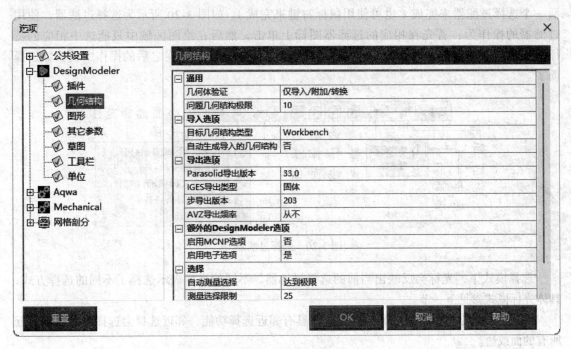

图 3-19 "选项"对话框

3.3   选择操作

在 Workbench 中进行任何操作都需要首先进行选择操作，选择要操作的对象后才能进行后续操作。

3.3.1   基本鼠标功能

在视图区域通过鼠标可以快速执行选定对象或缩放平移视图的操作。基本的鼠标控制如下：

1. 鼠标左键的功能
- 单击可选择几何体。
- Ctrl+ 左键为添加 / 移除选定的实体。
- 按住鼠标左键并拖动光标为连续选择模式。

2. 鼠标中键的功能
- 按住鼠标中键为自由旋转模式。

3. 鼠标右键的功能
- 窗口缩放。
- 打开弹出菜单。

3.3.2   选择过滤器

在建模过程中，都是用鼠标左键选定模型特性的，一般在选择的时候，特性选择通过激活一个选择过滤器来完成（也可使用鼠标右键来完成）。如图 3-20 所示为选择过滤器，使用过滤器的操作为：首先在相应的过滤器图标上单击，然后在绘图区域中只能选中相应的特征，如选择面，单击完过滤器工具栏中的"选择面"过滤器后，在之后的操作中就只能选择面了。

图 3-20   选择过滤器

选择模式下，光标会反映出当前的选择过滤器，不同的光标表示选择了不同的选择方式，具体光标模式参见下一节。

除了直接选取过滤，过滤器工具栏中还具有邻近选择功能，邻近选择会选择当前选择附近所有的面或边。

其次在建模窗口下选择过滤器也可以通过鼠标右键来设置，快捷菜单如图 3-21 所示。

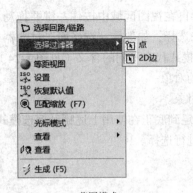

草图模式　　　　　　　　　　　　　建模模式

图 3-21　快捷菜单

1. 单选

在 Workbench 中，目标是指点、线、面、体，确定目标为点、线、面、体的一种。可以通过如图 3-22 所示的工具条中的"选择模式"按钮进行选取选择的模式，模式包含"单选" **单次选择** 模式或"框选" **框选** 模式。单击对应的图标，单击按钮，选中"单次选择"，进入单选选择模式。利用鼠标左键在模型上单击进行目标的选取。

图 3-22　选择过滤器

在选择几何体时，有些是在后面被遮盖上，这时使用选择面板十分有用。具体操作为：首先选择被遮盖几何体的最前面部分，这时在视图区域的左下角将显示出选择面板的待选窗格，如图 3-23 所示，它用来选择被遮盖的几何体（线、面等），待选窗格的颜色和零部件的颜色相匹配（适用于装配体）。可以直接单击待选窗格的待选方块，每一个待选方块都代表着一个实体（面，边等），假想有一条直线从鼠标开始单击的位置起，沿垂直于视线的方向穿过所有这些实体。多选技术也适用于查询窗格。屏幕下方的状态条中将显示被选择的目标的信息。

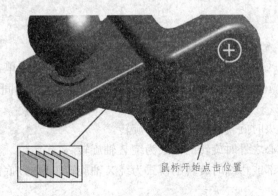

鼠标开始点击位置

图 3-23　选择面板的待选窗格

2. 框选

与单选的方法类似，只需选择"Box Select"，再在视图区域中按住左键并拖动、画矩形框进行选取即可。框选也是基于当前激活的过滤器来选择，如选取"选择面"过滤器，则框选的选取同样也只可以选择面。另外，在框选时不同的模式代表不同的含义（见图 3-24）：

◆ 从左到右：选中所有完全包含在选择框中的对象。

◆ 从右到左：选中包含于或经过选择框中的对象。

注意选择框边框的识别符号有助于帮助用户确定到底正在使用上述哪种框选模式。

另外，还可以在树轮廓中的 Geometry 分支中进行选择。

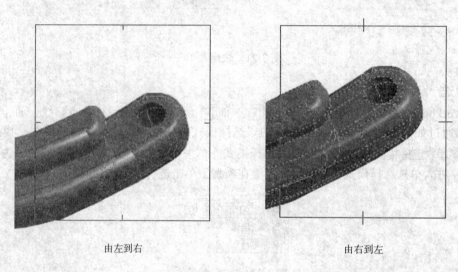

由左到右　　　　　　　　　　　　由右到左

图 3-24　框选模式

3.4　视图操作

建模时主要的操作区域就是视图区，在视图区的操作包含旋转视图、平移视图等，且不同的光标形状表示不同的含义。

3.4.1　图形控制

1. 旋转操作 "🔄"

可利用直接在绘图区域按下鼠标中键进行旋转操作，也可通过单击拾取工具栏中的"旋转"🔄命令，执行旋转操作。光标在图形区域的不同位置，将实现不同的旋转操作，如图 3-25 所示。其中：

◆ 光标位于图形中央时旋转的模式为自由旋转。

◆ 光标位于图形中心之外时旋转的模式为绕 Z 轴旋转。

◆ 光标位于窗口顶部或边缘时旋转的模式为绕 X 轴旋转（顶部 / 底部）或绕 Y 轴（左 / 右）旋转。

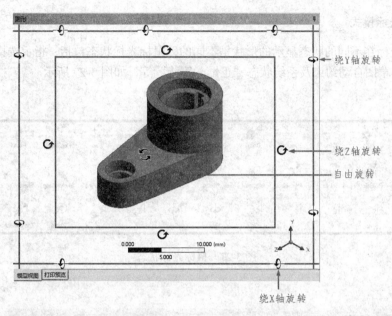

图 3-25　旋转操作

> **注意：**
> 光标根据窗口所处的位置／操作方式改变其形状。

2. 平移操作 "✛"

可利用直接在绘图区域按下 Ctrl+ 鼠标中键进行平移操作。或通过单击拾取工具栏中的 "平移" ✛命令，执行平移操作。

3. 缩放操作 "🔍"

可利用直接在绘图区域按下 Shift+ 鼠标中键进行放大或缩小操作。或通过单击拾取工具栏中的 "缩放" 🔍命令，执行缩放操作。

4. 窗口放大操作 "🔍"

可利用直接在绘图区域按下鼠标右键并拖动，拖动光标所得的窗口被放大到视图区域。或通过单击拾取工具栏中的 "窗口放大" 🔍命令，执行窗口放大操作。

> **注意：**
> 在旋转、平移、缩放模式下可以通过单击模型，暂时重设模型当前浏览中心和光标旋转中心（红点标记，见图3-26）。再次单击空白区域将模型浏览中心和光标旋转中心置于当前模型的质心。

图 3-26　光标旋转中心

3.4.2 光标模式

鼠标的光标在不同的状态显示的形状是不同的，鼠标光标状态包括：指示选择操作、浏览、旋转、选定、草图自动约束及系统状态"正忙，等待"等，如图 3-27 所示。

图 3-27　鼠标光标状态

3.5 右键快捷菜单

在不同的位置右键单击，会弹出不同的右键快捷菜单，如图 3-28 所示。

树轮廓右键快捷菜单　　草图尺寸右键快捷菜单　　模型视图右键快捷菜单　　打印预览右键快捷菜单

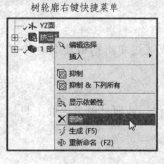

图 3-28　右键快捷菜单

3.5.1 插入特征

在建模过程中，可以通过在树轮廓上右键单击任何特征并选择"插入"来实现操作，这种操作允许在选择的特征之前插入一新的特征，插入的特征将会转到树轮廓中被选特征的前面，只有新建模型被再生后，该特征之后的特征才会被激活。图 3-29 所示为插入特征操作。

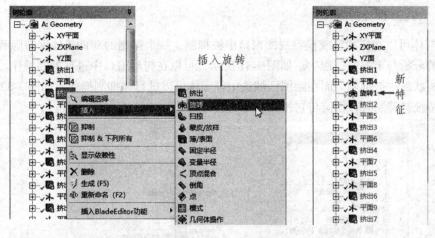

图 3-29　插入特征操作

3.5.2　显示 / 隐藏目标

1. 隐藏目标

在视图区的模型上选择一个目标，右键单击，如图 3-30 所示，在弹出的选项里选择 隐藏几何体，该目标即被隐藏。还可以在树轮廓中选取一个目标，右键单击，选择 隐藏几何体 来隐藏目标。当一个目标被隐藏时，该目标在树轮廓的显示亮度会变暗。

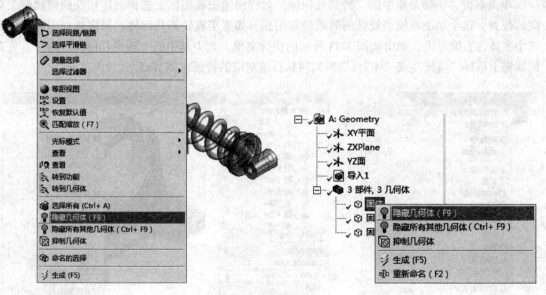

图 3-30　隐藏目标

2. 显示目标

在视图区中右键单击，在弹出的选项里选择"显示全部几何体"，系统自动在树轮廓"几何结构"项中弹出被隐藏的目标，以蓝色加亮方式显示，在树轮廓中选中该项，单击右键，选择"显示主体"显示该目标。

3.5.3 特征/部件抑制

部件与体可以在树状窗或模型视图窗口中被抑制，一个抑制的部件或体保持隐藏，不会被导入后期的分析与求解的过程中。如图 3-31 所示，可以在树形窗口中进行抑制操作，特征和体都可以在树状窗中被抑制。而在绘图区域选中模型体可以进行体抑制操作，如图 3-32 所示。另外，当一特征被抑制时，任何与它相关的特征也被抑制。

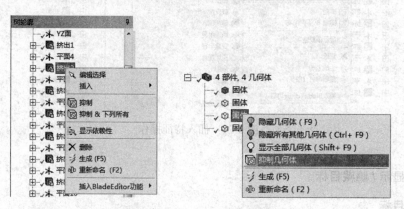

图 3-31　在树形窗口中进行抑制操作

3.5.4 转到几何体

单击右键，快捷菜单中的"转到几何体"允许快速把视图区上选择的体切换到树状窗上对应的位置。这个功能在模型复杂的时候经常用到。如要实现转到几何体，只需要在图形区域中选中实体，右键单击，弹出如图 3-33 所示的快捷菜单，选中其中的"转到几何体"即可。可在树状窗上选择"特征"或"体"，切换到树状目录对应的特征或体节点上。

图 3-32　在绘图区域进行体抑制操作

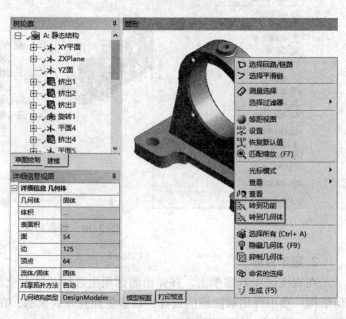

图 3-33　快捷菜单

3.6 帮助文档

可以通过"帮助"菜单来打开帮助文档，单击菜单栏中的"帮助"→"Ansys DesignModeler 帮助"命令，将打开如图 3-34 所示的帮助文档，这些文档以 Web 方式组织。从图中可以看出，可以通过两种方式来得到项目的帮助：

◆ 目录方式：使用此方式需要对所查项目的属性有所了解。

◆ 搜索方式：这种方式简便快捷，缺点是可能搜索到大量条目。

在浏览某页时，可能注意到一些有下划线的不同颜色的词，这是超文本链接。单击该词，就能得到关于该项目的帮助。出现超文本链接的典型项目是命令名、单元类型、用户手册的章节等。

当单击某个超文本链接之后，它将显示不同的颜色。一般情况下，未单击时为蓝色，单击之后为红褐色。

另外，通过"帮助"菜单还可以访问版权及支持信息，如图 3-34 所示。

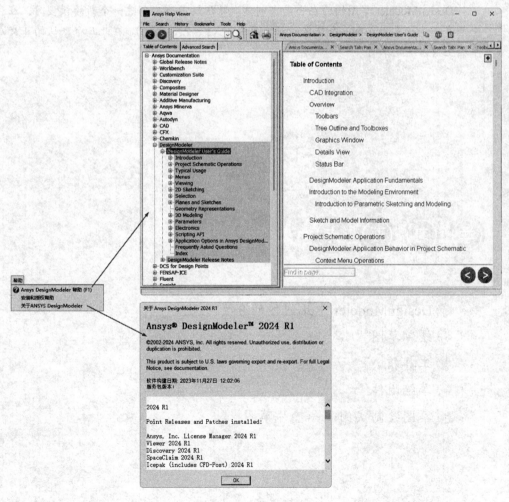

图 3-34　帮助文档

第 **4** 章

草图模式

DesignModeler 草图均为在平面上创建。默认情况下，创建一个新的模型时，在全局直角坐标系原点有三个默认的正交平面（XY、ZX、YZ）。在此三个默认的正交平面上可以绘制草图。

- DesignModeler 中几何体的分类
- 绘制草图
- 工具箱
- 草绘附件
- 草图绘制实例——垫片草图

4.1　DesignModeler 中几何体的分类

可以根据需要定义原点和方位或通过使用现有几何体作参照平面创建和放置新的工作平面。可以根据需要创建任意多的工作平面,并且多个草图可以同时存在于一个平面之上。

创建草图的步骤为:

(1)定义绘制草图的平面。

(2)在所希望的平面上绘制或识别草图。

在 DesignModeler 中几何体有 4 种基本模式:

◆ 草图模式:包括二维几何体的创建、修改、尺寸标注及约束等,创建的二维几何体为三维几何体的创建和概念建模做准备。

◆ 三维几何体模式:将草图进行拉伸、旋转、扫描等操作得到三维几何体。

◆ 几何体输入模式:直接导入其他 CAD 模型到 DesignModeler 中,并对其进行修补,使之适应有限元网格划分。

◆ 概念建模模式:用于创建和修改线体或面体,使之能应用于创建梁和壳体的有限元模型。

4.2　绘制草图

和其他建模工具一样,用 DesignModeler 进行草图绘制之前首先要确定绘制草图的平面和绘制草图的单位。因此,在绘制草图前需要进行必要的设置,能够用来绘制草图的平面包括初始的 XY、XZ、YZ 平面,根据用户需要创建的平面,三维模型中平直的外表面等。

📖 4.2.1　设置单位

在创建一个新的设计模型时,进行草图绘制前或者导入模型到 DesignModeler 后,首先需要设置单位。单位需要在"单位"菜单中进行选择,如图 4-1 所示。用户根据所建模型的大小来选择合适的单位,确定单位后,所建模型就会以当下单位确定大小。如果在建模过程中再次更改单位,模型的实际大小不会发生改变,如在毫米单位值下创建一个长度为 100mm 的圆柱体,如果将单位改为米制单位后,该模型不会变为 100m 的圆柱体。

图 4-1　"单位"菜单

设置完单位后，就会进入到如图 4-2 所示的 DesignModeler 界面中。

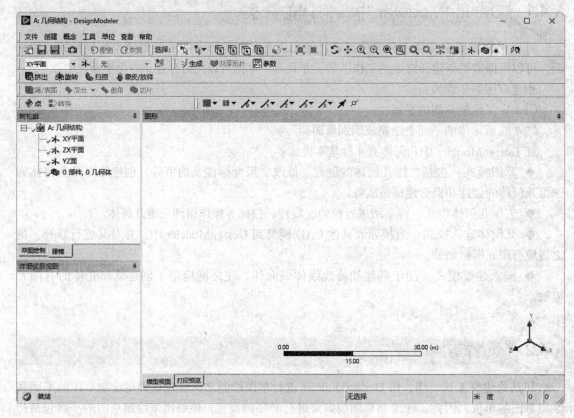

图 4-2　DesignModeler 界面

4.2.2　创建新平面

所有草图均只能建立在平面之上，所以要绘制草图首先要懂得如何创建一个新的平面。

可以通过单击菜单栏中的"创建"→"新平面"或直接单击工具栏中的"新平面"按钮，执行创建新平面命令。执行完成后，树轮廓中将显示出新平面的对象。在树轮廓下的如图 4-3 所示的创建新平面属性窗格中，可以更改创建新平面方式的类型，创建新平面具有以下 8 种方式：

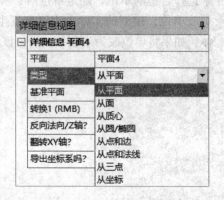

图 4-3　创建新平面属性窗格

◆ 从平面：基于一个已有的平面创建新平面。

◆ 从面：基于模型的外表面创建平面。

◆ 从质心：从质心创建平面。

◆ 从圆 / 椭圆：基于圆或椭圆创建平面。

◆ 从点和边：用一条边和边外的一个点创建平面。

◆ 从点和法线：过一点且垂直某一直线创建平面。

◆ 从三点：通过三个点创建平面。

◆ 从坐标：通过输入距离原点的坐标和法线创建平面。

在 8 种方式中选择一种方式创建平面后，在属性窗格中还可以进行多种转换。如图 4-4 所示，单击属性窗格中的"转换 1（RMB）"栏，在打开的下拉列表中选择一种转换，可以迅速完成选定面的转换。

一旦选择了转换，将出现附加属性选项，如图 4-5 所示，允许键入偏移距离、旋转角度和旋转轴等。

图 4-4　转换选定面

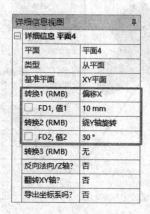

图 4-5　附加属性选项

4.2.3　创建新草图

在创建完新平面后就可以在之上创建新草图了。首先在树轮廓中选择要创建草图的平面，然后单击工具栏中的"新草图"按钮，在激活平面上就新建了一个草图。新建的草图会放在树轮廓中，且在相关平面的下方。可以通过树轮廓或工具栏中的草图下拉列表来选择草图，如图 4-6 所示。

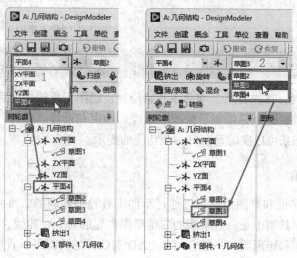

图 4-6　选择草图

> **注意：**
> 下拉列表仅显示以当前激活平面为参照的草图。

除上面的方法，还可以通过"自表面"命令快速创建平面/草图。"自表面"命令用已有几何体创建草图的快捷方式为：首先选中创建新平面所用的表面，然后切换到草图标签开始绘制草图，新工作平面和草图将自动创建，如图4-7所示。

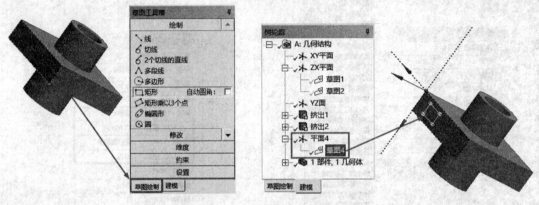

图 4-7　通过"自表面"命令快速创建草图

4.2.4　草图的隐藏与显示

在 DesignModeler 中可以通过鼠标右键控制草图的隐藏和显示，如图4-8所示，在树轮廓中右键单击弹出快捷菜单，可以选择"总是显示草图"或"隐藏草图"两种方式。在默认情况下，仅在树轮廓中高亮时草图才显示。

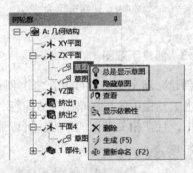

图 4-8　草图的隐藏和显示

4.3　工具箱

在创建三维模型时，首先要从二维草图开始绘制，绘图工具箱中的命令是必不可少的。工具箱中命令被分为5类，分别是绘制、修改、维度、约束和设置。另外，在操作时要注意状态栏，视图区底端的状态条可以实时显示每一个功能的提示。

4.3.1　草图工具箱

选定好或创建完平面和草图后就可以通过草图工具箱创建新的二维几何体。图4-9所示为草图工具箱。在草图工具箱中是一些常用的二维草图创建的命令，如线、多边形、圆、中心弧、椭圆形、切线、切线弧和矩形等。一般会简单 CAD 类软件的人都可以直接上手。

另外，其中有一些命令相对来说比较复杂，如"样条"命令，在操作时，必须用鼠标右键选择所需的选项才能结束"样条"操作。此栏中命令比较简单，这里不再赘述。

4.3.2 修改工具箱

修改工具箱有许多编辑草图的工具。修改工具箱如图4-10所示。里面修改的基本命令有圆角、倒角、拐角、修剪、扩展、复制、粘贴、移动和偏移等。这些命令比较常见，下面主要阐述一些不常使用的命令。

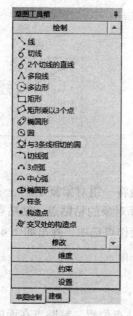

图 4-9　草图工具箱

图 4-10　修改工具箱

（1）**分割**（分割）命令。在选择边界之前，在绘图区域右键单击，系统弹出如图4-11所示的修改工具箱快捷菜单，里面含有4个选项可供选择：

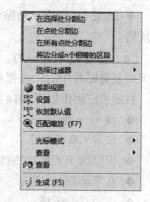

◆　在选择处分割边：将要分割的边在单击处进行分割。若是线段，则在单击处将线段分为两段；若是闭合的圆或椭圆，则需要在图形上选择两处作为分割的起点和终点，以对图形进行分割。

◆　在点处分割边：选择一个点后，所有通过此点的边都将被分割成两段。

◆　在所有点处分割边：选择一个带有点的边，则该边将被所有的点分成若干段，同时在分割点处自动添加重合约束。

图 4-11　修改工具箱快捷菜单

◆　将边分成 n 个相等的区段：这是等分线段，在分割前先设置分割的数量（$n \leqslant 100$），然后选择要分割的线段，则该线段就被分成相等长度的几条线段。

注意：

n 最大为100。

（2）阻力（阻力）命令。阻力命令是一个比较实用的命令，它几乎可以拖曳所有的二维草图。在操作时可以选择一个点或一条边来进行拖曳。拖曳的变化取决于所选定的内容及所加约束和尺寸。例如，选定一直线可以在直线的垂直方向进行拖曳操作；而选择此直线上的一个点，则可以通过对此点的拖曳，将直线改为不同的长度和角度；而选择矩形上的一个点，则与该点连接的两条线只能是水平或垂直的，如图 4-12 所示。另外，在使用拖曳功能前可以预先选择多个实体，从而直接拖曳多个实体。

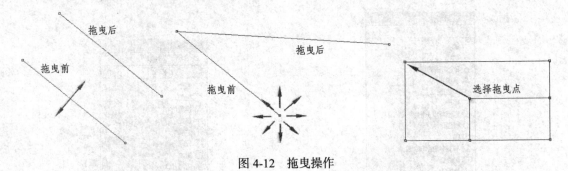

图 4-12　拖曳操作

（3）切割、复制（剪切／复制）命令。这些命令是将一组对象复制到一个内部的剪贴板上然后将原图保留在草图上。在右键快捷菜单中可以选择对象的粘贴点。粘贴点是移动一段作图对象到待粘贴位置时，光标与之联系的点。右键粘贴操作点选项，弹出如图 4-13 所示的快捷菜单。

◆ 清除选择。

◆ 结束／设置粘贴句柄。手动设置粘贴点。

◆ 结束／使用平面原点为手柄。使用平面原点作为粘贴点位置，粘贴点在面的（0.0，0.0）位置处。

◆ 结束／使用默认粘贴句柄。如果在退出前剪切或复制没有选择粘贴操作点，系统使用此默认值。

（4）粘贴（Ctrl+ V）　r 90°　f 2 （粘贴）命令。它将所需粘贴的对象复制或剪切至剪贴板中后，再把其放到当前（或放到不同的平面中）草图中，即可实现"粘贴"操作。右键单击弹出如图 4-14 所示的粘贴快捷菜单，包括以下内容：

◆ 绕 +/-r 旋转。

◆ 水平／垂直翻转。

◆ 根据因子 f 或 1/f 缩放。

◆ 在平面原点粘贴。

◆ 更改粘贴手柄。

◆ 结束。

> 注意：
> ◆ 完成复制后，可以进行多次粘贴操作。
> ◆ 可以从一个草图复制后粘贴到另一个草图。
> ◆ 在进行粘贴操作时可以改变粘贴的操作点。

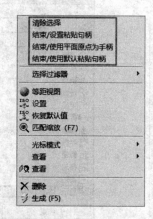

图 4-13　快捷菜单　　　　　　　　　图 4-14　粘贴快捷菜单

（5）复制　　r 90 °　f 2　（复制）命令。它相当于复制加粘贴命令。选取其中一个"结束"选项后，再次右键单击就变成了粘贴功能。

（6）移动　　r 90 °　f 2　（移动）命令。移动命令和复制命令相似，但操作后选取的对象移动到一个新的位置而不是被复制。

（7）偏移（偏移）命令。它可以从一组已有的线和圆弧偏移相等的距离来创建一组线和圆弧。原始的一组线和圆弧必须相互连接构成一个开放或封闭的轮廓。预选或选择边，然后在右键快捷弹出菜单中选择"端选择 / 放置偏移量"。

可以使用光标位置设定以下三个值：

◆ 偏移距离。

◆ 偏移侧方向。

◆ 偏移区域。

4.3.3　维度工具箱

维度工具箱里面有一套完整的标注工具命令集，如图 4-15 所示。标注完尺寸后，选中尺寸，可以在属性窗格中键入新值完成修改尺寸。它除了可以逐个标注尺寸，还可以进行半自动标注。

（1）半自动（半自动）命令。此命令依次给出待标注的尺寸的选项，直到模型完全约束或用户选择退出自动模式。在半自动标注模式中右键单击，跳过或退出此项功能。图 4-16 所示为半自动标注快捷菜单。

（2）通用（通用）命令。右键单击通用标注工具可以直接在图形中进行智能标注，另外，还可以直接右键单击迅速弹出所有主要的标注工具。

（3）移动（移动）命令。移动命令可以修改尺寸放置的位置。

（4）动画　周期 = 3　（动画）命令。用来动画显示选定尺寸变化情况，后面的 Cycles 可以输入循环的次数。

（5）⟨⟩显示 名称：☑值：☐（显示标注）命令。它用来调节标注尺寸的显示方式，可以通过尺寸的具体数值或尺寸名称来显示尺寸，如图4-17所示。

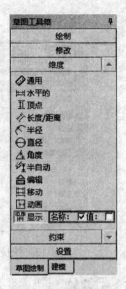

图4-15　维度工具箱　　　　图4-16　半自动标注快捷菜单　　　　图4-17　显示标注

另外，在非标注模式，选中尺寸后可以右键单击，弹出如图4-18所示的快捷菜单，可以选择"编辑名称/值"命令快速进行尺寸编辑。

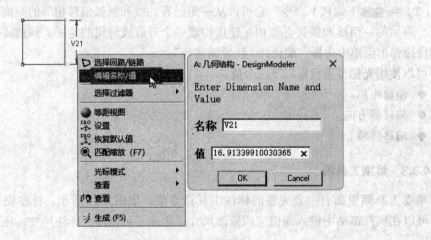

图4-18　快捷菜单

📖 4.3.4　约束工具箱

可以利用约束工具箱来定义草图元素之间的关系，约束工具箱如图4-19所示。

（1）⟨⟩固定的（固定的）命令。选取一个二维边或点来阻止它的移动。对于二维边可以选择是否固定端点。

（2）⟨⟩水平的（水平的）命令。拾取一条直线，水平约束可以使该直线与X轴平行。

（3）⟨⟩垂直（垂直的）命令。正交约束可以使拾取的两条线正交。

（4）等半径（等半径）命令。使选择的两半径具有等半径的约束。

（5）AUTO CON 自动约束（自动约束）命令。默认的设计模型是"自动约束"模式。自动约束可以在新的草图实体中自动捕捉位置和方向。图 4-20 所示为施加的自动约束类型。

图 4-19　约束工具箱

图 4-20　施加的自动约束类型

草图中的属性窗格也可以显示草图约束的详细情况，如图 4-21 所示。

约束可以通过自动约束产生也可以由用户自定义。选中定义的约束后右键单击，选择删除命令（或用 Delete 键删除约束）。

当前的约束状态以不同的颜色显示：

◆ 深青色：未约束、欠约束。

◆ 蓝色：完整定义的。

◆ 黑色：固定。

◆ 红色：过约束。

◆ 灰色：矛盾或未知。

图 4-21　草图中的属性窗格

📖 4.3.5　设置工具箱

设置工具箱用于定义和显示草图栅格（默认为关），如图 4-22 所示。捕捉特征用来设置主栅格和次栅格。

每个主要参数的次要步骤是指次网格线之间捕捉的点数。

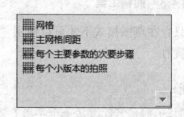

图 4-22　设置工具箱

4.4 草绘附件

在绘图时有些工具是非常有用的，如标尺工具、正视于工具或撤销工具等。

4.4.1 标尺工具

标尺工具可以快捷地看到图形的尺寸范围。单击"查看"→"标尺"，可以设置在视图区是否显示标尺工具，如图 4-23 所示。

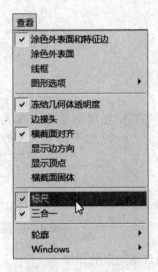

图 4-23 设置标尺工具

4.4.2 正视于工具

当创建或改变平面和草图时，运用"查看面 / 平面 / 草图"工具可以立即改变视图方向，使该平面、草图或选定的实体与您的视线垂直。该工具在工具栏中的位置如图 4-24 所示。

图 4-24 正视于工具

4.4.3 撤销工具

只有在草图模式下才可以使用"撤销 / 恢复"按钮来撤销上一次完成的草图操作；也允许多次撤销。

 注意：
　　任何时候只能激活一个草图！

4.5 草图绘制实例——垫片草图

利用本章所学的知识绘制如图 4-25 所示的垫片草图。

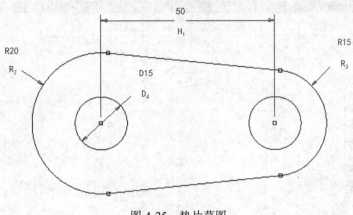

图 4-25 垫片草图

01 进入 Ansys Workbench 2024 工作界面，在图形工作界面中左边工具箱中打开"组件系统"工具箱的下拉列表。

02 将"组件系统"工具箱中的"几何结构"模块拖动到右边项目概图中（或在工具箱中直接双击"几何结构"模块）。此时项目概图中会出现如图 4-26 所示的"几何结构"模块，此模块默认编号为 A。

03 右键单击"几何结构"模块中的 A2 栏，在弹出的快捷菜单中选择"新的 DesignModeler 几何结构"如图 4-27 所示，启动 DesignModeler 创建模型应用程序。打开如图 4-28 所示的 DesignModeler 应用程序。此时左端的树轮廓默认为建模状态。在建立草图前首先需要设置单位，选择"单位"下拉菜单中的"毫米"单位，如图 4-29 所示，采用 mm 单位。

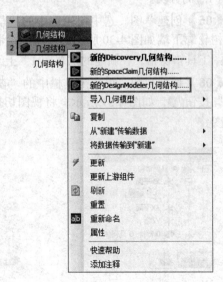

图 4-26 "几何结构"模块　　　图 4-27 启动 DesignModeler 创建模型应用程序

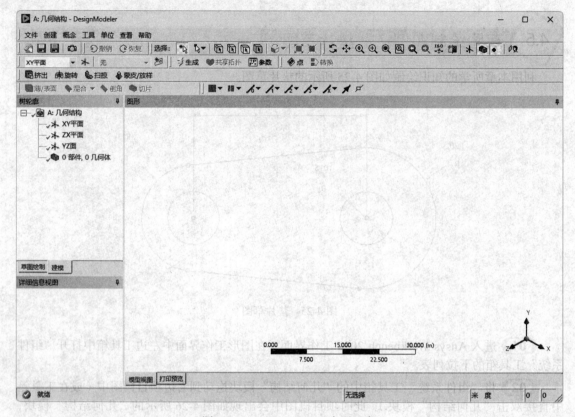

图 4-28　DesignModeler 应用程序

04 选择工作平面。首先选中树轮廓中的"XY 平面"分支，然后单击工具栏中的"新草图"按钮，此时树轮廓中"XY 平面"分支下多出一个名为"草图 1"的分支。

05 创建草图。选中树轮廓中的"草图 1"草图，单击树轮廓下端如图 4-30 所示的"草图绘制"标签，打开草图工具箱窗格。在新建的"草图 1"上绘制图形。

06 切换视图。单击工具栏中的"查看面 / 平面 / 草图"按钮，如图 4-31 所示，将视图切换为 XY 方向的视图。

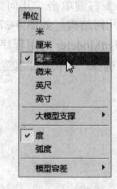

图 4-29　设置单位

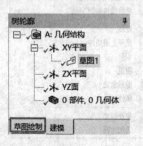

图 4-30　"草图绘制"标签

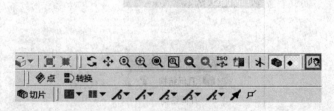

图 4-31　切换视图

07 绘制圆。打开的草图工具箱默认展开绘图栏，首先单击绘图栏中的"圆"按钮 🔾圆。将光标移入到右边的绘图区域。此时光标变为一个铅笔的形状 ✐，移动此光标到视图中的原点附近，直到光标中出现"P"的字符，表示自动点约束到原点。单击确定圆的中心点，然后移动光标到任意位置绘制一个圆（此时绘制不用管尺寸的大小，在下面的步骤中会进行尺寸的精确调整）。采用同样的方法绘制另外一个同心圆，结果如图 4-32 所示。

08 绘制另外两个圆。保持草图工具箱中绘制栏内的"圆" 🔾 Circle 按钮为选中的状态。移动光标到 X 轴的附近，直到光标中出现"C"的字符，表示线自动约束到 X 轴。单击确定圆的中心点，然后移动光标到任意位置绘制一个圆，再利用点约束，绘制另外一个圆与此圆的圆心重合，结果如图 4-33 所示。

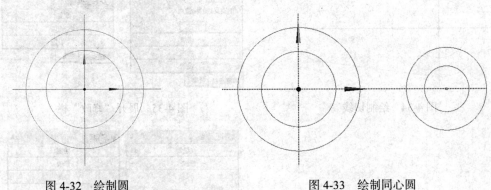

图 4-32　绘制圆　　　　　　　　　图 4-33　绘制同心圆

09 绘制切线。单击草图工具箱中绘制栏内的"2 个切线的直线"按钮 ⌀ **2个切线的直线**。移动光标到视图中右边的外圆上，单击选择该圆，然后移动光标到左边的外圆上，单击选择该圆，绘制这两个圆的切线。采用同样的方法绘制下端的切线，结果如图 4-34 所示。

10 修剪直线。单击草图工具箱"修改"栏，将此"修改"栏展开，如图 4-35 所示。单击草图修改栏内的"修剪"按钮 ✚ **修剪**。然后移动光标到要修剪的线段上单击，剪切掉多余的线，修剪后的结果如图 4-36 所示。

11 添加约束。单击草图工具箱"约束"栏，将此"约束"栏展开，如图 4-37 所示。单击约束栏内的"等半径"按钮 ⟋ **等半径**。然后分别单击两个内圆，将两个内圆添加等半径约束，使两个圆保持相等的半径。调整后的结果如图 4-38 所示。

12 标注水平尺寸。单击草图工具箱的"维度"栏，将尺寸标注栏展开。单击维度栏内的"水平的"按钮 ⤢ **水平的**，然后分别单击两个圆的圆心，然后移动光标到合适的位置放置尺寸。标注完成的结果如图 4-39 所示。

13 标注直径和半径。单击尺寸栏内的"半径"按钮 ⟍ **半径**，标注两端外圆的半径。单击尺寸栏内的"直径"按钮 ⊖ **直径**，标注一个内圆的直径。此时草图中绘制的所有轮廓线由绿色变为蓝色。表示草图中所有元素均完全约束。标注完成的结果如图 4-40 所示。

14 修改尺寸。由上步绘制后的草图虽然已完全约束，但尺寸并没有指定。现在通过在属性窗格中修改参数来精确定义草图。此时的属性窗格如图 4-41 所示。将属性窗格中 H1 的参数修改为 50mm，R2 的参数修改为 20mm，R3 的参数修改为 15mm，D4 的参数修改为 15mm。修改尺寸的结果如图 4-42 所示。

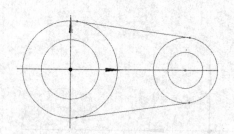

图 4-34 绘制切线

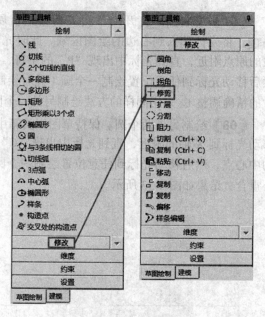

图 4-35 展开"修改"栏

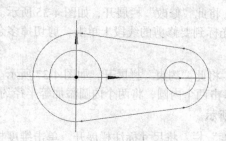

图 4-36 修剪后的结果

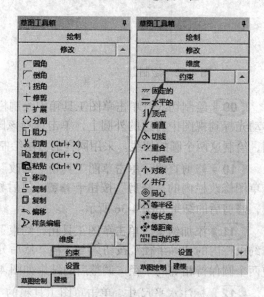

图 4-37 展开"约束"栏

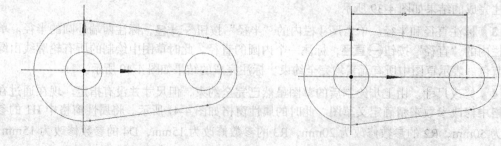

图 4-38 调整后的结果

图 4-39 标注水平尺寸

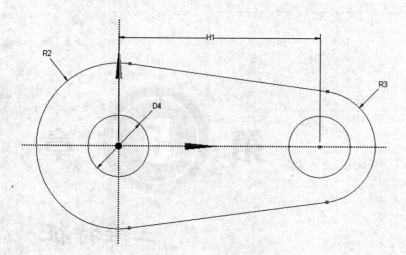

图 4-40　标注直径和半径

详细信息视图	╄
⊟ 详细信息 草图1	
草图	草图1
草图可视性	显示单个
显示约束?	否
⊟ 维度: 4	
☐ D4	31.972 mm
☐ H1	97.666 mm
☐ R2	35.919 mm
☐ R3	27.369 mm
⊟ 边: 6	
整圆	Cr7
圆弧	Cr8
整圆	Cr9
圆弧	Cr10
线	Ln15
线	Ln16

图 4-41　属性窗格

详细信息视图	╄
⊟ 详细信息 草图1	
草图	草图1
草图可视性	显示单个
显示约束?	否
⊟ 维度: 4	
☐ D4	15 mm
☐ H1	50 mm
☐ R2	20 mm
☐ R3	15 mm
⊟ 边: 6	
整圆	Cr7
圆弧	Cr8
整圆	Cr9
圆弧	Cr10
线	Ln15
线	Ln16

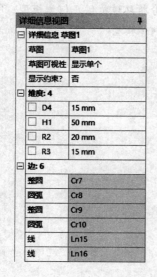

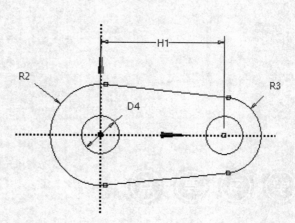

图 4-42　修改尺寸

第 **5** 章

三维特征

DesignModeler 的主要功能就是用来给有限元的分析环境提供几何体模型，所以首先要了解 DesignModeler 可以处理的几类不同的几何体模型。

- ◎ 建模特性
- ◎ 修改特征
- ◎ 几何体操作
- ◎ 高级体操作
- ◎ 三维特征实例 1——联轴器
- ◎ 三维特征实例 2——机盖

5.1 建模特性

DesignModeler 包括的三种体类型如图 5-1 所示。

◆ 固体：由表面和体组成。

◆ 表面几何体：由表面但没有体组成。

◆ 线体：完全由边线组成，没有面和体。

默认的情况下，DesignModeler 自动将生成的每一个体放在一个零件中。单个零件一般独自进行网格划分。如果各单独的体有共享面，则共享面上的网格划分不能匹配。单个零件上的多个体可以在共享面上划分匹配的网格。

通过三维特征操作由二维草图生成三维几何体。常见的特征操作包括挤出、旋转、扫掠、蒙皮/放样和薄/表面等。图 5-2 所示为特征工具栏。

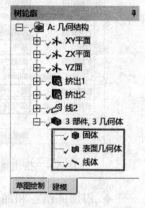

图 5-1 三种体类型

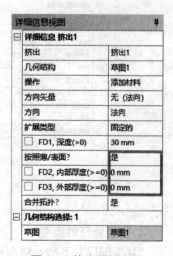

图 5-2 特征工具栏

三维几何特征的生成（如挤出或扫掠）包括三个步骤：

（1）选择草图或特征并执行特征命令。

（2）指定特征的属性。

（3）执行"生成"特征体命令。

5.1.1 挤出

挤出命令可以生成包括实体、表面和薄壁的特征。这里以创建表面为例介绍创建挤出特征的操作。

（1）单击要生成挤出特征的草图，可以在树形目录中选择，也可以在绘图区域中选择。

（2）在如图 5-3 所示的挤出属性窗格中，先选择"按照薄/表面？"，将之改为"是"，然后内、外部厚度设置为零。

（3）详细列表菜单用来设定挤出深度、方向和布尔操作（添加、切除、切片、印记或加入冻结）。

（4）单击生成按钮完成特征创建。

1. 挤出特征的属性窗格

在建模过程中对属性窗格的操作是无可避免的。在属性窗格中可以进行布尔操作，改变特征的方向、特征的类型和是否拓扑等。图 5-4 所示为挤出特征的属性窗格。

2. 挤出特征的布尔操作

对三维特征可以运用 5 种不同的布尔操作，如图 5-5 所示。

图 5-3 挤出属性窗格

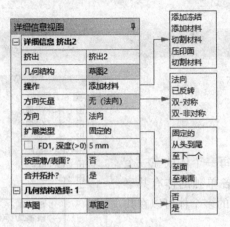

图 5-4　挤出特征的属性窗格

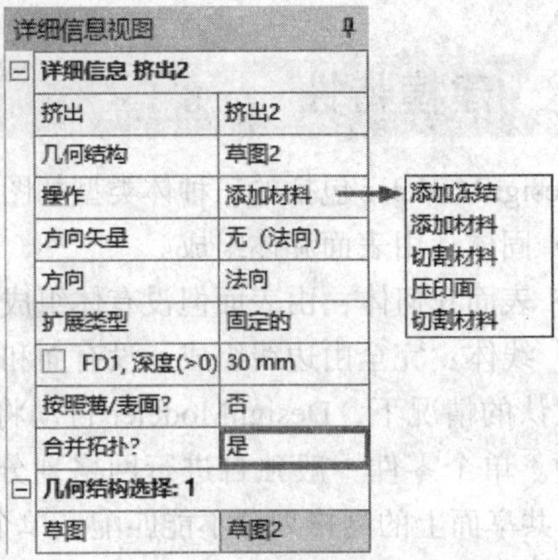

图 5-5　布尔操作

◆ 添加冻结：和加入材料相似，但新增特征体不被合并到已有的模型中，而是作为冻结体加入。

◆ 添加材料：该操作总是可用，创建材料并合并到激活体中。

◆ 切割材料：从激活体上切除材料。

◆ 压印面：和切片相似，但仅在分割体上的面，如果需要也可以在边线上增加印记（不创建新体）。

◆ 切割材料：这里是切片材料，将冻结体切片。仅当体全部被冻结时才可用。

3. 挤出特征的方向

特征方向可以定义所生成模型的方向，其中包括"法向""已反转""双 - 对称"及"双 - 非对称"4 种方向类型，如图 5-6 所示。默认为法向，也就是坐标轴的正方向；已反转则为法向的反方向；而双 - 对称只需设置一个方向的挤出长度即可；双 - 非对称则需分别设置两个方向的挤出长度。

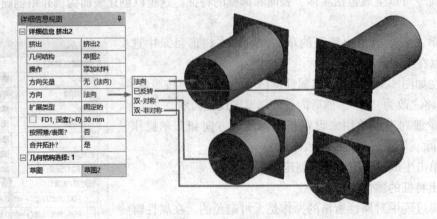

图 5-6　特征方向

4. 挤出特征的类型

"从头到尾"类型：将剖面延伸到整个模型，在加料操作中延伸轮廓必须完全和模型相交，如图 5-7 所示。

图 5-7 "从头到尾"类型

"至下一个"类型：此操作将延伸轮廓到所遇到的第一个面，在剪切、印记及切片操作中，将轮廓延伸至所遇到的第一个面或体，如图 5-8 所示。

图 5-8 "至下一个"类型

"至面"类型：可以延伸挤出特征到由一个或多个面形成的边界，对多个轮廓而言要确保每一个轮廓至少有一个面和延伸线相交，否则导致延伸错误。"至面"类型如图 5-9 所示。

图 5-9 "至面"类型

"至面"选项不同于"至下一个"选项。"至下一个"并不意味着"至下一个面"，而是"至下一个块的体（实体或薄片）"，"至面"选项可以用于到冻结体的面。

"至表面"类型：除只能选择一个面外，和"至面"选项类似。

如果选择的面与延伸后的体是不相交的，这就涉及面延伸情况。延伸情况类型由选择面的潜在面与可能的游离面来定义。在这种情况下选择一个单一面，该面的潜在面被用作延伸。该潜在面必须完全和挤出后的轮廓相交，否则会报错，如图 5-10 所示。

游离面被选为延伸

图 5-10 "至表面"类型

5.1.2 旋转

旋转是指选定草图来创建轴对称旋转几何体。从属性窗格列表菜单中选择旋转轴，如果在草图中有一条孤立（自由）线，如图 5-11 所示，它将被作为默认的旋转轴。旋转属性窗格如图 5-12 所示。

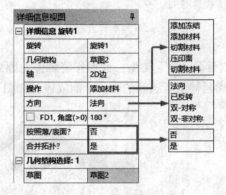

图 5-11　旋转　　　　　　　　　　　　图 5-12　旋转属性窗格

旋转方向特性如下：

◆ 法向：按基准对象的正 Z 方向旋转。

◆ 已反转：按基准对象的负 Z 方向旋转。

◆ 双 - 对称：在两个方向上创建特征。一组角度运用到两个方向。

◆ 双 - 非对称：在两个方向上创建特征。每一个方向有自己的角度。

单击 ⇒生成按钮完成特征的创建。

5.1.3 扫掠

扫掠可以创建实体、表面、薄壁特征，它们都可以通过沿一条路径扫掠生成，如图 5-13 所示。扫掠属性窗格如图 5-14 所示。

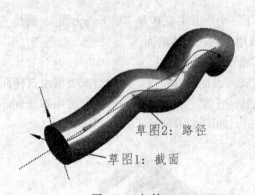

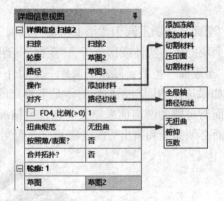

图 5-13　扫掠　　　　　　　　　　　　图 5-14　扫掠属性窗格

在属性窗格中可以设置的扫掠对齐方式有：

◆ 路径切线：沿路径扫掠时自动调整剖面以保证剖面垂直路径。

◆ 全局轴：沿路径扫掠时不管路径的形状如何，剖面的方向保持不变。

在属性窗格中设置比例和匝数特征可用来创建螺旋扫掠：

◆ 比例：沿扫掠路径逐渐扩张或收缩。

◆ 俯仰：用于设置创建螺旋扫掠的螺距。

◆ 匝数：沿扫掠路径转动剖面。负匝数：剖面沿与路径相反的方向旋转。正匝数：逆时针旋转。

> ⚠️ **注意：**
>
> 如果扫掠路径是一个闭合的环路，则匝数必须是整数；如果扫掠路径是开放链路，则匝数可以是任意数值，比例和匝数的默认值分别为 1.0 和 0.0。

📖 5.1.4　蒙皮/放样

蒙皮/放样为不同平面上的一系列剖面（轮廓）产生一个与它们拟合的三维几何体（必须选两个或更多的剖面）。放样特征如图 5-15 所示。

要生成放样的剖面可以是一个闭合或开放的环路草图或由表面得到的一个面，所有的剖面必须有同样的边数，不能混杂开放和闭合的剖面，所有的剖面必须是同种类型，草图和面可以通过在图形区域内单击它们的边或点，或者在特征面或树形菜单中单击选取。

如图 5-16 所示为放样属性管理器。

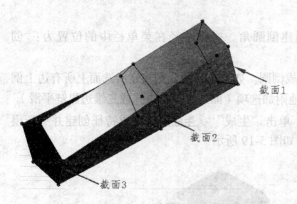

图 5-15　放样特征

图 5-16　放样属性管理器

📖 5.1.5　薄/表面

薄/表面特征主要用来创建薄壁实体和简化壳。抽壳如图 5-17 所示。

属性窗格中抽壳类型的三个选项包括：

◆ 待移除面：所选面将从体中删除。

◆ 待保留面：保留所选面，删除没有选择的面。

◆ 仅几何体：只在所选体上操作不删除任何面。

将实体转换成薄壁体或面时，可以采用以下三种方向中的一种偏移方向指定模型的厚度。

图 5-17　抽壳

◆ 内部。

◆ 向外。

◆ 中间平面。

图 5-18 所示为抽壳属性窗格。

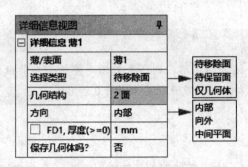

图 5-18　抽壳属性窗格

5.2　修改特征

5.2.1　固定半径倒圆

固定半径倒圆命令可以在模型边界上创建倒圆角。操作路径在菜单栏中的位置为："创建"→"固定半径混合"。

在生成倒圆时，要选择三维的边或面来生成倒圆。如果选择面，则将在所选面上所有边上倒圆。采用预先选择时，可以从快捷菜单获取其他附加选项（面边界环路选择或三维边界链平滑）。

另外，在明细栏中可以编辑倒圆的半径。单击"生成" 生成按钮完成特征创建并更新模型。选择不同的线或面生成的圆角会有不同，如图 5-19 所示。

选择一个边倒圆　　　　　选择两个边倒圆

选择三个边倒圆　　　　　选择一个面倒圆

图 5-19　固定半径倒圆

5.2.2 变半径倒圆

变半径倒圆与固定半径倒圆类似，操作路径在菜单栏中的位置为："创建"→"变量半径混合"。变半径倒圆还可用明细栏改变每边的起始和结尾的倒圆半径，也可以设定倒圆间的过渡形式为光滑还是线性，如图5-20所示。单击生成完成特征创建更新模型。

变半径倒圆   线性过渡   光滑过渡

图 5-20 变半径倒圆

5.2.3 顶点倒圆

当需要对曲面体和线体进行倒圆操作时，要用到顶点倒圆命令。操作路径在菜单栏中的位置为："创建"→"顶点混合"。采用此命令时顶点必须属于曲面体或线体，必须与两条边相接。另外，顶点周围的几何体必须是平面的。

5.2.4 倒角

倒角特征用来在模型边上创建平面过渡（或称倒角面）。操作路径在菜单栏中的位置为："创建"→"倒角"。

选择3D边或面来进行倒角。如果选择的是面，那个面上的所有边缘将被倒角。预选时，可以从右键快捷菜单中点选其他选项（面边界环路选择或3D边界链平滑）。

倒角由所选的过渡边到平面的两个距离定义，或者由所选的过渡边到平面的一个距离和一个角度来定义。

在属性窗格中设定倒角类型包括设定距离和角度。选择不同的属性生成的倒角不同，如图5-21所示。

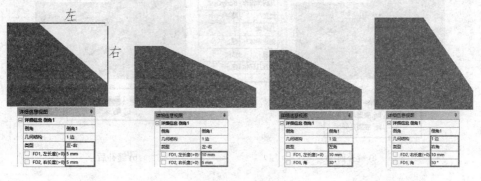

图 5-21 倒角

5.3 几何体操作

几何体操作路径在菜单栏中的位置为："创建"→"几何体操作"，如图 5-22 所示。可以用 11 种不同的选项对体进行操作（并非所有的操作一直可用），几何体操作可用于任何类型的体，不管是激活的或冻结的。附着在选定体上的面或边上的特征点不受体操作的影响。

在几何体操作属性窗格中选择体和平面的选项包括缝补、简化、切割材料、压印面、清除几何体等，如图 5-23 所示。

图 5-22　几何体操作路径

图 5-23　几何体操作属性窗格

📖 5.3.1　缝补

选择曲面体进行缝补操作，DesignModeler 会在共同边上缝合曲面（在给定的公差内），如图 5-24 所示。

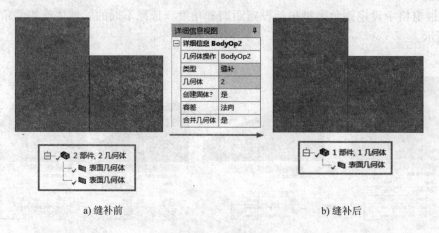

a) 缝补前　　　　　　　　　　　　　　　　　b) 缝补后

图 5-24　缝补操作

属性窗格中的选项:

◆ 创建固体:缝合曲面,从闭合曲面创建实体。

◆ 容差:法向,释放或用户容差。

5.3.2 简化

可使用几何或拓扑进行简化操作,如图 5-25 所示。

◆ 简化几何结构:尽可能简化曲面和曲线以形成适合分析的几何体(默认值 = 是)。

◆ 简化拓扑:尽可能移除多余的面、边和顶点(默认值 = 是)。

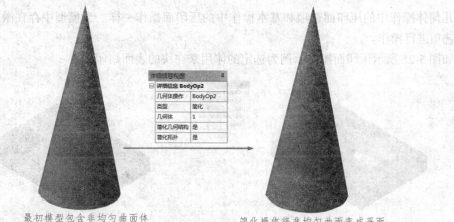

最初模型包含非均匀曲面体

简化操作将非均匀曲面变成平面,合并曲面以形成单一的圆锥体

图 5-25 简化操作

5.3.3 切割材料

切割材料有两种情况,第一种情况是指从模型激活体中选择用来切除材料的体。这种情况的操作和基本特征中的切除材料操作一样。

如图 5-26 所示为从块中切除选定的体形成一个模具。

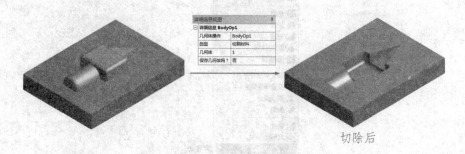

切除后

图 5-26 切割材料第一种情况

第二种情况是指切片几何体操作,在一个完全冻结的模型上才能操作。这种情况的操作和基本操作中的体切片操作一样。而且仅当模型中的所有体冻结时才能操作。如图 5-27 所示为切片操作示例,选定飞机体在块上进行切片。

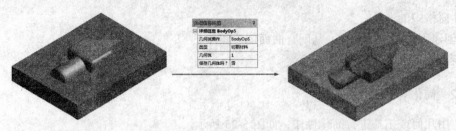

图 5-27　切片操作示例

5.3.4　压印面

几何体操作中的压印面选项和基本操作中的压印面操作一样。当模型中存在激活体时才能对该选项进行操作。

如图 5-28 所示压印面操作示例为选定的体用来在块的表面烙印记。

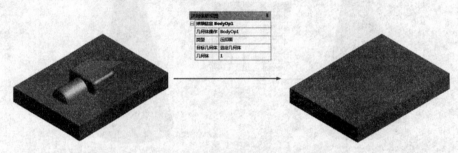

图 5-28　压印面操作示例

5.4　几何体转换

几何体转换路径在菜单栏中的位置为："创建"→"几何体转换"，如图 5-29 所示。在此命令中有 5 种不同的选项对几何体进行转换操作。

图 5-29　几何体转换路径

5.4.1 移动

在移动操作中要选择体和两个平面：一个源平面和一个目标平面。DesignModeler 将选定的体从源平面转移到目标平面中。这对对齐导入的或链接的体特别有用。

如图 5-30 所示，两种导入体（一个盒子和一个盖子）没有对准。有可能它们是用两种不同的坐标系从 CAD 系统中分别导出的。用移动操作可以解决这个问题。

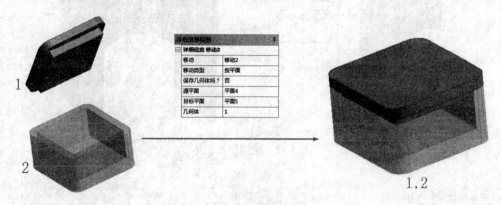

图 5-30　移动操作

5.4.2 平移

平移操作用于移动实体。可以使用平移属性"方向定义"中列出的两种方法之一指定方向，如图 5-31 所示。

选择：使用方向参考指定平移矢量，并指定沿矢量平移实体的距离。

坐标：指定要转换实体的 X、Y、Z 偏移。

将"保存几何体吗？"选项设置为"是"则保留原始实体。如果不需要原始实体，则"保存几何体吗？"选项设置为"否"。

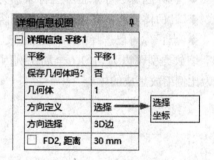

图 5-31　平移属性

5.4.3 旋转

旋转操作为选择绕一指定轴和一定角度旋转的体。属性窗格中轴的说明：

◆ 选择：指定沿某选择方向上的间距；
◆ 分量：指定矢量的 X、Y、Z 分量。

5.4.4 镜像

在镜像操作中需要选择体和镜像平面。DesignModeler 在镜像面上创建选定原始体的镜像。镜像的激活体将和原激活模型合并。

镜像的冻结体不能合并。镜像平面默认为最初的激活面。如图 5-32 所示为镜像生成的体。

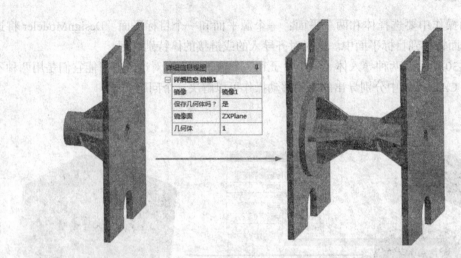

图 5-32　镜像生成的体

5.4.5　比例

用于选择要缩放的实体，然后通过缩放原点选择缩放。

缩放源属性包含三个选项：

◆　世界起源：原点世界坐标系作为缩放原点。

◆　几何体质心：每个选定实体围绕其自身的质心缩放。

◆　点：你可以选择一个特定的点，可以是二维草图点、三维顶点作为缩放原点。

缩放类型可以为均匀（全局比例因子）或非均匀（每个轴的独立比例因子）。如图 5-33 所示为比例缩放生成的体。

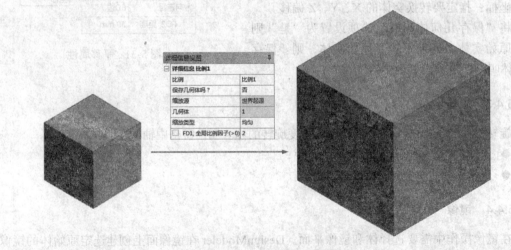

图 5-33　比例缩放生成的体

5.5 高级体操作

 ### 5.5.1 阵列特征

阵列特征即复制所选的源特征，具体包括线性阵列、圆周阵列和矩形阵列，如图 5-34 所示。阵列特征操作路径在菜单栏中的位置为："创建"→"模式"。

◆ 线性阵列：进行线性阵列需要设置阵列的方向和偏移的距离。

◆ 圆周阵列：进行圆周阵列需要设置旋转轴及旋转的角度。如将角度设为 0，系统会自动计算均布放置。

◆ 矩形阵列：进行矩形阵列需要设置两个方向和偏移的距离。

对于面选定，每个复制的对象必须和原始体保持一致（必须同为一个基准区域）。每个复制面不能彼此接触/相交。

线性阵列　　　　　圆周阵列　　　　　矩形阵列

图 5-34　阵列特征

5.5.2 布尔操作

使用布尔操作对现成的体做相加、相减或相交操作。这里所指的体可以是实体、面体或线体（仅适用于布尔加）。另外，在操作时面体必须有一致的法向。

根据操作类型，体被分为目标体与工具体，如图 5-35 所示。

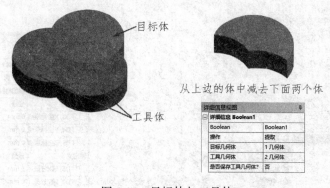

从上边的体中减去下面两个体

图 5-35　目标体与工具体

布尔操作包括"单位"（求和）、"提取"（求差）、"交叉"（求交）和"压印面"等，如图 5-36 所示为布尔操作示例。

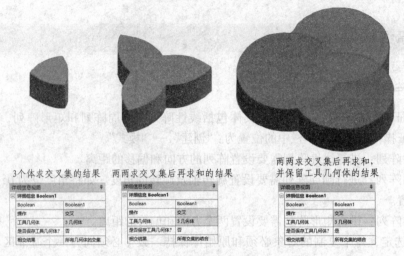

3个体求交叉集的结果　　两两求交叉集后再求和的结果　　两两求交叉集后再求和，并保留工具几何体的结果

图 5-36　布尔操作示例

5.5.3　直接创建几何体

直接创建几何体是指通过定义几何外形（如球、圆柱等）来快速建立几何体，操作路径为"创建"→"原语"，如图 5-37 所示。直接创建几何体不需要草图，但需要基本平面和若干个点或输入方向来创建。

另外，直接创建几何体需要输入可用坐标，或是在已有的几何体上输入选定的方法来定义。

直接创建的几何体与由草图生成的几何体在属性窗格中是不同的，如图 5-38 所示为直接创建圆柱几何体的属性窗格。其中可以设置：选择基准平面、定义原点、定义轴（定义圆柱高度）、定义半径、生成图形等。

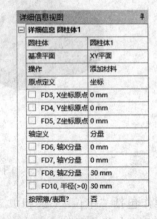

图 5-37　直接创建几何体　　　　　　　图 5-38　直接创建圆柱几何体的属性窗格

5.6 三维特征实例 1——联轴器

利用本章所学的内容绘制如图 5-39 所示的联轴器模型。

图 5-39　联轴器模型

📖5.6.1　新建模型

01 进入 Ansys Workbench 2024 工作界面，在图形工作界面中左边工具箱中打开"组件系统"工具箱的下拉列表。

02 将"组件系统"工具箱中的"几何结构"模块拖动到右边的项目原理图中（或在工具箱中直接双击"几何结构"模块）。此时项目原理图中会出现"几何结构"模块，此模块默认编号为 A。

03 右键单击"几何结构"模块中的 A2 栏，在弹出的快捷菜单中选择"新的 DesignModeler 几何结构"，如图 5-40 所示，启动 DesignModeler 创建模型应用程序。

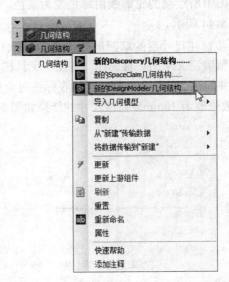

图 5-40　启动 DesignModeler 创建模型应用程序

04 设置单位。单击菜单栏中的"单位"→"毫米"，设置模型为毫米单位。返回 DesignModeler 应用程序。此时左端的树形目录默认为建模状态下的树形目录。在建立草图前需要首先选择一个工作平面。

📖 5.6.2 挤出模型

01 选择草绘平面。首先单击选中树形目录中的"ZX 平面" ✳ ZX平面分支，然后单击工具栏中的"新草图"按钮📐，选择一个草绘平面，此时树形目录中"ZX 平面"分支下，会多出一个名为"草图 1"的草绘平面。

02 创建草图。单击选中树形目录中的"草图 1"，然后单击树形目录下端如图 5-41 所示的"草图绘制"标签，打开草图工具箱窗格。在新建的"草图 1"上绘制图形。

03 切换视图。单击工具栏中的"查看面 / 平面 / 草图"按钮🔲，如图 5-42 所示。将视图切换为 ZX 方向的视图。

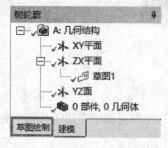

图 5-41 "草图绘制"标签　　　　　　　图 5-42 "查看面 / 平面 / 草图"按钮

04 绘制草图。打开的草图工具箱默认展开"绘制"栏，利用其中的绘图工具绘制如图 5-43 所示的圆。

05 标注尺寸。展开草图工具箱的"维度"栏。单击"维度"栏内的"直径"按钮 ⊖直径，标注尺寸。此时草图中所绘制的轮廓线由绿色变为蓝色。表示草图中所有元素均完全约束。标注尺寸的结果如图 5-44 所示。

06 修改尺寸。由上步标注尺寸后的草图虽然已完全约束，但尺寸并没有指定。现在通过在属性窗格中修改参数来精确定义草图。首先在"维度"工具栏中单击"显示"按钮🔲显示，取消勾选"名称"复选框，并勾选"值"复选框，这样在标注时会只显示标注数值，比较直观。然后将属性窗格中 D1 的参数修改为 10mm。修改尺寸的结果如图 5-45 所示。

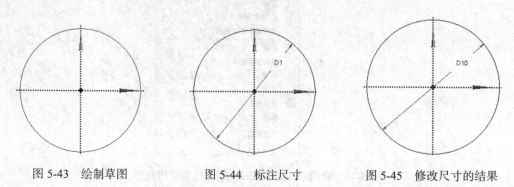

图 5-43 绘制草图　　　　　图 5-44 标注尺寸　　　　　图 5-45 修改尺寸的结果

07 挤出模型。单击工具栏中的"挤出"按钮 🔳挤出，此时树形目录自动切换到"建模"标签。在属性窗格中，将"FD1，深度（>0）"栏后的参数更改为 10mm，即挤出深度为 10mm。单击工具栏中的"生成"按钮 ⚡生成。

08 隐藏草图。在树形目录中右键单击"挤出 1"分支下的"草图 1"。在弹出的快捷菜单中选择"隐藏草图",如图 5-46 所示。最后生成的挤出模型如图 5-47 所示。

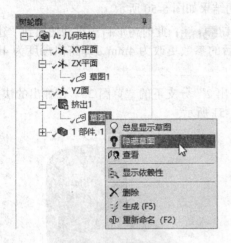

图 5-46 选择"隐藏草图"

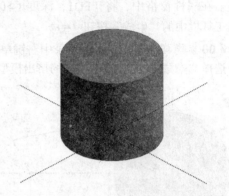

图 5-47 挤出模型

5.6.3 挤出底面

01 创建草绘平面。首先单击选中树形目录中的"ZX 平面" ⊀ ZX平面分支,然后单击工具栏中的"新草图"按钮 ,创建一个草绘平面,此时树形目录中"ZX 平面"分支下,会多出一个名为"草图 2"的草绘平面。

02 创建草图。单击选中树形目录中的"草图 2",然后单击树形目录下端的"草图绘制"标签,打开草图工具箱窗格。在新建的"草图 2"上绘制图形。

03 切换视图。单击工具栏中的"查看面 / 平面 / 草图"按钮 ,将视图切换为 ZX 方向的视图。

04 绘制草图。打开的草图工具箱默认展开"绘制"栏,首先利用其中的圆命令绘制两个圆,然后利用"2 个切线的直线" 2个切线的直线命令,分别连接两个圆,绘制两圆之间的切线,然后利用修剪命令将多余的圆弧进行剪切处理,结果如图 5-48 所示。

05 标注尺寸。展开草图工具箱的"维度"栏。单击"维度"栏内的标注尺寸命令,标注尺寸。此时草图中所绘制的轮廓线由绿色变为蓝色。表示草图中所有元素均完全约束。标注尺寸的结果如图 5-49 所示。

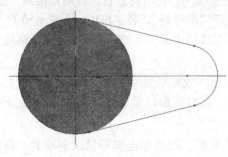

图 5-48 绘制草图

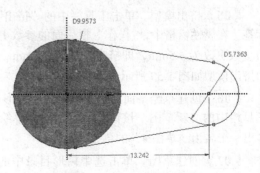

图 5-49 标注尺寸的结果

06 修改尺寸。由上步标注尺寸后的草图虽然已完全约束，但尺寸并没有指定。现在通过在属性窗格中修改参数来精确定义草图。将属性窗格中 D2 的参数修改为 10mm，D3 的参数修改为 6mm，H4 的参数修改为 12mm。修改尺寸的结果如图 5-50 所示。

07 挤出模型。单击工具栏中的"挤出"按钮 挤出，此时树形目录自动切换到"建模"标签。在属性窗格中，将"FD1，深度（>0）"栏后的参数更改为 4mm，即挤出深度为 4mm。单击工具栏中的"生成"按钮 生成。

08 隐藏草图。在树形目录中右键单击"挤出 2"分支下的"草图 2"。在弹出的快捷菜单中选择"隐藏草图"。最后生成的挤出模型如图 5-51 所示。

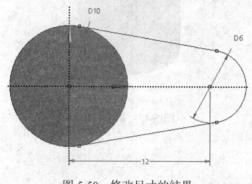

图 5-50　修改尺寸的结果

图 5-51　挤出模型

📖 5.6.4　挤出大圆孔

01 创建草绘平面。首先单击模型中最高的圆面，然后单击工具栏中的"新平面"按钮，创建新的平面。最后单击工具栏中的"生成"按钮 生成，生成新的平面"平面 4"。

02 单击树形目录中的"平面 4" 平面4分支，然后单击工具栏中的"新草图"按钮，创建一个草绘平面，此时树形目录中"平面 4"分支下，会多出一个名为"草图 3"的草绘平面。单击选中树形目录中的"草图 3"草图，然后单击树形目录下端的"草图绘制"标签，打开草图工具箱窗格。在新建的"草图 3"上绘制图形。

03 切换视图。单击工具栏中的"查看面 / 平面 / 草图"按钮，将视图切换为平面 4 方向的视图。

04 绘制草图。打开的草图工具箱默认展开"绘制"栏，利用其中的圆命令绘制一个圆并标注修改直径为 7mm，结果如图 5-52 所示。

05 挤出模型。单击工具栏中的"挤出"按钮 挤出，此时树形目录自动切换到"建模"标签。在属性窗格中，"操作"栏后面的参数更改为"切割材料"，将"FD1，深度（>0）"栏后的参数更改为 1.5mm，即挤出深度为 1.5mm。单击工具栏中的"生成"按钮 生成。最后生成的挤出模型如图 5-53 所示。

06 创建草绘平面。首先单击选中树形目录中的"ZX 平面" ZX平面分支，然后单击工具栏中的"新草图"按钮，创建一个草绘平面，此时树形目录中"ZX 平面"分支下，会多出一个名为"草图 4"的草绘平面。

07 创建草图。单击选中树形目录中的"草图 4"，然后单击树形目录下端的"草图绘制"标签，打开草图工具箱窗格。在新建的"草图 4"上绘制图形。

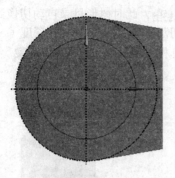

图 5-52　绘制草图

图 5-53　挤出模型

08 切换视图。单击工具栏中的"查看面 / 平面 / 草图"按钮 ，将视图切换为 ZX 方向的视图。

09 绘制草图。打开的草图工具箱默认展开"绘制"栏，利用其中的圆命令绘制一个圆并标注修改直径为 5，结果如图 5-54 所示。

10 挤出模型。单击工具栏中的"挤出"按钮 挤出，此时树形目录自动切换到"建模"标签。在属性窗格中，"操作"栏后面的参数更改为"切割材料"，将"FD1，深度（>0）"栏后的参数更改为 8.5mm，即挤出深度为 8.5mm。单击工具栏中的"生成"按钮 生成。最后生成的挤出模型如图 5-55 所示。

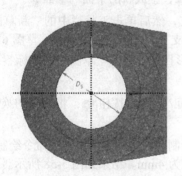

图 5-54　绘制草图

图 5-55　挤出模型

5.6.5　挤出生成键槽

01 创建草绘平面。首先单击选中树形目录中的"ZX 平面" ZX平面分支，然后单击工具栏中的"新草图"按钮 ，创建一个草绘平面，此时树形目录中"ZX 平面"分支下，会多出一个名为"草图 5"的草绘平面。

02 创建草图。单击选中树形目录中的"草图 5"，然后单击树形目录下端的"草图绘制"标签，打开草图工具箱窗格。在新建的"草图 5"的草图上绘制图形。

03 切换视图。单击工具栏中的"查看面 / 平面 / 草图"按钮 ，将视图切换为 ZX 方向的视图。

04 绘制草图。打开的草图工具箱默认展开"绘制"栏，利用其中的矩形命令绘制如图 5-56 所示的一个矩形，并标注修改长宽分别为 3mm 和 1.2mm。

05 挤出模型。单击工具栏中的"挤出"按钮 **挤出**，此时树形目录自动切换到"建模"标签。在属性窗格中，"操作"栏后面的参数更改为"切割材料"，将"FD1，深度（>0）"栏后的参数更改为 8.5mm，即挤出深度为 8.5mm。单击工具栏中的"生成"按钮 **生成**。最后生成的挤出模型如图 5-57 所示。

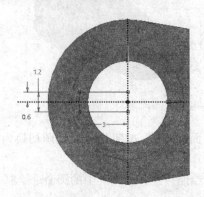

图 5-56　绘制草图

图 5-57　挤出模型

5.6.6　挤出小圆孔

01 创建草绘平面。单击选中模型中的凸台面，单击工具栏中的"创建平面"按钮 **朳**，创建新的平面。最后单击工具栏中的"生成"按钮 **生成**，生成新的平面"平面5"。

02 单击树形目录中的"平面5" **朳 平面5** 分支，然后单击工具栏中的"新草图"按钮 **翻**，创建一个草绘平面，此时树形目录中"平面5"分支下，会多出一个名为"草图6"的草绘平面。单击选中树形目录中的"草图6"，然后单击树形目录下端的"草图绘制"标签，打开草图工具箱窗格。在新建的"草图6"上绘制图形。

03 切换视图。单击工具栏中的"查看面 / 平面 / 草图"按钮 **朳**，将视图切换为 ZX 方向的视图。

04 绘制草图。打开的草图工具箱默认展开"绘制"栏，利用其中的圆命令绘制一个圆，添加此圆与边上小圆同心的几何关系，并标注修改直径为 4mm。结果如图 5-58 所示。

05 挤出模型。单击工具栏中的"挤出"按钮 **挤出**，此时树形目录自动切换到"建模"标签。在属性窗格中，"操作"栏后面的参数更改为"切割材料"，将"FD1，深度（>0）"栏后的参数更改为 1.5mm，即挤出深度为 1.5mm。单击工具栏中的"生成"按钮 **生成**。最后生成的挤出模型如图 5-59 所示。

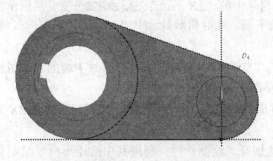

图 5-58　绘制草图

图 5-59　挤出模型

06 创建草绘平面。首先单击选中树形目录中的"ZX平面" **⋏ ZX平面**分支，然后单击工具栏中的"新草图"按钮 ，创建一个草绘平面，此时树形目录中"ZX平面"分支下，会多出一个名为"草图7"的草绘平面。

07 创建草图。单击选中树形目录中的"草图7"草图，然后单击树形目录下端的"草图绘制"标签，打开草图工具箱窗格。在新建的"草图7"上绘制图形。

08 切换视图。单击工具栏中的"查看面/平面/草图"按钮 ，将视图切换为ZX方向的视图。

09 绘制草图。打开的草图工具箱默认展开"绘制"栏，利用其中的圆命令绘制一个圆，添加同心的几何关系，并标注修改直径为3mm，结果如图5-60所示。

10 挤出模型。单击工具栏中的"挤出"按钮 **挤出**，此时树形目录自动切换到"建模"标签。在属性窗格中，"操作"栏后面的参数更改为"切割材料"，将"FD1，深度（>0）"栏后的参数更改为2.5mm，即挤出深度为2.5mm。单击工具栏中的"生成"按钮 **生成**。最后生成的挤出模型如图5-61所示。

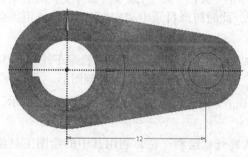

图 5-60　绘制草图

图 5-61　挤出模型

5.7　三维特征实例 2——机盖

利用本章所学的内容绘制如图5-62所示的机盖模型。

图 5-62　机盖模型

5.7.1　新建模型

01 进入 Ansys Workbench 2024 工作界面，在图形工作界面中左边工具箱中打开"组件系统"工具箱的下拉列表。

02 将"组件系统"工具箱中的"几何结构"模块拖动到右边项目原理图中（或在工具箱中直接双击"几何结构"模块）。此时项目原理图中会出现如图 5-63 所示的"几何结构"模块，此模块默认编号为 A。

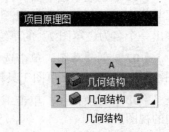

图 5-63 "几何结构"模块

03 右键单击"几何结构"模块中的 A2 栏，在弹出的快捷菜单中选择"新的 DesignModeler 几何结构"，启动 DesignModeler 创建模型应用程序。

04 设置单位。单击菜单栏中的"单位"→"毫米"，设置模型为毫米单位。返回 DesignModeler 应用程序。此时左端的树形目录默认为建模状态下的树形目录。在建立草图前需要首先选择一个工作平面。

5.7.2 旋转模型

01 创建草绘平面。单击选中树形目录中的"XY 平面" XY平面分支，然后单击工具栏中的"新草图"按钮，创建一个草绘平面，此时树形目录中"XY 平面"分支下，会多出一个名为"草图 1"的草绘平面。

02 创建草图。单击选中树形目录中的"草图 1"，然后单击树形目录下端如图 5-64 所示的"草图绘制"标签，打开草图工具箱窗格。在新建的"草图 1"上绘制图形。

03 切换视图。单击工具栏中的"查看面 / 平面 / 草图"按钮，如图 5-65 所示，将视图切换为 XY 方向的视图。

04 绘制草图。打开的草图工具箱默认展开"绘制"栏，利用其中的绘图工具绘制如图 5-66 所示的草图（注：Y 轴方向上还有一条直线）。

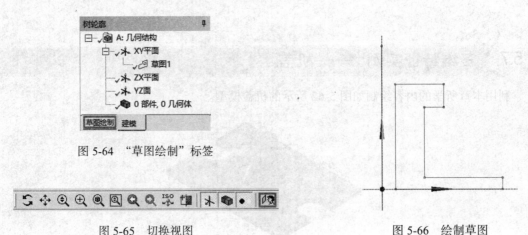

图 5-64 "草图绘制"标签

图 5-65 切换视图

图 5-66 绘制草图

05 标注尺寸。展开草图工具箱的"维度"栏。单击"维度"栏内的"水平的"按钮 水平的 和"顶点"按钮 顶点，标注尺寸。此时草图中的所有绘制的轮廓线由绿色变为蓝色。表示草图中所有元素均完全约束。标注尺寸的结果如图 5-67 所示。

06 修改尺寸。由上步标注尺寸后的草图虽然已完全约束，但尺寸并没有指定。现在通过在属性窗格中修改参数来精确定义草图。首先在"维度"工具栏中单击"显示"按钮 显示，取消勾选"名称"复选框，并勾选"值"复选框，这样在标注时会只显示标注数值，比较直观。然后将属性窗格中 H1 的参数修改为 22mm，H2 的参数修改为 16mm，H3 的参数修改为 2mm，V4 的参数修改为 3mm，V5 的参数修改为 8mm，V6 的参数修改为 12mm，H7 的参数修改为 3mm。修改尺寸的结果如图 5-68 所示。

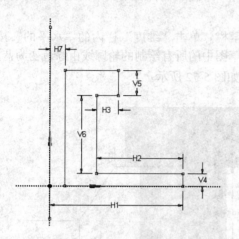

图 5-67　标注尺寸的结果

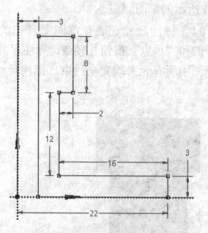

图 5-68　修改尺寸的结果

07 旋转模型。单击工具栏中的"旋转"按钮 旋转，此时树形目录自动切换到"建模"标签，并生成"旋转 1"分支。在属性窗格中，"轴"栏采用默认的 Y 轴上的孤立直线，单击"应用"按钮 应用。此时绘图区域并没有更改。还需要单击工具栏中的"生成"按钮 生成。

08 隐藏草图。在树形目录中右键单击"旋转 1"分支下的"草图 1"。在弹出的快捷菜单中选择"隐藏草图"，如图 5-69 所示。最后生成的旋转模型如图 5-70 所示。

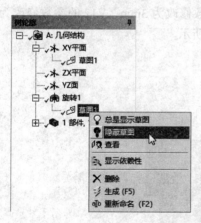

图 5-69　选择"隐藏草图"

图 5-70　旋转模型

📖 5.7.3　阵列筋

01 创建草绘平面。再次选中树形目录中的"XY 平面" XY平面 分支，然后单击工具栏中的"新草图"按钮，创建第二个草绘平面，此时树形目录中"XY 平面"分支下，会多出一个名为"草图 2"的草绘平面。

02 创建草图。单击选中树形目录中的"草图 2"草图，然后单击树形目录下端的"草图绘制"标签，打开草图工具箱窗格。在新建的"草图 2"的草图上绘制图形。然后单击工具栏中的"查看面 / 平面 / 草图"按钮，如图 5-65 所示，将视图切换为 XY 方向的视图。

03 绘制草图。打开的草图工具箱默认展开"绘制"栏，利用其中的绘图工具绘制如图 5-71 所示的草图。

04 标注尺寸。展开草图工具箱的"维度"栏。单击"维度"栏内的"水平的"按钮 水平的 和"顶点"按钮 顶点，标注尺寸。此时草图中的所有绘制的轮廓线由绿色变为蓝色。表示草图中所有元素均完全约束。标注尺寸的结果如图 5-72 所示。

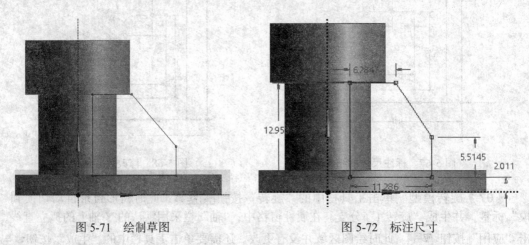

图 5-71　绘制草图　　　　　　　　　　　　　图 5-72　标注尺寸

05 修改尺寸。由上步标注尺寸后的草图虽然已完全约束，但尺寸并没有指定。现在通过在属性窗格中修改参数来精确定义草图。将属性窗格中 H8 的参数修改为 12mm，H9 的参数修改为 4mm，H10 的参数修改为 4mm，V11 的参数修改为 3mm，V12 的参数修改为 4mm，V13 的参数修改为 12mm。修改尺寸的结果如图 5-73 所示。

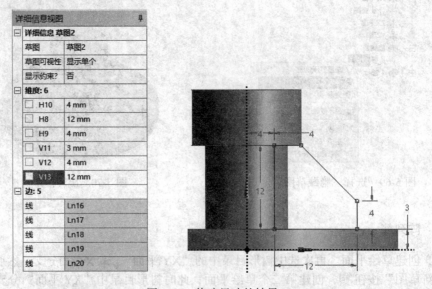

图 5-73　修改尺寸的结果

06 挤出模型。单击工具栏中的"挤出"按钮 挤出，此时树形目录自动切换到"建模"标签。在属性窗格中，将"方向"栏后的参数更改为"双-对称"，即挤出方向为两侧对称。将"FD1，深度（>0）"栏后的参数更改为 1mm，即挤出深度为 1mm。单击工具栏中的"生成"按钮 生成。

07 隐藏草图。在树形目录中右键单击"挤出1"分支下的"草图2"。在弹出的快捷菜单中选择"隐藏草图"。最后生成的挤出模型如图 5-74 所示。

08 阵列模型。在树形目录中单击选中上步挤出生成的机盖筋。如图 5-75 所示，单击菜单栏中的"创建"→"模式"，生成阵列特征。

图 5-74 挤出模型

图 5-75 阵列菜单栏

❶ 在属性窗格中，将"方向图类型"栏后的参数更改为"圆的"，即阵列类型为圆周阵列。

❷ 单击其中"几何结构"栏后在绘图区域选中绘制的实体。使之变为黄色被选中状态，然后返回到属性窗格。

❸ 单击"几何结构"栏中的"应用"按钮 应用。单击"轴"栏后，在绘图区域选择 Y 轴，然后返回到属性窗格，单击"轴"栏中的"应用"按钮。将 Y 轴设为旋转轴。

❹ 将"FD3，复制（>0）"栏后的参数更改为 3，即圆周阵列再生成 3 个几何特征。单击工具栏中的"生成"按钮 生成。最后生成的阵列模型如图 5-76 所示。

图 5-76 阵列模型

5.7.4　创建底面

01 创建工作平面。在绘图区域中选中所创建模型的底面，使之变为绿色，如图 5-77 所示。单击工具栏中的"新平面"按钮 ，创建工作平面，此时树形目录中会多出一个名为"平面 4"的工作平面。单击工具栏中的"生成"按钮 生成。生成新的工作平面"平面 4"。

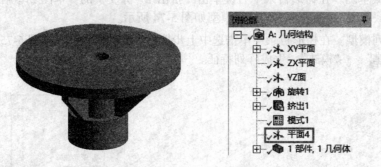

图 5-77　选中所创建模型的底面

02 创建草绘平面。单击选中树形目录中新建的"平面 4"分支，然后单击工具栏中的"新草图"按钮 ，创建另一个草绘平面，此时树形目录中"平面 4"分支下，会多出一个名为"草图 3"的草绘平面。

03 创建草图。单击选中树形目录中的"草图 3"，然后单击树形目录下端的"草图绘制"标签，打开草图工具箱窗格。在新建的草图上绘制图形。然后单击工具栏中的"查看面 / 平面 / 草图"按钮 ，将视图切换为平面 4 方向的视图。

04 绘制草图。打开的草图工具箱默认展开"绘制"栏，利用其中的绘图工具绘制如图 5-78 所示的草图。

05 添加约束。打开草图工具箱中的约束栏，利用其中的约束工具添加对称及相切的几何关系。添加约束的结果如图 5-79 所示。

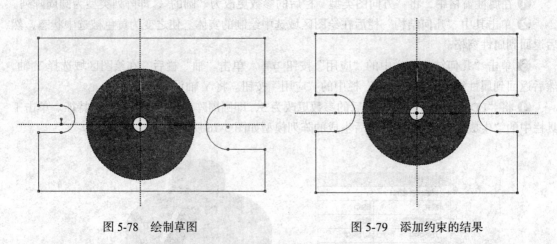

图 5-78　绘制草图　　　　　　　图 5-79　添加约束的结果

06 标注尺寸。展开草图工具箱的 Dimensions 栏。单击"维度"栏内的"水平的"按钮 水平的、"顶点"按钮 顶点、"半径"按钮 半径，标注尺寸。此时草图中的所有绘制的轮廓线由绿色变为蓝色。表示草图中所有元素均完全约束。标注尺寸的结果如图 5-80 所示。

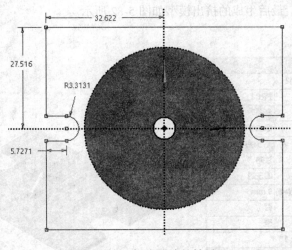

图 5-80 标注尺寸的结果

07 修改尺寸。由上步标注尺寸后的草图虽然已完全约束，但尺寸并没有指定。现在通过在属性窗格中修改参数来精确定义草图。将属性窗格中 H1 的参数修改为 45mm，H2 的参数修改为 8mm，R4 的参数修改为 8mm，V3 的参数修改为 32mm。修改尺寸的结果如图 5-81 所示。

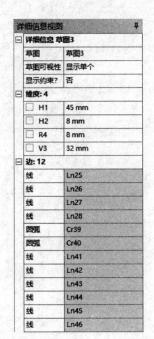

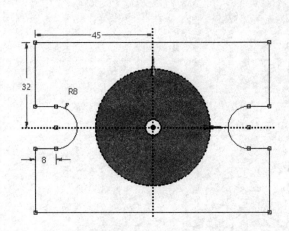

图 5-81 修改尺寸的结果

08 挤出模型。单击工具栏中的"挤出"按钮🔲挤出，此时树形目录自动切换到"建模"标签。在属性窗格中，将"FD1，深度（>0）"栏后的参数更改为 3mm，即挤出深度为 3mm。单击工具栏中的"生成"按钮✔生成。

09 隐藏草图。在树形目录中右键单击"挤出 2"分支下的"草图 3"。在弹出的快捷菜单中选择"隐藏草图"。最后生成的挤出模型如图 5-82 所示。

详细信息视图	⊕
□ **详细信息 挤出2**	
挤出	挤出2
几何结构	草图3
操作	添加材料
方向矢量	无（法向）
方向	法向
扩展类型	固定的
□ FD1, 深度(>0)	3 mm
按照薄/表面?	否
合并拓扑?	是
□ **几何结构选择: 1**	
草图	草图3

图 5-82 挤出模型

第 6 章

高级三维建模

高级三维建模包括使用高级建模工具和附加特征高级工具，建模工具包括激活和冻结体、多体零件等，高级工具里面有中面、包围、对称特征、切片和面删除等。

- 建模工具
- 高级工具
- 高级三维建模实例——铸管

6.1 建模工具

📖 6.1.1 激活和冻结体

DesignModeler 会默认将新的几何体和已有的几何体合并来保持单个体。如果想要生成不合并的几何体模型，则可以用激活和冻结体来进行控制。通过使用冻结和解冻工具可以在激活和冻结状态中进行切换。操作的路径为"工具"→"冻结"或"工具"→"解冻"，激活和冻结体菜单如图 6-1 所示。

在 DesignModeler 中有两种状态体（见图 6-2）：

◆ 激活体：在激活的状态，体可以进行常规的建模操作修改，激活体在特征树形目录中显示为蓝色，而体在特征树形目录中的图标取决于它的类型，包括实体、表面或线体。

◆ 冻结体：主要目的是为仿真装配建模提供不同选择的方式。建模中的操作一般情况下均不能用于冻结体。用冻结特征可以将所有的激活体转到冻结状态，选取体对象后用解冻特征可以激活单个体。冻结体在树形目录中显示成较淡的颜色。

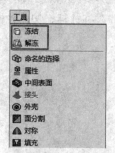

图 6-1 激活和冻结体菜单

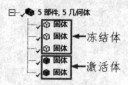

图 6-2 两种状态体

📖 6.1.2 体抑制

抑制体是不显示在绘图区域中的，而且抑制体既不能送到其他 Workbench 模块中用于分网与分析，也不能导出到 Parasolid（.x_t）或 Ansys Neutral 文件（.anf）格式。

如图 6-3 所示，抑制体在树形目录中前面有一个"×"。要将一个体抑制，可以在树状目录中选中此体，右键单击弹出快捷菜单，选择"抑制几何体"。取消体抑制的操作与此类似。

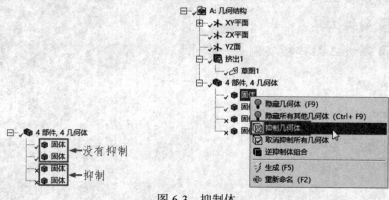

图 6-3 抑制体

6.1.3 多体零件

默认情况下，DesignModeler 将每一个体自动合并到一个零件中。如果导入的零件或可以将体成组置于零件中的复合体零件包含有多个体素，则它们具有共享拓扑，也就是离散网格在共享面上匹配。

为构成一个新的零件，可以先在绘图区域中选定两个或更多的体，然后单击"工具"→"形成新部件"。只有在选择体之后才可以使用创建新零件选项，而且不能处在特征创建或特征编辑状态。多体零件如图 6-4 所示。

图 6-4　多体零件

6.2　高级工具

通常，三维实体特征操作如下：

（1）创建三维特征体（如拉伸特征）。

（2）通过布尔操作将特征体和现有模型合并：加入材料、切除材料、表面烙印记。

6.2.1 命名的选择

命名的选择命令可以将特征进行分组。便于在 DesignModeler、Meshing 或其他模块中进行快速选择。可以通过菜单栏"工具"→"命名的选择"或右键快捷菜单选择"命名的选择"使用命名的选择命令，如图 6-5 所示。

操作步骤为选择特征后，右键单击并选择"命名的选择"，然后在树形目录中选择对象更改名字。选择的对象可以是体、面、边或者点。

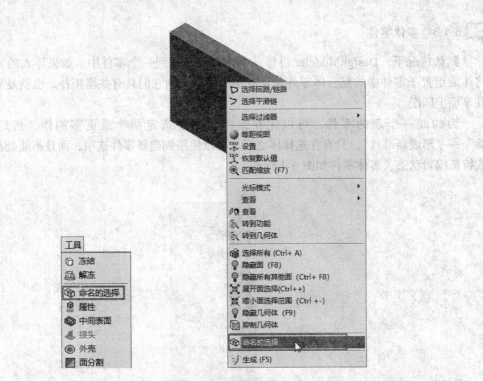

图 6-5　使用命名的选择命令的方法

如果命名的选择命令在项目页中被打开，它可以传输到其他的 Workbench 模块中去，包括 Meshing 模块。命名的选择命令在 DesignModeler 中不可隐形，而在 Meshing 模块可以隐形。

6.2.2　中面

一般将常厚度的几何体简化为"壳"模型，中面工具可自动在三维面对中间位置生成面体。在 Mechanical 中允许用壳单元类型离散。中面工具如图 6-6 所示。

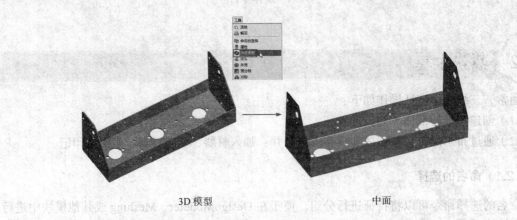

3D 模型　　　　　　　　　　　　　　中面

图 6-6　中面工具

多个面组中面的创建。多个面组可以在单次中面操作中被选取，但是被选择的面必须是相对的，含多个面组的中面如图 6-7 所示。

1. 手工创建中面

（1）在属性窗格中单击"'面'对"使之激活，"'面'对"栏出现"应用/取消"按钮，如图 6-8 所示。选择需要抽取中面的两个对立面。

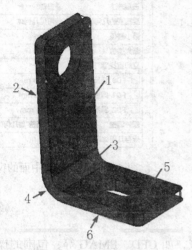

图 6-7 含多个面组的中面

详细信息 MidSurf1	
中间表面	MidSurf1
面 对	应用 取消
选择方法	手动
FD3, 选择容差(>=0)	0.01 mm
FD1, 厚度容差(>=0)	2e-05 mm
FD2, 缝纫容差(>=0)	0.02 mm
额外调整	"未调整"与几何体相交
保存几何体吗？	否

图 6-8 属性窗格

（2）注意选择面的顺序决定中面的法向。如图 6-9 所示，第一次选择的面以紫色显示，第二次选择的面以粉红色显示。当选择被确认后，被选择的面分别以深蓝色与浅蓝色显示。法线方向为从第二次选择的面指向第一次选择的面。

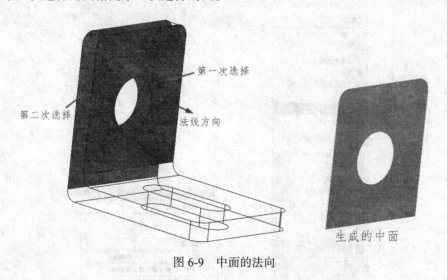

图 6-9 中面的法向

（3）缝纫容差。在缝纫容差之内，相邻面的缝隙可以在抽取中面的过程中被缝纫为一个面，如图 6-10 所示为缝纫容差属性窗格。

2. 自动创建中面

选择方法从手工方法切换到自动方法时，将会出现一些其他选项。体选择方法包括：可见几何体、选定几何体或全部几何体。"保留几何体吗？"选项允许用户在生成中面后保存原始的几何体（默认是不保存的），自动创建中面的窗格如图 6-11 所示。

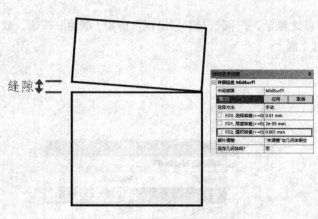

详细信息视图	⬚
⊟ 详细信息 MidSurf1	
中间表面	MidSurf1
"面"对	3
选择方法	自动
要搜索的几何体	可见几何体
最小阈值	5 mm
最大阈值	5 mm
立即查找"面"对	否
☐ FD3, 选择容差(>=0)	0.01 mm
☐ FD1, 厚度容差(>=0)	2e-05 mm
☐ FD2, 缝纫容差(>=0)	0.001 mm
额外调整	"未调整"与几何体相交
保存几何体吗?	否

图 6-10　缝纫容差属性窗格　　　　图 6-11　自动创建中面的窗格

📖 6.2.3　外壳

外壳为在体附近创建包围的区域以方便模拟场区域,如 CFD、EMAG 等,包围的操作路径为"工具"→"外壳",如图 6-12 所示。创建包围体可采用体、球、圆柱或者用户自定义的形状,在属性窗格中"缓冲"属性允许指定边界范围(必须大于 0),可以选择给所有体或者选中的目标使用包围特征,"合并部件?"选项允许多体部件自动创建,确保原始部件和场域在网格划分时与节点匹配。

详细信息视图	⬚
⊟ 详细信息 外壳1	
外壳	外壳1
形状	框
平面数量	0
缓冲	非均匀
☐ FD1, 缓冲+X值(>0)	30 mm
☐ FD2, 缓冲+Y值(>0)	30 mm
☐ FD3, 缓冲+Z值(>0)	30 mm
☐ FD4, 缓冲-X值(>0)	30 mm
☐ FD5, 缓冲-Y值(>0)	30 mm
☐ FD6, 缓冲-Z值(>0)	30 mm
目标几何体	全部几何体
合并部件?	否
导出外壳	是

图 6-12　包围的操作路径

6.2.4 对称

可以使用对称来创建对称模型的简化模型，对称的操作路径为"工具"→"对称"。使用对称最多可定义 3 个对称平面，保留每个对称平面的正半轴的材料，切除负半轴的材料，如图 6-13 所示。

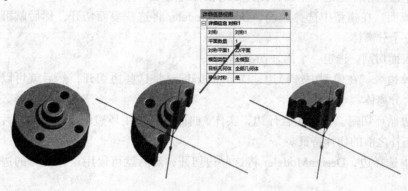

图 6-13　对称

6.2.5 填充

填充命令可以创建填充内部空隙（如孔洞）的冻结体，对激活或冻结体均可进行操作，填充的路径为"工具"→"填充"，如图 6-14 所示。填充仅对实体进行操作，此工具在 CFD 应用中创建流动区域很有用。图 6-15 所示为运用填充的一个例子。

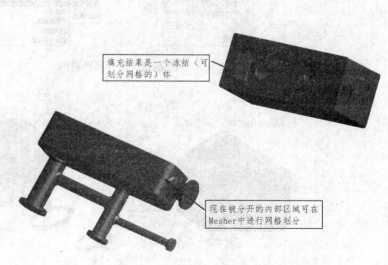

图 6-14　填充的路径

图 6-15　运用填充的一个例子

6.2.6 切片

切片工具仅用于当模型完全由冻结体组成时，此命令的菜单路径为"创建"→"切片"。

在切片属性窗格中切割类型有 5 个选项（见图 6-16）：

（1）按平面切割。选定一个面并用此面对模型进行切片操作。

（2）切掉面。在模型中选择表面，DesignModeler 将这些表面切开，然后就可以用这些切开的面创建一个分离体。

（3）按表面切割。选定一个面来切割体。

（4）切掉边缘。在模型中选择边，DesignModeler 将这些边切开，然后就可以用这些切开的边创建一个分离体。

（5）按边循环切割。选择闭合环边，实体/曲面体将被用环边创建的板体切片。此选项仅适用于共享拓扑之前的切片特征。

在模型中选择边，DesignModeler 将这些边切开，然后就可以用这些切开的边创建一个分离体。

利用切片特征可以将一个原始实体切割为三个实体，图 6-17 所示为切片特征操作步骤。

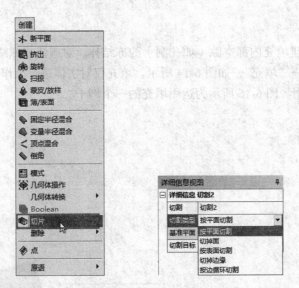

图 6-16　切片属性窗格

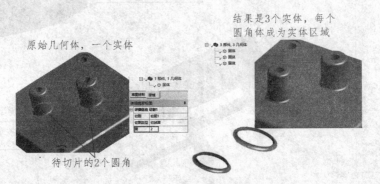

图 6-17　切片特征操作步骤

📖 6.2.7 面删除

面删除工具通过删除模型中的面，从而删除特征，如倒圆和切除等特征，然后治愈"伤口"。面删除特征在菜单栏中的位置为"创建"→"删除"→"面删除"，如图 6-18 所示。

如果不能确定合适的延伸，该特征将报告一个错误，表明它不能弥补缺口。在属性窗格中可以选择复原类型：自动、自然修复、补丁修复或无修复，复原实例如图 6-19 所示。

图 6-18　面删除特征

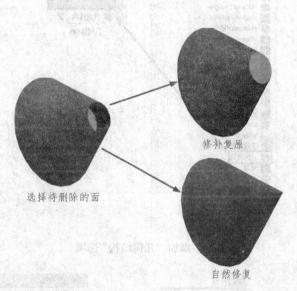

图 6-19　复原实例

6.3　高级三维建模实例——铸管

📖 6.3.1　导入模型

01 打开 Workbench 程序，展开左边工具箱中的"组件系统"栏，将工具箱里的"几何结构"选项直接拖动到项目管理界面中或是直接在项目上双击载入，添加"几何结构"选项。结果如图 6-20 所示。

02 导入模型。右键单击 A2 栏 🟦 几何结构 ❓ ，弹出快捷菜单，选择"导入几何模型"→"浏览"，然后打开"打开"对话框，打开电子资料包源文件中的"cast.x_t"。右键单击 A2 栏 🅿 几何结构 ✓ ，在弹出的快捷菜单中选择"在 DesignModeler 中编辑几何结构"如图 6-21 所示，导入模型。

03 选择单位。进入 DesignModeler 应用程序，在菜单栏中选择"单位"→"毫米"，选择毫米为单位，如图 6-22 所示。

04 设为冻结体并重新生成。在如图 6-23 所示的属性窗格中，更改"操作"选项，将之设为"添加冻结"。其他选项采用默认。单击工具栏中的"生成"按钮 ⚡生成，来重新生成模型。导入后的几何体如图 6-24 所示。

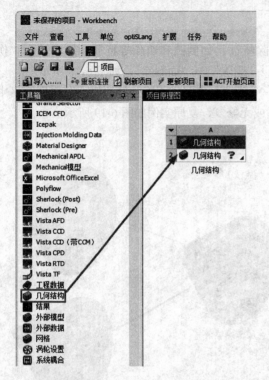

图 6-20 添加"几何结构"选项

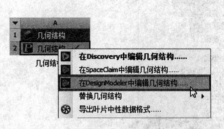

图 6-21 导入模型

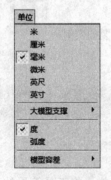

图 6-22 选择单位

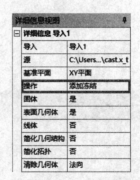

图 6-23 设为"添加冻结"

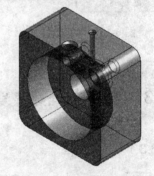

图 6-24 导入后的几何体

6.3.2 填充特征

01 执行填充特征命令。单击菜单栏中的"工具"→"填充"命令,如图 6-25 所示,执行填充特征命令。

02 选择填充面。单击工具栏中"选择: *⟨ ⟨ ▼"命令的下拉菜单,从中选择"⟨ 框选择",如图 6-26 所示。在绘图区域使用框选模式选中所有面,然后切换到单选模式,按住 Ctrl 键取消选择的外表面,单击属性窗格中的"应用"按钮 应用 。此时选中的面由绿色变为青色,表示选择完成,如图 6-27 所示。

03 生成模型。填充命令完成后,单击工具栏中的"生成"按钮 生成 ,来重新生成填充后的模型。

图 6-25 菜单栏

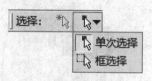

图 6-26 选择"框选择"

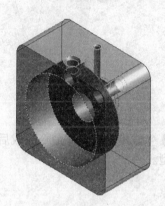

图 6-27 选择填充面

6.3.3 简化模型

01 抑制体。右键单击树形目录"2 部件，2 几何体"分支中的第一个"固体"分支。在弹出的如图 6-28 所示的快捷菜单中选择"抑制几何体"命令，将外模型进行抑制处理。抑制体如图 6-28 所示。

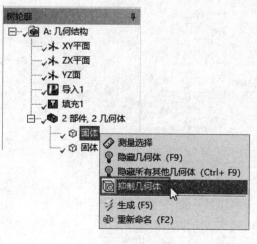

图 6-28 抑制体

02 删除面简化模型。单击菜单栏中的"创建"→"删除"→"面删除"命令，选择如图 6-29 所示的所有高亮显示的小特征，单击属性窗格中的"应用"按钮 应用 ，删除面。

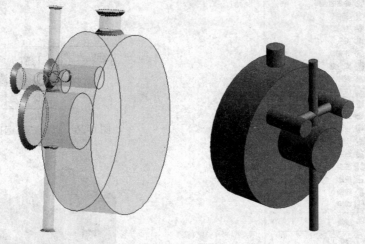

图 6-29　删除面

03 生成模型。填充命令完成后，单击工具栏中的"生成"按钮 生成，来重新生成填充后的模型。

第 7 章

概念建模

可以直接通过绘图工具箱中的特征创建线体或表面体，或者通过导入外部几何体文件特征，来设计二维草图或生成三维模型。

◎ 概念建模工具

◎ 横截面

◎ 面操作

◎ 概念建模实例——框架结构

7.1　概念建模工具

概念建模菜单中的特征用于创建和修改线体或表面体，将它们变成有限元梁或板壳模型，如图 7-1 所示为概念建模菜单。

（1）用概念建模工具创建线体的方法有：

◆ 来自点的线。

◆ 草图线。

◆ 边线。

（2）用概念建模工具创建表面体的方法有：

◆ 边表面。

◆ 草图表面。

概念建模中首先需要创建线体，线体是概念建模的基础。

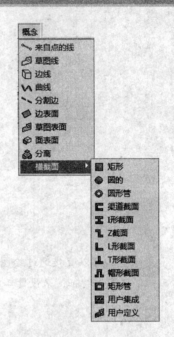

图 7-1　概念建模菜单

7.1.1　来自点的线

来自点的线，这里的点可以是任何二维草图点、三维模型顶点或特征（PF）点。如图 7-2 所示，从点生成线通常是生成一条连接两个选定点的直线。另外，对从点生成的线做域操作，允许在线体中选择添加或添加冻结选择。

在利用"来自点的线"创建线体时，首先选定两个点来定义一条线，绿线表示要生成的线段，单击"应用"按钮 应用 ，确认选择。然后单击"生成"按钮 生成 ，结果如图 7-3 所示，线体被显示成绿色。

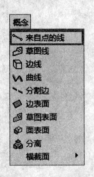

图 7-2　从点生成线

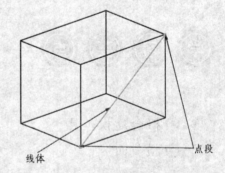

图 7-3　利用"来自点的线"创建线体

7.1.2　草图线

"草图线"命令基于草图和从表面得到的平面创建线体，它在菜单中的位置如图 7-4 所示。操作时在特征树形目录中选择草图或平面使之高亮显示，然后在属性窗格中单击"应用"按钮 应用 ，如图 7-5 所示为从草图生成的线。多个草图、面以及草图与平面组合可以作为基准对象来创建线体。

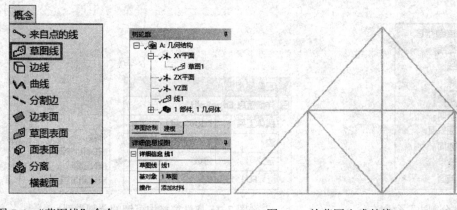

图 7-4 "草图线"命令 　　　　　　　　图 7-5 从草图生成的线

7.1.3 边线

"边线"命令基于已有的二维和三维模型边界创建线体，根据所选边和面的关联性质可以创建多个线体，在树形目录中或模型上选择边或面（见图 7-6），表面边界将变成线体（另一种办法是直接选三维边界），然后在属性窗格中单击"应用"，从边生成的线如图 7-7 所示。

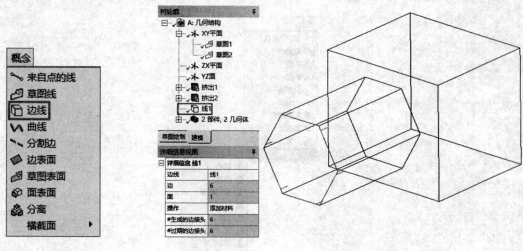

图 7-6 "边线"命令 　　　　　　　　图 7-7 从边生成的线

7.1.4 分割边

"分割边"命令可以将线进行分割。菜单栏中的位置为"概念"→"分割边"，如图 7-8 所示。"分割边"命令将边分为两段，可以用比例特性控制线被分割的位置（如 0.5 = 在一半处分割）。

在属性窗格中可以通过设置其他选项对边进行分割，如图 7-9 所示为属性窗格中可调的分割类型，如按 Delta 分割，是指沿着边上给定的 Delta 确定每个分割点间的距离；按 N 分割是指将边分割成 N 段。

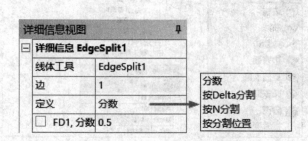

图 7-8　"分割边"命令　　　　　　　　图 7-9　属性窗格中可调的分割类型

7.2　横截面

在 Ansys Mechanical 应用程序中，横截面命令可以给线赋予梁的属性。此横截面可以使用草图描绘，并可以赋予它一组尺寸值。而且只能修改界面的尺寸值和横截面的尺寸位置，在其他情况下是不能编辑的。图 7-10 所示为横截面菜单。

图 7-10　横截面菜单

📖 7.2.1　横截面树形目录

DesignModeler 对横截面使用一套不同于 Ansys 环境的坐标系，从概念菜单中可以选择横截面，建成后的横截面会在树形目录显示，如图 7-11 所示，在那里列出每个被创建的横截面。在树形目录中标亮横截面即可在属性窗格中修改它的尺寸。

7.2.2 横截面编辑

1. 横截面尺寸编辑

右键单击，在弹出菜单中选择"移动维度"移动尺寸，如图 7-12 所示。这样就可以对横截面尺寸的位置重新定位。

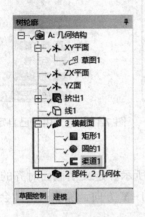

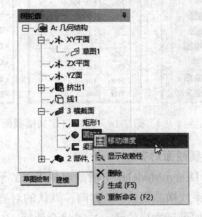

图 7-11　树形目录　　　　　　　　　图 7-12　选择"移动维度"移动尺寸

2. 将横截面赋予线体

将横截面赋予线体的操作步骤为：在树形目录中保持线体为选择状态，横截面的属性出现在属性窗格，在此处的下拉列表中单击选择想要的横截面，如图 7-13 所示。

图 7-13　将横截面赋予线体

在 DesignModeler 中用户可以自定义横截面。在定义时可以不用画出横截面，而只需在属性窗格中填写截面的属性，如图 7-14 所示。

在 DesignModeler 中还可定义用户已定义的横截面。在这里可以不用画出横截面，而只需基于用户定义的闭合草图来创建截面的属性。

定义用户已定义的横截面的步骤为：首先从概念菜单中选择"概念"→"用户定义"，如图 7-15 所示，然后在树形目录中会多一个空的横截面草图，单击"草图绘制"绘制所要的草图（必须是闭合的草图），最后单击工具栏中的"生成"按钮 ✄ 生成，DesignModeler 会计算出横截面的属性并在细节窗口中列出，这些属性不能更改。

图 7-14　用户自定义横截面　　　　图 7-15　定义用户已自定义的横截面

3. 横截面对齐

在 DesignModeler 中横截面位于 XY 平面，如图 7-16 所示。定义横截面对齐的步骤为：局部坐标系或横截面的 +Y 方向，默认的对齐是全局坐标系的 +Y 方向，除非这样做会导致非法的对齐。如果是这样的话，这时将会使用 +Z 方向。

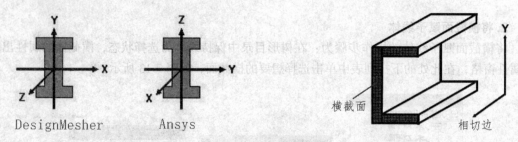

图 7-16　横截面对齐

> **注意：**
> 在 Ansys 经典环境中，横截面位于 YZ 平面中，用 X 方向作为切线方向，这种定位上的差异对分析没有影响。

用有色编码显示线体横截面的状态：
◆ 紫色：线体未赋值截面属性。
◆ 黑色：线体赋予了截面属性且对齐合法。
◆ 红色：线体赋予了截面属性但对齐非法。

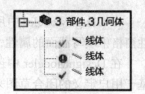

图 7-17　线体图标

树形目录中的线体图标有同样的可视化帮助（见图 7-17）：
◆ 绿色：有合法对齐的赋值横截面。
◆ 黄色：没有赋值横截面或使用默认对齐。
◆ 红色：非法的横截面对齐。

用视图菜单进行图形化的截面对齐检查步骤为：选择"横截面对齐"，其中绿色箭头 = +Y，蓝色箭头 = 横截面的切线边，或选择"横截面固体"。

选择默认的对齐，总是需要修改横截面方向，有两种方式可以进行横截面对齐，选择矢量法，或选择使用现有几何体（边，点等）作为对齐参照方式，矢量法输入相应的 X、Y、Z 坐标方向。

上述任何一种方式都可以输入旋转角度或是否反向。

4. 横截面偏移

将横截面赋给一个线体后，属性窗格中的属性允许用户指定对横截面的偏移类型，如图 7-18 所示。

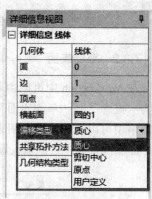

◆ 质心：横截面中心和线体质心相重合（默认）。

◆ 剪切中心：横截面剪切中心和线体中心相重合。

注意质心和剪切中心的图形显示看起来是一样的，但分析时使用的是剪切中心。

◆ 原点：横截面不偏移，就照着它在草图中的样子放置。

◆ 用户定义：用户指定横截面的 X 方向和 Y 方向上的偏移量。

图 7-18　横截面的偏移类型

7.3　面操作

在 Workbench 中进行分析时，需要建立面。可以通过草图表面或边表面来创建平坦面和扭曲面，如图 7-19 所示。在修改操作中，可以进行面修补及缝合等。

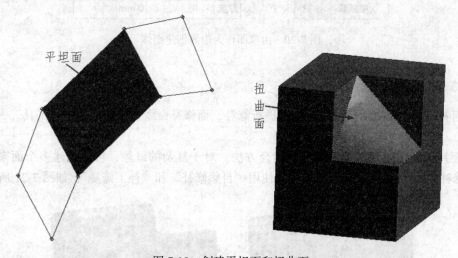

平坦面

扭曲面

图 7-19　创建平坦面和扭曲面

7.3.1　边表面

边表面命令可以用线体边作为边界创建表面体，此命令的操作路径为"概念"→"边表面"。线体边必须是没有交叉的闭合回路，每个闭合回路都创建一个冻结表面体，回路应该形成一个可以插入到模型的简单表面形状，可以是平面、圆柱面、圆环面、圆锥面、球面和简单扭曲面等。

> **注意：**
> 在从线建立面时，无横截面属性的线体能用于将表面模型连在一起，在这种情况下线体仅仅起到确保表面边界有连续网格的作用。

7.3.2 草图表面

在 Workbench 中可以由草图作为边界创建面体（单个或多个草图都是可以的），操作的路径为"概念"→"草图表面"，如图 7-20 所示。基本草图必须是不自相交叉的闭合剖面。在属性窗格中可以选择添加草图表面、操作添加材料以及确定是否以平面法线定向，如选"否"为和平面法线方向一致。输入厚度则用于创建有限元模型。

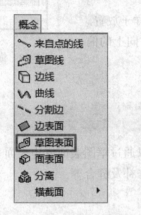
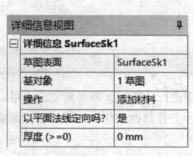

图 7-20　由草图作为边界创建面体

7.3.3 表面补丁

表面补丁操作可以对模型中的缝隙进行修补，面修补命令在菜单栏中为"工具"→"表面补丁"。

表面补丁的使用类似于面删除的缝合方法。对于复杂的缝隙，可以创建多个面来修补缝隙。面修补的模式除了"自动"，还可以使用"自然修补"和"补丁修复"，如图 7-21 所示。

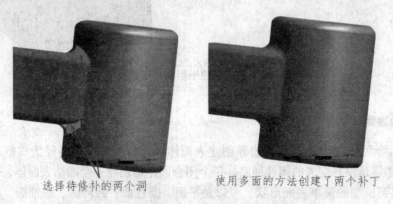

选择待修补的两个洞　　　　使用多面的方法创建了两个补丁

图 7-21　面修补

7.3.4 边接头

边接头粘接需要连续网格的体，如图 7-22 所示。在 Workbench 中创建有一致边的面或线多体零件时会自动产生边接头粘接。在没有一致拓扑存在时，可以进行人工粘接。边接头的操作路径为"工具"→"边接头"。

在"查看"菜单中选中"边接头"选项，如图 7-23 所示。边接头将被显示。

在视图中边接头以蓝色或红色显示，分别代表不同的含义：

◆ 蓝色：边接头包含在已正确定义的多体零件中。

◆ 红色：边接头没有分组进同一个零件中。

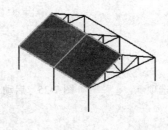
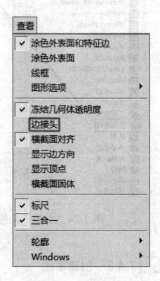

图 7-22 边接头粘接   图 7-23 "查看"菜单

7.4 概念建模实例——框架结构

下面以实例说明概念建模的绘制步骤。通过本实例可以了解并熟悉在建模过程中是如何进行概念建模的。

7.4.1 新建模型

01 打开 Workbench 程序，展开左边工具箱中的"组件系统"栏，将工具箱里的"几何结构"选项直接拖动到项目管理界面中或是直接在项目上双击载入，添加"几何结构"选项，结果如图 7-24 所示。

02 创建模型。右键单击 A2 栏 ，在弹出的快捷菜单中选择"新的 Design-Modeler 几何结构"，如图 7-25 所示，启动 DesignModeler 建模应用程序。

03 设置单位。单击菜单栏中的"单位"→"毫米"，设置模型单位为毫米。返回 DesignModeler 应用程序。此时左端的树形目录默认为建模状态下的树形目录。

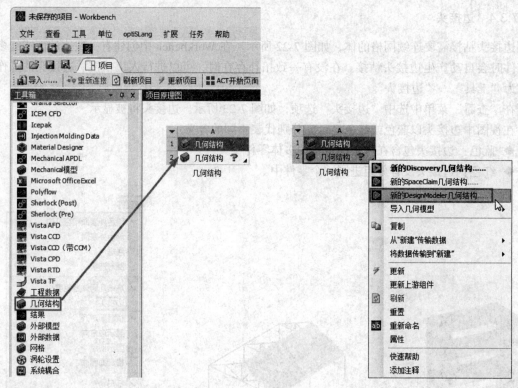

图 7-24 添加 "几何结构" 选项   图 7-25 启动 DesignModeler 建模应用程序

7.4.2 创建草图

01 创建工作平面。单击选中树形目录中的 "XY 平面" ✗ XY平面分支，然后单击工具栏中的 "新草图" 按钮，创建一个工作平面，此时树形目录中 "XY 平面" 分支下，会多出一个名为 "草图 1" 的草绘平面。

02 创建草图。单击选中树形目录中的 "草图 1"，然后单击树形目录下端的 "草图绘制" 标签，打开草图工具箱窗格。在新建的 "草图 1" 上绘制图形。

03 切换视图。单击工具栏中的 "查看面 / 平面 / 草图" 按钮，将视图切换为 XY 方向的视图。

04 绘制矩形。打开的草图工具箱默认展开 "绘制" 栏，首先单击绘图栏中的 "矩形" 按钮□ 矩形。将光标移入到右边的绘图区域。移动光标到视图中的原点附近，直到光标中出现 "P" 的字符。单击确定矩形的角点，然后移动光标到右上角并单击，绘制一个矩形，结果如图 7-26 所示。

05 绘制直线。单击绘图栏中的 "直线" 按钮 线。在绘图区域中绘制两条互相垂直的直线，结果如图 7-27 所示。

06 添加水平尺寸标注。单击草图工具箱的 "维度" 栏，将此尺寸标注栏展开。单击尺寸栏内的 "水平的" 按钮 水平的。分别标注两个水平方向的尺寸，单击尺寸栏内的 "顶点" 按钮 顶点。分别标注两个垂直方向的尺寸，然后移动光标到合适的位置放置尺寸。标注水平尺寸的结果如图 7-28 所示。

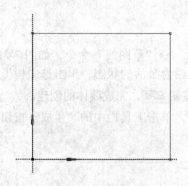

图 7-26　绘制矩形

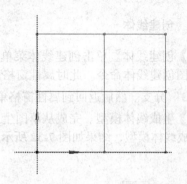

图 7-27　绘制直线

07 修改尺寸。由上步绘制后的草图虽然已完全约束，但尺寸并没有指定。现在通过在属性窗格中修改参数来精确定义草图。此时的属性窗格如图 7-29 所示。将属性窗格中 H1 的参数修改为 200mm，H2 的参数修改为 400mm，V3 的参数修改为 200mm，V4 的参数修改为 400mm。单击工具栏中的 "缩放到合适大小 🔍" 命令，将视图切换为合适的大小。修改尺寸的结果如图 7-30 所示。

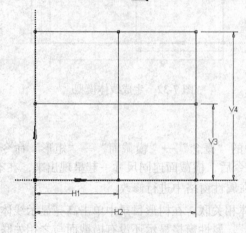

图 7-28　标注水平尺寸的结果

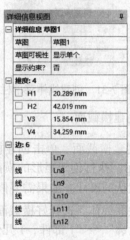

图 7-29　属性窗格

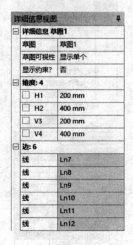

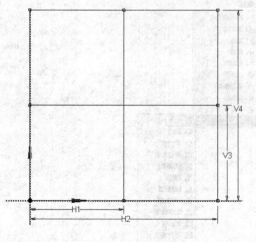

图 7-30　修改尺寸的结果

📖 7.4.3 创建线体

01 创建线体。单击创建线体菜单栏中的"概念"→"草图线"命令,如图 7-31 所示,执行从草图创建线体命令。此时属性窗格的"基对象"栏为激活的状态,单击选中树形目录中的"草图 1"分支。然后返回到属性窗格单击"应用"按钮 应用,完成线体的创建。

02 生成线体模型。完成从草图生成线体命令后,单击工具栏中的"生成"按钮 ⚡生成,来重新生成线体模型,结果如图 7-32 所示。

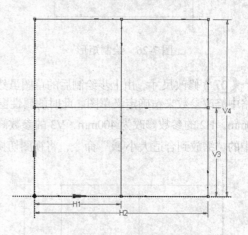

图 7-31　创建线体菜单栏 　　　　　　　　　　图 7-32　生成线体模型

📖 7.4.4 创建横截面

01 创建横截面。单击创建横截面菜单栏中的"概念"→"横截面"→"矩形"命令,如图 7-33 所示。执行创建矩形的横截面。选定此命令后,横截面连同尺寸一起呈现出来,在本实例中使用默认的尺寸。如果需要修改尺寸,可以在属性窗格中进行修改。

02 关联线体。选择好横截面后,将其与线体相关联。在树形目录中单击高亮显示线体,路径为"树轮廓"→"1 部件,1 几何体"→"线体",属性窗格显示还没有横截面与之相关联,如图 7-34 所示。单击"横截面"栏,自下拉列表中选择"矩形 1"截面。

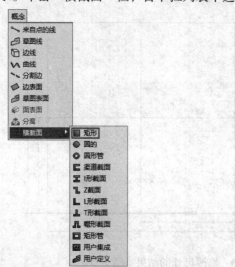

图 7-33　创建横截面菜单栏 　　　　　　　　　图 7-34　关联线体

03 带横截面显示。将横截面赋给线体后，系统默认显示横截面的线体，并没有将带有横截面的梁作为一个实体显示。现在需要将它显示。单击菜单栏中的"查看"→"横截面固体"命令，显示带有梁的实体，如图 7-35 所示。

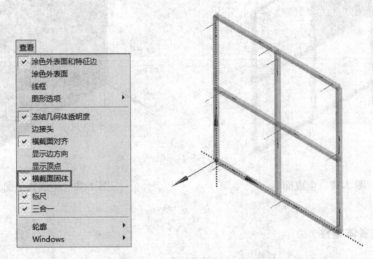

图 7-35　显示带有梁的实体

7.4.5　创建梁之间的面

下面将创建梁之间的面。

01 选择梁建面。这些面将作为壳单元在有限元仿真中划分网格。单击菜单栏中的"概念"→"边表面"命令。按住 Ctrl 键选择如图 7-36 中所示的 4 条线。单击属性窗格中的"边"栏内的"应用"按钮 应用。

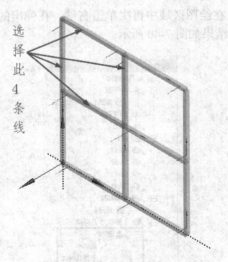

图 7-36　选择梁建面

02 生成面。单击工具栏中的"生成"按钮 生成，来重新生成面，结果如图 7-37 所示。
03 生成其他面。采用同样的方法生成其余三个面，结果如图 7-38 所示。

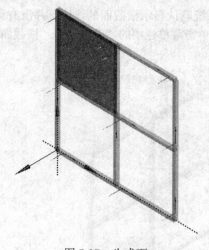

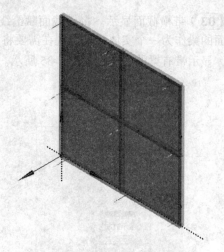

图 7-37　生成面　　　　　　　　　　图 7-38　生成其他面

7.4.6　生成多体零件

01 建模操作时将所有的体素放入单个零件中，即生成多体零件。这样做是为了确保划分网格时每一个边界能与其相邻部分生成连续的网格。

02 选择所有体。在工具栏中单击"选择体"命令，如图 7-39 所示。设定选择过滤器为"体"。在绘图区域中右键单击，在弹出的快捷菜单中选择"选择所有"，选择所有的体。

图 7-39　单击"选择体"命令

03 生成多体零件。在绘图区域中再次单击右键。在弹出的快捷菜单中选择"生成新部件"命令，生成多体零件，结果如图 7-40 所示。

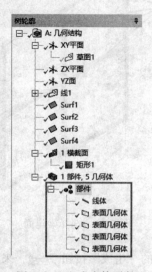

图 7-40　生成多体零件

第 8 章

一般网格控制

　　在 Ansys Workbench 中，网格的划分可以作为一个单独的应用程序，为 Ansys 的不同求解器提供相应的网格划分后的文件；也可以集成到其他应用程序中，例如将在后面讲述的 Mechanical 中。

8.1 网格划分概述

网格划分基本的功能是利用 Ansys Workbench 2024 中的网格应用程序，可以从 Ansys Workbench 2024 的项目管理器中自网格概图中进入，也可以通过其他的概图进行网格划分。

8.1.1 Ansys 网格划分应用程序概述

Workbench 中 Ansys Meshing 应用程序的目标是提供通用的网格划分格局。网格划分工具可以在任何分析类型中使用，包括进行结构动力学分析、显示动力学分析、电磁分析及 CFD 分析。

图 8-1 为三维网格的基本形状。

四面体　　　　　六面体　　　　　棱锥(四面体和六面体　　棱柱(四面体网格被拉伸
(非结构化网格)　(通常为结构化网格)　之间的过渡)　　　　时形成)

图 8-1　三维网格的基本形状

8.1.2 网格划分步骤

（1）设置目标物理环境（结构、CFD 等）。自动生成相关物理环境的网格（如 Fluent、CFX 或 Mechanical）。

（2）设定网格划分方法。

（3）定义网格设置（尺寸、控制和膨胀等）。

（4）为方便使用创建命名选项。

（5）预览网格并进行必要调整。

（6）生成网格。

（7）检查网格质量。

（8）准备分析的网格。

8.1.3 分析类型

在 Ansys Workbench 2024 中不同分析类型有不同的网格划分要求，在进行结构分析时，使用高阶单元划分较为粗糙的网格；在进行 CFD 分析时，需要平滑过渡的网格，进行边界层的转化，另外，不同 CFD 求解器也有不同的要求；在显示动力学分析时，需要均匀尺寸的网格。

在 Ansys Workbench 2024 中，分析类型的设置是通过属性窗格来进行定义的，如图 8-2 所示为定义不同物理环境的属性窗格。

表 8-1 中列出的是通过设定物理优先选项自动设置的各项默认值。

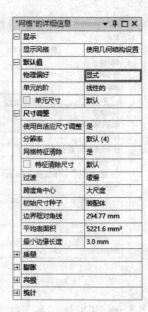

力学分析　　　　　　　CFD　　　　　　　　电磁分析　　　　　　　显示分析

图 8-2　定义不同物理环境的属性窗格

表 8-1　物理优先选项

物理优先选项	自动设置的各项默认值			
	实体单元中节点	关联中心	平滑度	过渡
力学分析	保留	粗糙	中等	快
CFD	消除	粗糙	中等	慢
电磁分析	保留	中等	中等	快
显示分析	消除	粗糙	高	慢

8.2　全局网格控制

选择分析的类型后并不等于网格控制的完成，而仅仅是进行初步的网格划分，还需要通过属性窗格进行其他选项的设置。

8.2.1　全局单元尺寸

全局单元尺寸的设置是通过属性窗格中的单元尺寸设置整个模型使用的单元尺寸。这个尺寸将应用到所有的边、面和体的划分。"单元尺寸"栏可以采用默认设置，也可以通过输入尺寸的方式来定义。如图 8-3 所示为两种不同的方式。

8.2.2　初始尺寸种子

在属性窗格中可以通过设置"初始尺寸种子"栏来控制每一部件的初始网格种子。已定义的单元尺寸则被忽略。如图 8-4 所示，"初始尺寸种子"栏有两个选项：

115

图 8-3 "单元尺寸"栏的设置 　　　　　　　　图 8-4 "初始尺寸种子"栏

◆ 装配体：基于这个设置，初始尺寸种子放入所有装配部件，不管抑制部件的数量，因为抑制部件网格不改变。

◆ 部件：基于这个设置，初始尺寸种子在网格划分时放入个别特殊部件，因为抑制部件网格不改变。

8.2.3　平滑和过渡

可以通过在属性窗格中设置"平滑"和"过渡"栏来控制网格的平滑和过渡，如图 8-5 所示。

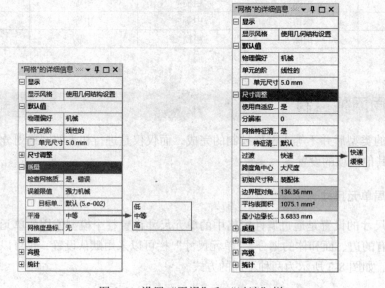

图 8-5　设置"平滑"和"过渡"栏

1. 平滑

平滑网格是通过移动周围节点和单元的节点位置来改进网格质量。下列选项和网格划分器开始平滑的门槛尺度一起控制平滑迭代次数。

◆ 低

◆ 中等

◆ 高

2. 过渡（当"使用自适应尺寸调整"设置为"是"时）

过渡控制邻近单元增长比。

◆ 缓慢产生网格过渡

◆ 快速产生网格过渡

8.2.4 跨度中心角

在 Ansys Workbench 2024 中通过设置"跨度角中心"来设定基于边的细化的曲度目标，如图 8-6 所示。网格在弯曲区域细分，直到单独单元跨越这个跨度中心角，有以下几种选择：

◆ 大尺度：91°～60°

◆ 中等：75°～24°

◆ 精细：36°～12°

同样跨度中心角也只在"使用自适应尺寸调整"设置为"是"时使用，选择精细的细化效果如图 8-7 所示。

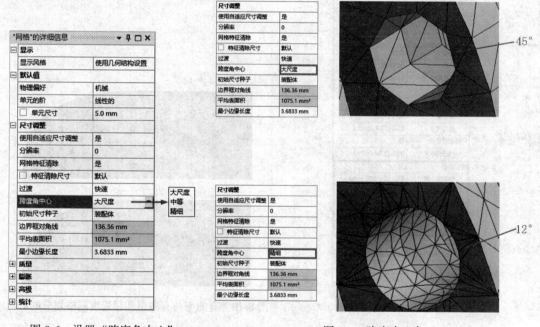

图 8-6　设置"跨度角中心"　　　图 8-7　跨度中心角

8.2.5 高级尺寸功能

前几节进行的设置均是无高级尺寸功能时的设置。在无高级尺寸功能时，根据已定义的单元尺寸对边划分网格，对曲率和邻近度进行细化，对缺陷和收缩控制进行调整，然后通过面和体网格划分器。

图 8-8 所示为采用标准尺寸功能和采用高级尺寸功能的对比。

标准尺寸功能　　　　　　　　高级尺寸功能

图 8-8　采用标准尺寸功能和高级尺寸功能的对比

在属性窗格中，高级尺寸功能的选项和默认值包括曲率与邻近度，如图 8-9 所示。

◆ 曲率（默认）：默认值为 18°。

◆ 邻近度：默认值每个间隙 3 个单元（二维和三维），默认精度为 0.5，而如果邻近度不允许就增大到 1。

图 8-10 所示为有曲率与有曲率和邻近度网格划分的对比。

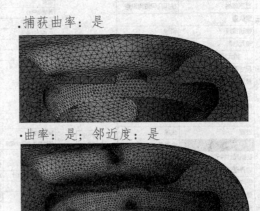

"网格"的详细信息	▾ 무 □ ×
显示	
显示风格	使用几何结构设置
默认值	
物理偏好	机械
单元的阶	程序控制
单元尺寸	5.0 mm
尺寸调整	
使用自适应尺寸调整	否
增长率	默认 (1.85)
最大尺寸	默认 (10.0 mm)
网格特征清除	是
特征清除尺寸	默认 (2.5e-002 mm)
捕获曲率	是
曲率最小尺寸	默认 (5.e-002 mm)
曲率法向角	默认 (70.395°)
捕获邻近度	是
邻近最小尺寸	默认 (5.e-002 mm)
邻近间隙因数	默认 (3.0)
邻近尺寸源	面和边
边界框对角线	136.36 mm
平均表面面积	1075.1 mm²
最小边缘长度	3.6833 mm

图 8-9　曲率与邻近度选项

·捕获曲率：是

·曲率：是；邻近度：是

图 8-10　有曲率与有曲率和邻近度网格划分的对比

8.3　局部网格控制

可用到的局部网格控制（可用性取决于使用的网格划分方法）包含局部尺寸、接触尺寸、细化、映射面划分、匹配控制、收缩和膨胀。通过在树形目录中右键单击网格分支，弹出快捷菜单来进行局部网格控制，如图 8-11 所示。

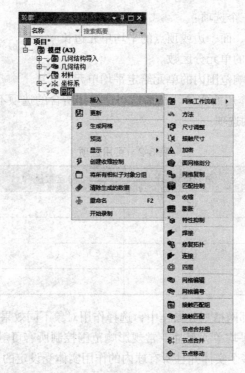

图 8-11 局部网格控制

8.3.1 局部尺寸

要实现局部尺寸网格划分，在树形目录中右键单击网格分支，选择"插入"→"尺寸调整"命令可以定义局部尺寸网格的划分，如图 8-12 所示。

在局部尺寸的属性窗格中设置要进行划分的线或体的选择，如图 8-13 所示。选择需要划分的对象后单击几何结构栏中的"应用"按钮。

图 8-12 定义局部尺寸网格的划分

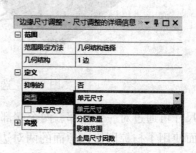

图 8-13 属性窗格

局部尺寸的类型包括三个选项：

◆ 单元尺寸：定义体、面、边或顶点的平均单元边长。

◆ 分区数量：定义边的单元分区数。

◆ 影响范围：球形影响范围内的单元给定平均单元尺寸。

以上可用选项取决于作用的实体。选择边与选择体所含的选项不同，表 8-2 所示为选择不同的作用对象属性窗格中的选项。

表 8-2　可用选项

作用对象	单元尺寸	分区数量	影响范围
体	√		√
面	√		√
边	√	√	√
顶点			√

在进行影响范围的局部网格划分操作中，选择作用对象不同效果不同，如图 8-14 所示。位于球内的单元具有给定的平均单元尺寸。常规影响范围控制所有可触及面的网格。在进行局部尺寸网格划分时，可选择多个实体并且所有球内的作用实体受设定的尺寸的影响。

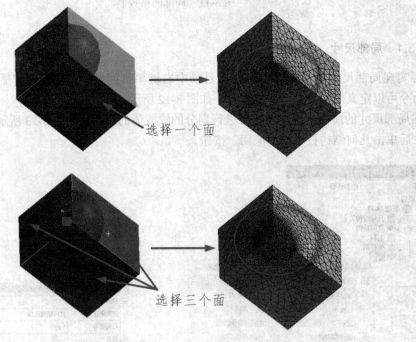

选择一个面

选择三个面

图 8-14　选择作用对象不同效果不同

边尺寸可通过对一个端部、两个端部或中心的偏置离散化。在偏置边尺寸时，如图 8-15 所示的源面使用了扫掠网格，源面的两对边定义了边尺寸，偏置边尺寸以在边附近得到更细化的网格，如图 8-16 所示。

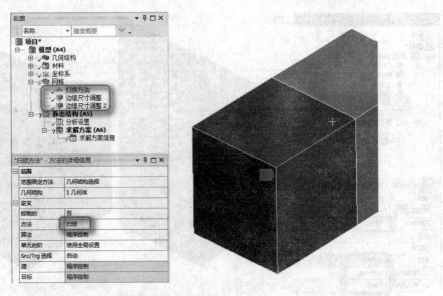

图 8-15 扫掠网格

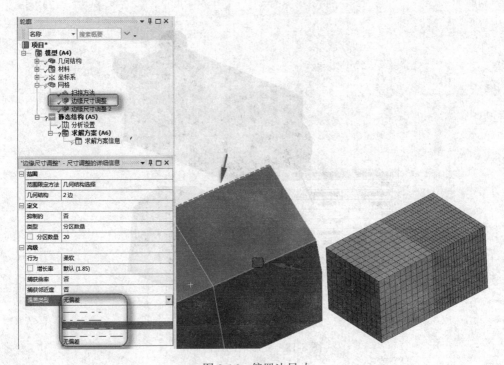

图 8-16 偏置边尺寸

顶点也可以定义尺寸，定义顶点尺寸即将模型的一个顶点定义为影响范围的中心，尺寸将定义在球体内所有实体上，如图 8-17 所示。

受影响的几何体只在高级尺寸功能打开的时候被激活。受影响的几何体可以是任何的 CAD 线、面或实体。使用受影响的几何体划分网格其实没有真正划分网格，只是作为一个约束来定义网格划分的尺寸，如图 8-18 所示。

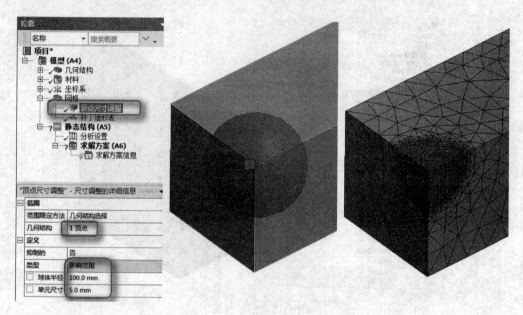

图 8-17　定义顶点尺寸

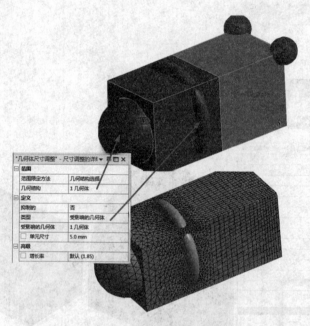

图 8-18　受影响的几何体

受影响的几何体的操作通过三部分来定义，分别是拾取几何、拾取受影响的几何体及指定参数，其中指定参数含有单元尺寸及增长率。

8.3.2　接触尺寸

接触尺寸命令提供了一种在部件间接触面上产生近似尺寸单元的方式，如图 8-19 所示（网格的尺寸近似但不共形）。对给定接触区域可定义"单元尺寸"或"分辨率"参数。

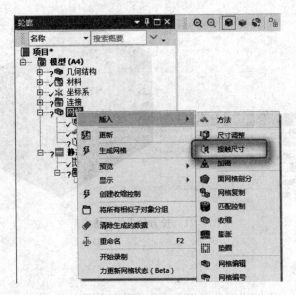

图 8-19　接触尺寸命令

8.3.3　加密

　　加密即划分现有网格，如图 8-20 所示为在树形目录中右键单击"网格"分支，插入加密。对网格的加密对面、边和顶点均有效，但对补丁独立四面体或 CFX-Mesh 不可用。

图 8-20　插入加密

　　在进行加密时首先由全局和局部尺寸控制形成初始网格，然后在指定位置进行加密。

　　加密水平可从 1（最小的）到 3（最大的）改变。当加密水平为 1 时将初始网格单元的边一分为二。由于不能使用膨胀，所以在对 CFD 进行网格划分时不推荐使用加密。如图 8-21 所示，长方体左端面采用了加密水平 1，而右边保留了默认的设置。

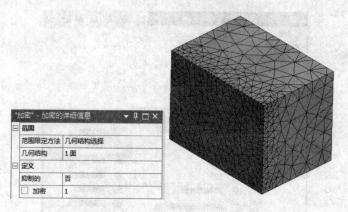

图 8-21   长方体左端面加密

8.3.4   面网格剖分

在局部网格划分时，面网格剖分可以在面上产生结构网格。

在树形目录中右键单击"网格"分支，插入面网格剖分，可以定义局部面网格的剖分，如图 8-22 所示。

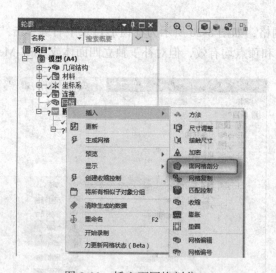

图 8-22   插入面网格剖分

如图 8-23 所示，面网格剖分的内部圆柱面有更均匀的网格模式。

图 8-23   面网格剖分的内部圆柱面

如果面由于任何原因不能映射剖分，剖分会继续，但可从树状略图中图标上看出。

进行面网格剖分时，如果选择的面网格剖分的面是由两个回线定义的，就要激活径向的分割数。扫掠时指定穿过环形区域的分割数。

8.3.5 匹配控制

一般典型的旋转机械，周期面的匹配网格模式方便循环对称分析，如图 8-24 所示。

在树形目录中右键单击"网格"分支，插入匹配控制，可以定义局部匹配控制网格的划分，如图 8-25 所示。

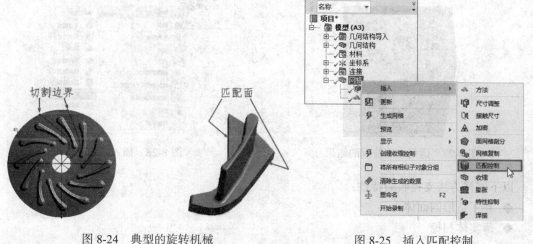

图 8-24　典型的旋转机械　　　　　　　　　图 8-25　插入匹配控制

下面介绍建立匹配控制，如图 8-26 所示。

（1）在"网格"分支下插入"匹配控制"命令。

（2）识别对称边界的面。

（3）识别坐标系（Z 轴是旋转轴）。

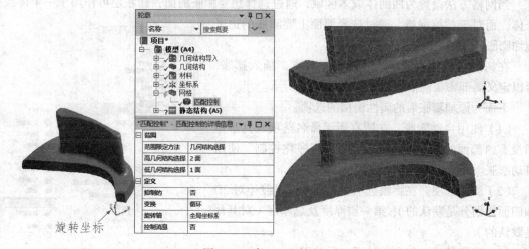

图 8-26　建立匹配控制

8.3.6 收缩控制

定义了收缩控制，网格生成时会产生缺陷。收缩只对顶点和边起作用，面和体不能收缩。图 8-27 所示为运用收缩控制的结果。

在树形目录中右键单击"网格"分支，插入收缩，可以定义局部尺寸网格的划分，如图 8-28 所示。

图 8-27　运用收缩控制的结果

图 8-28　插入收缩

以下网格方法支持收缩特性：

◆ 补丁适形四面体
◆ 薄实体扫掠
◆ 六面体控制划分
◆ 四边形控制表面网格划分
◆ 所有三角形表面划分

8.3.7 膨胀

当网格方法设置为四面体或多区域，通过选择想要膨胀的面，膨胀层可作用于一个体或多个体。而对于扫掠网格，通过选择源面上要膨胀的边来施加膨胀。

在树形目录中右键单击"网格"分支，插入膨胀，可以定义局部膨胀网格的划分，如图 8-29 所示。

下面为添加膨胀后的属性窗格的选项：

（1）使用自动膨胀。在所有面无命名选项及共享体间没有内部面的情况下，可以通过"程序化控制"使用自动膨胀。

（2）膨胀选项。在膨胀选项中包括平滑过渡（对 2D 和四面体划分是默认的）、第一层厚度及总厚度（对其他是默认的）。

（3）膨胀算法。包含前处理、后处理。

图 8-29　插入膨胀

8.4 网格工具

对网格的全局控制和局部控制之后需要生成网格和进行查看，这需要一些网格工具，本节介绍这些网格工具，包括生成网格、截面和命名选项。

8.4.1 生成网格

生成网格是划分网格不可缺少的步骤。利用"生成网格"命令可以生成完整体网格，对之前进行的网格划分进行最终的运算。"生成网格"命令可以在工具栏中执行，也可以在树形目录中利用单击右键弹出的快捷菜单执行，如图 8-30 所示。

在划分网格之前可以预览表面网格工具，对大多数方法（除四面体补丁独立方法），这个选项更快。因此它通常首选用来预览表面网格，图 8-31 所示为表面网格。

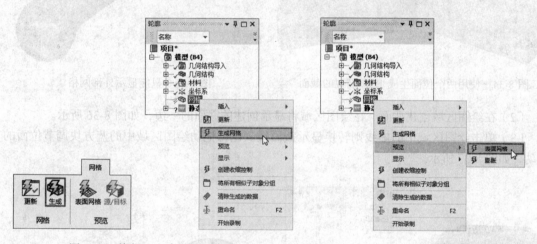

图 8-30 执行"生成网格"命令

图 8-31 表面网格

由于不能满足单元质量参数，网格的划分有可能生成失败，预览表面网格是十分有用的。它允许看到表面网格，因此可看到需要改进的地方。

8.4.2 截面

在网格划分程序中，截面可显示内部的网格，图 8-32 所示为"截面"窗格，默认在程序的左下角。要执行截面命令，也可以在功能区找到"截面"按钮 截面，如图 8-33 所示。

利用截面命令可显示位于截面任一边的单元、切割或完整的单元以及位面上的单元。

图 8-32 "截面"窗格

图 8-33 功能区

在利用截面工具时，可以通过使用多个位面生成需要的截面。图 8-34 所示为使用两个位面生成 120° 剖视的截面。

下面介绍显示截面的操作步骤：

（1）如图 8-35 所示为没有截面时，绘图区域只能显示外部网格。

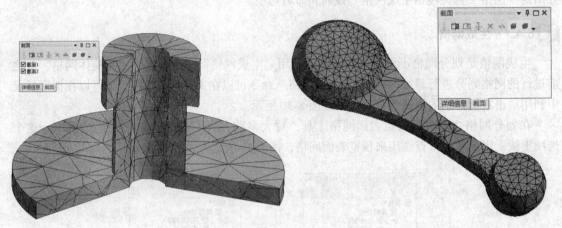

图 8-34　使用两个位面生成 120° 剖视的截面　　　　图 8-35　只能显示外部网格

（2）在绘图区域创建截面。在绘图区域将显示创建的截面的一边，如图 8-36 所示。

（3）单击绘图区域中的虚线则转换显示截面边。也可拖动绘图区域中的蓝方块调节位面的移动，如图 8-37 所示。

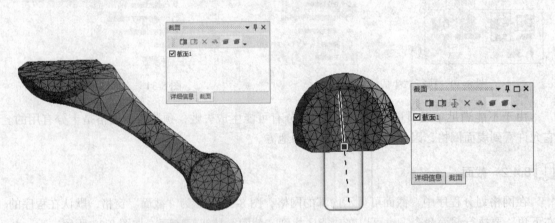

图 8-36　在绘图区域创建截面　　　　图 8-37　转换显示截面边

（4）在截面窗格中单击"显示完整单元"按钮，显示完整的单元，如图 8-38 所示。

8.4.3　命名选项

命名选项允许用户对顶点、边、面或体创建组，命名选项可用来定义网格控制，施加载荷和结构分析中的边界等，如图 8-39 所示。

命名选项将在网格输入到 CFX-Pre 或 Fluent 时，以域的形式出现，在定义接触区、边界条件等时可参考，提供了一种选择组的简单方法。

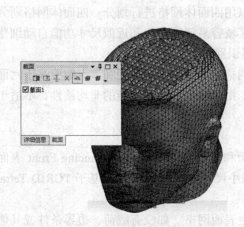

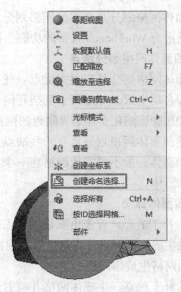

🔵	等距视图	
⬡	设置	
人	恢复默认值	H
🔍	匹配缩放	F7
🔍	缩放至选择	Z
📷	图像到剪贴板	Ctrl+C
	光标模式	▶
	查看	▶
🔊	查看	
❋	创建坐标系	
	创建命名选择...	N
🔲	选择所有	Ctrl+A
🔲	按ID选择网格...	M
	部件	▶

图 8-38　显示完整的单元　　　　　　　　　　图 8-39　命名选项

另外，命名的选项组可从 DesignModeler 和某些 CAD 系统中输入。

8.5　网格划分方法

8.5.1　自动划分

在网格划分的方法中自动划分是最简单的，系统自动进行网格的划分，但这是一种比较粗糙的方法，在实际运用中如不要求精确的解，可以采用此种方法。自动进行四面体（补丁适形）或扫掠网格划分，取决于体是否可扫掠。如果几何体不规则，程序会自动产生四面体，如果几何体规则的话，就可以产生六面体网格，如图 8-40 所示。

图 8-40　自动进行四面体或扫掠网格划分

8.5.2 四面体

四面体网格划分是基本的网格划分方法，其中包含两种方法，即补丁适形与补丁独立。其中补丁适形为 Workbench 自带的功能，补丁独立主要依靠 ICEM、CFD 软件包完成。

1. 四面体网格划分特点

四面体网格划分具有很多优点：任意体都可以用四面体网格进行划分；四面体网格划分可以快速、自动生成，并适用于复杂几何；在关键区域容易使用曲度和近似尺寸功能自动细化网格；可使用膨胀细化实体边界附近的网格（边界层识别）。

当然四面体网格划分也有一些缺点：在近似网格密度情况下，单元和节点数要高于六面体网格；四面体一般不可能使网格在一个方向排列，由于几何和单元性能的非均质性，不适于薄实体或环形体。

2. 四面体算法

（1）补丁适形。首先由默认的考虑几何所有面和边的 Delaunay 或 Advancing Front 表面网格划分器生成表面网格（注意：一些内在缺陷在最小尺寸限度之下）。然后基于 TGRID Tetra 算法由表面网格生成体网格。

（2）补丁独立。生成体网格并映射到表面产生表面网格。如没有载荷、边界条件或其他作用，面和它们的边界（边和顶点）不必要考虑。这个方法更加容许质量差的 CAD 几何。补丁独立基于 ICEM CFD Tetra。

3. 补丁适形四面体

（1）在树形目录中右键单击"网格"分支，插入方法并选择应用此方法的体。

（2）将"方法"设置为"四面体"，将"算法"设置为"补丁适形"。

不同部分有不同的方法。多体部件可混合使用补丁适形四面体（见图 8-41）和扫掠方法生成共形网格。补丁适形方法可以联合 Pinch Controls 功能，有助于移除短边。基于最小尺寸具有内在网格缺陷。

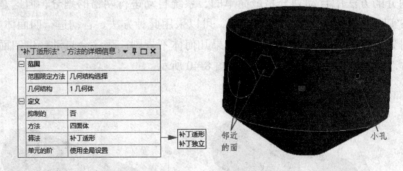

图 8-41　补丁适形四面体

4. 补丁独立四面体

补丁独立四面体的网格划分可以对 CAD 许多面的修补有用，碎面、短边、差的面参数等，补丁独立四面体属性窗格如图 8-42 所示。

可以通过建立用四面体进行网格划分的方法，设置算法为补丁独立。如没有载荷或命名选项，面和边可不必考虑。这里除了设置曲率和邻近度，对所关心的细节部位也有额外的设置。补丁独立网格划分如图 8-43 所示。

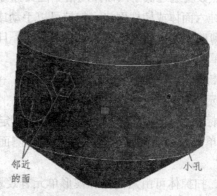

图 8-42 补丁独立四面体属性窗格

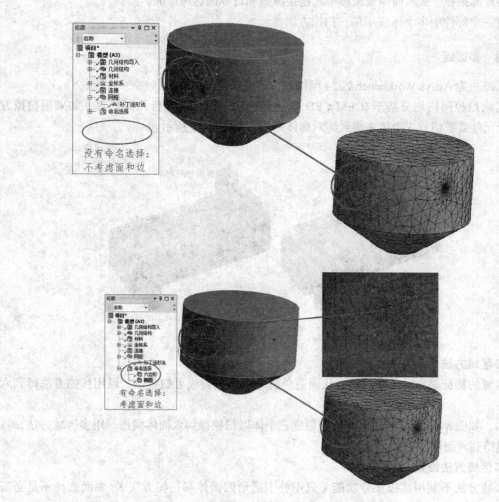

图 8-43 补丁独立网格划分

8.5.3 扫掠

扫掠网格划分方法一般会生成六面体网格,可以在分析计算时缩短计算的时间,因为它所生成的单元与节点数要远远低于四面体网格。但扫掠方法网格需要体必须是可扫掠的。

膨胀可产生纯六面体或棱柱网格,扫掠可以手动或自动设定"源/目标"。通常是单个源面对单个目标面。薄壁模型自动网格划分会有多个面,且厚度方向可划分为多个单元。

图 8-44　可扫掠体

可以通过右键单击"网格"分支,选"显示"→"可扫掠的几何体"显示可扫掠体。当创建六面体网格时,先划分源面再延伸到目标面。扫掠方向或扫掠路径由侧面定义,源面和目标面间的单元层是由插值法建立并投射到侧面的,如图 8-44 所示。

使用此方法,扫掠体可由六面体和楔形单元有效划分。在进行扫掠划分操作时,体的源面和目标面的拓扑可手动或自动选择;源面可划分为四边形和三角形面;源面网格复制到目标面并随体的外部拓扑生成六面体或楔形单元连接源面和目标面这两个面。

可对一个部件中多个体应用单一扫掠方法。

8.5.4 多区域

多区域法为 Ansys Workbench 2024 网格划分的亮点之一。

多区域扫掠网格划分基于 ICEM CFD 六面体模块,会自动进行几何分解。如果用扫掠方法,这个元件要被切成 3 个体来得到纯六面体网格,如图 8-45 所示。

图 8-45　多区域扫掠网格划分

1. 多区域方法

多区域的特征是自动分解几何,从而避免将一个体分裂成可扫掠体,以用扫掠方法得到六面体网格。

例如,如图 8-46 所示的几何需要分裂成三个体以扫掠得到六面体网格,用多区域方法,可自动分裂得到六面体网格。

2. 多区域方法设置

多区域方法不利用高级尺寸功能(只用补丁适形四面体和扫掠方法)。源面选择不是必需的,但是有用的。可拒绝或允许自由网格程序块。如图 8-47 所示为多区域的属性窗格。

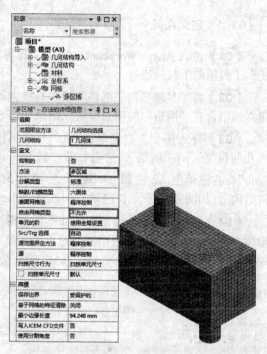

图 8-47　多区域的属性窗格

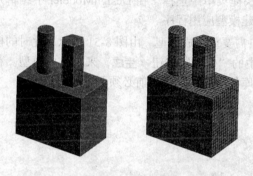

图 8-46　自动分裂得到六面体网格

3. 多区域方法可以进行的设置

（1）映射 / 扫描类型：可生成的映射网格有"六面体"或"六面体 / 棱柱"。

（2）自由网格类型：在自由网格类型选项中含有四个选项，分别是"不允许""四面体""六面体 - 支配"及"六面体 - 核心"。

（3）Src/Trg 选择：包含有"自动"及"手动源面"。

（4）高级：高级的栏中可进行编辑最小边缘长度。

8.6　网格划分实例 1——两管容器网格划分

给如图 8-48 所示的两管容器划分网格。

图 8-48　两管容器

📖 8.6.1 定义几何

01 进入 Ansys Workbench 2024 工作界面，在图形工作界面左边工具箱中打开"组件系统"工具箱的下拉列表。

02 将工具箱里的"网格"模块直接拖动到项目管理界面中或是直接在项目上双击载入，建立一个含有"网格"的项目模块。结果如图 8-49 所示。

03 导入模型。右键单击 A2"几何结构"栏 ⬛几何结构 ❓◢，弹出快捷菜单，选择"导入几何模型"→"浏览"，然后打开"打开"对话框，打开电子资料包源文件中的"Geometry.agdb"。右键单击 A2 栏 ⬛几何结构 ✓◢，在弹出的快捷菜单中选择"在 DesignModeler 中编辑几何结构"，如图 8-50 所示，启动 DesignModeler 创建模型应用程序。

04 重生成模型。绘图区域如不显示模型，需要重生成模型。由图 8-51 所示，此时的模型树分支旁会有闪电图标指示。通过单击工具栏中的"生成"按钮 ⚡生成，来重生成模型。在 Workbench 中第一次打开一个 DesignModeler 数据库的时候，在使用前必须要生成它。

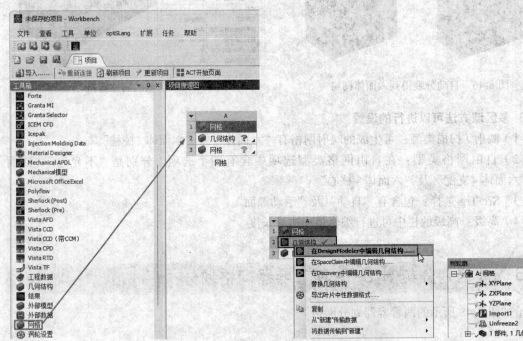

图 8-49　添加"网格"选项　　　　图 8-50　导入模型　　　　图 8-51　重生成模型

📖 8.6.2 初始网格

01 双击项目概图中的 A3 栏 ⬛网格 🔄◢，或右键单击并选择"编辑"，将打开网格划分应用程序。

02 在树形目录中选中"网格"分支，并在如图 8-52 所示的属性窗格中将"物理偏好"设为 CFD。

03 在树形目录中右键单击"网格"，弹出如图 8-53 所示的快捷菜单，选择"插入"→"方法"，然后在视图中选择模型，单击属性窗格中的"应用"按钮 应用。

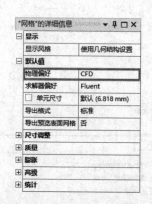

图 8-52　属性窗格

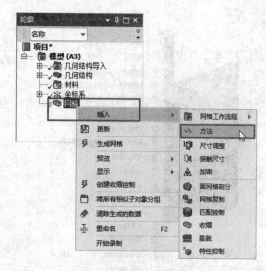

图 8-53　快捷菜单

04 在树形目录中右键单击"网格"，在弹出的如图 8-54 所示的快捷菜单中选择"生成网格"，进行网格的划分。划分后的网格如图 8-55 所示。

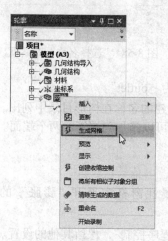

图 8-54　快捷菜单

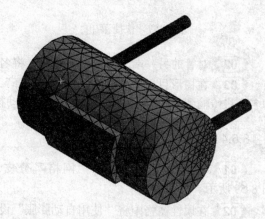

图 8-55　划分后的网格

05 使用视图操作工具和三个坐标轴来检查网格的划分情况。

8.6.3　命名选项

01 选择面。单击工具栏中的面选择按钮，如图 8-56 所示，选择图中的一个端管端面。在模型视图中右键单击，在弹出的快捷菜单中选择"创建命名选择"，如图 8-57 所示。在弹出的如图 8-58 所示的"选择名称"对话框中输入 inlet。

图 8-56　选择面

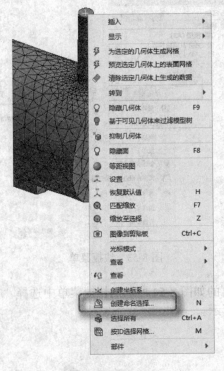

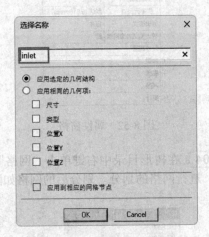

图 8-57　快捷菜单　　　　　　　　　　图 8-58　"选择名称"对话框

02 对管的另一端面重复以上操作，将名字更改为"outlet"。

03 在树形目录中单击展开"命名选择"，刚才创建的名称在树形目录中列出。这里指配的名字将传输到 CFD 求解器，所以适当的流动初始条件可以施加到端管的两个端面。

8.6.4　膨胀

01 在树形目录中选中"网格"分支，并在属性窗格中展开"膨胀"的细节，如图 8-59 所示。

02 在属性窗格中将"使用自动膨胀"设置为"程序控制"，保留其他的设置。

03 在树形目录中右键单击"网格"并选择"生成网格"。膨胀层由所有没指配命名选择的边界形成。膨胀层厚度是表面网格的函数，是自动施加的。此时可以查看容器的进出管。进出管的端面如图 8-60 所示。

8.6.5　截面

01 单击绘图区域右下角三维坐标轴中的 X 轴，给模型定向为 X 向。

02 单击工具栏中如图 8-61 所示的"截面"图标。按住鼠标左键，并沿图 8-62 所示的箭头方向拖动指针创建截面。

03 创建的截面在左下方列出，如图 8-63 所示。在 3D 单元视图和 2D 切面视图之间使用检验栏，截面可以被单独激活、删除和触发（需要旋转模型来看横截面）。单击"显示完全单元"按钮，则绘图区域的模型如图 8-64 所示。

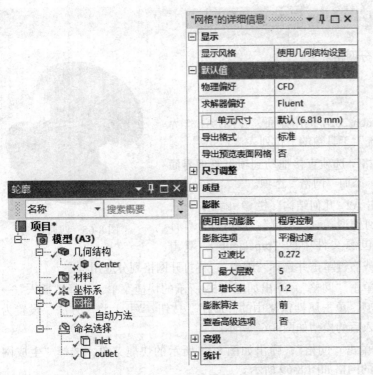

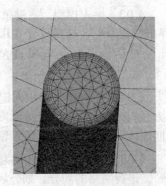

<table>
<tr><td colspan="2">"网格"的详细信息 ▼ 中 □ ×</td></tr>
<tr><td colspan="2">□ 显示</td></tr>
<tr><td>显示风格</td><td>使用几何结构设置</td></tr>
<tr><td colspan="2">□ 默认值</td></tr>
<tr><td>物理偏好</td><td>CFD</td></tr>
<tr><td>求解器偏好</td><td>Fluent</td></tr>
<tr><td>□ 单元尺寸</td><td>默认 (6.818 mm)</td></tr>
<tr><td>导出格式</td><td>标准</td></tr>
<tr><td>导出预览表面网格</td><td>否</td></tr>
<tr><td colspan="2">⊞ 尺寸调整</td></tr>
<tr><td colspan="2">⊞ 质量</td></tr>
<tr><td colspan="2">□ 膨胀</td></tr>
<tr><td>使用自动膨胀</td><td>程序控制</td></tr>
<tr><td>膨胀选项</td><td>平滑过渡</td></tr>
<tr><td>□ 过渡比</td><td>0.272</td></tr>
<tr><td>□ 最大层数</td><td>5</td></tr>
<tr><td>□ 增长率</td><td>1.2</td></tr>
<tr><td>膨胀算法</td><td>前</td></tr>
<tr><td>查看高级选项</td><td>否</td></tr>
<tr><td colspan="2">⊞ 高级</td></tr>
<tr><td colspan="2">⊞ 统计</td></tr>
</table>

图 8-59 展开"膨胀"属性窗格

图 8-60 进出管的端面

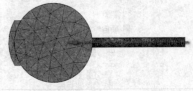

图 8-61 "截面"图标

图 8-62 创建截面

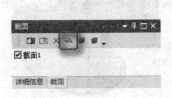

图 8-63 显示完全单元

图 8-64 显示完全单元的模型

8.7 网格划分实例 2——四通管网格划分

给图 8-65 所示的四通管划分网格。

📖 8.7.1 定义几何

01 进入 Ansys Workbench 2024 工作界面，在图形工作界面左边工具箱中打开"组件系统"工具箱的下拉列表。

02 将工具箱里的"网格"选项直接拖动到项目管理界面中或是直接在项目上双击载入，添加"网格"选项。

03 导入模型。右键单击 A2"几何结构"栏 🔵 几何结构 ❓ ，弹出快捷菜单，选择"导入几何模型"→"浏览"，然后打开"打开"对话框，打开电子资料包源文件中的"pipe.agdb"。双击 A3"网格"栏 🔵 网格 🔁 ，或右键单击并选择"编辑"，将打开网格划分应用程序。

图 8-65 四通管

04 在树形目录中右键单击"网格"，弹出如图 8-53 所示的快捷菜单，选择"插入"→"方法"，然后在视图中选择模型，单击属性窗格中的"应用"按钮 应用 ，将"方法"设置为"四面体"，如图 8-66 所示。导入后的模型如图 8-67 所示。

05 在属性窗格中右键单击"网格"，弹出如图 8-68 所示的快捷菜单，选择"生成网格"，进行网格的划分。划分后的网格如图 8-69 所示。

06 使用视图操作工具和三个坐标轴来检查网格的划分情况。

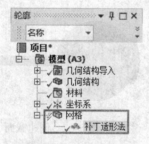

图 8-66 将"方法"设置为"四面体"

图 8-67 导入后的模型

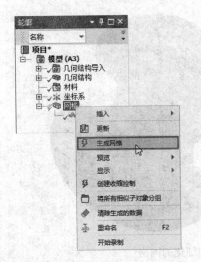

图 8-68 快捷菜单

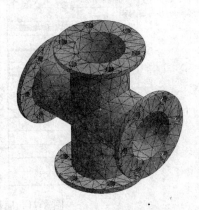

图 8-69 划分后的网格

📖 8.7.2 Mechanical 默认与 CFD 网格

01 在树形目录中单击"网格"分支，然后在属性窗格中展开"质量"项。将"质量"项中的"网格度量标准"栏选择为"偏度"，弹出"网格度量标准"框，可查看网格质量，如图 8-70 所示。查看完后将"网格度量标准"栏选择为"无"，将其关闭。

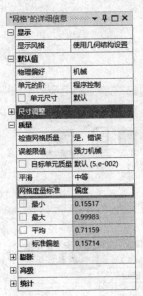

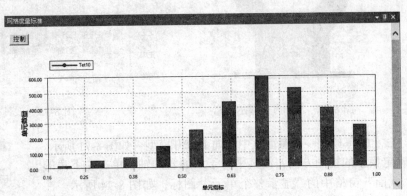

图 8-70 树形目录及"网格度量标准"框

02 在属性窗格中将"物理偏好"栏改为"CFD"，"求解器偏好"改为"Fluent"，如图 8-71 所示。

03 在树形目录中右键单击"网格"并生成网格。注意到更加细化的网格和网格中的改进。

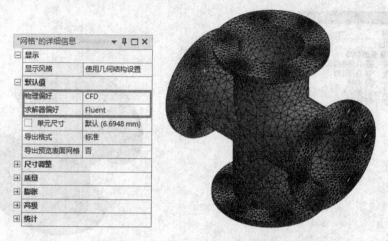

图 8-71　属性窗格及更加细化的网格

8.7.3 截面

01 在绘图区域的右下角单击 X 轴，确定模型的视图方向为 X 轴方向，使其边如图 8-72 所示。单击工具栏中的"截面"按钮，如图 8-73 所示。

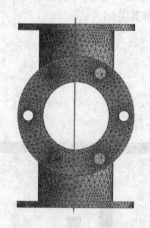

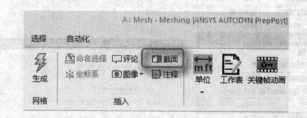

图 8-72　X 轴方向显示　　　　　　　　　　　图 8-73　工具栏

02 绘制一个截面从中间向下分开模型，如图 8-71 所示。确定模型的视图方向，使其平行于四通管的轴。单击左下角的"截面"窗格中的"显示整个单元"图标，如图 8-74 所示。注意这里只有一个单元穿过薄区域的厚度方向，截面后的模型如图 8-75 所示。

图 8-74　"显示整个单元"图标

03 在属性窗格中将"尺寸调整"内的"捕获邻近度"设置为"是"，如图 8-76 所示。这将对网格划分算法添加更好的处理临近部位的网格，网格的划分也更加细致。

04 保留截面激活时的视图。再次生成网格（这需要一些时间）。注意这里厚度方向有多个单元，并且网格数量大大增加。划分后的网格及属性窗格如图 8-77 所示。

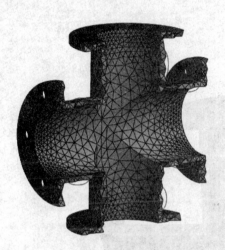

图 8-75 截面后的模型

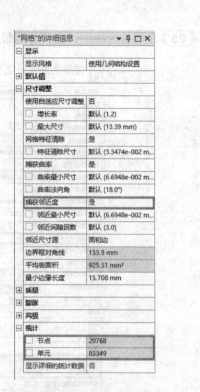

图 8-76 更改"捕获邻近度"

图 8-77 划分后的网格及属性窗格

05 在属性窗格中，在"邻近最小尺寸"中输入 1.0mm，如图 8-78 所示。

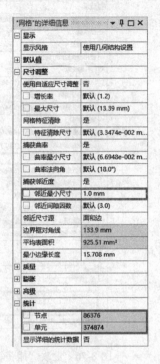

图 8-78　设置"邻近最小尺寸"

06 重生成网格。此时这里厚度方向仍然有多个单元，但网格数量已经减少。

8.7.4　使用面尺寸

01 在属性窗格中将"捕获邻近度"设置回"否"，然后将截面窗格中的对号取消，关掉截面。

02 在树形目录中右键单击"网格"，插入尺寸调整，如图 8-79 所示。选择如图 8-80 所示的外部圆柱面，再单击"应用"按钮 应用 。

图 8-79　插入尺寸调整

图 8-80　选择外部圆柱面

03 设置"单元尺寸"为 1.0mm。重生成网格,在图 8-81 中可以注意到所选面的网格比邻近面的网格要细。

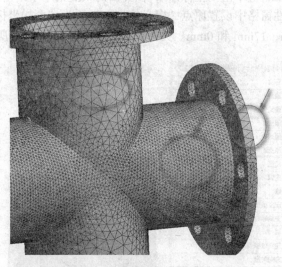

图 8-81 重生成网格

04 重新激活截面,并使视图方向平行于四通管的轴。注意这里只在面尺寸激活的截面厚度方向有多个单元,如图 8-82 所示。

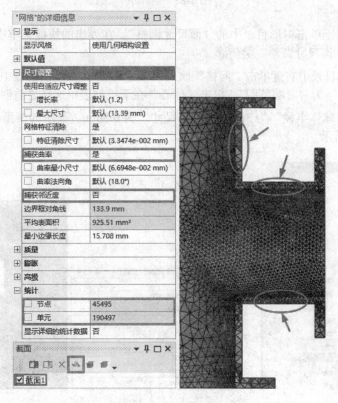

图 8-82 重新激活截面

8.7.5 局部网格划分

01 在树形目录中右键单击"坐标系"，在弹出的快捷菜单中单击"插入"→"坐标系"，插入一个坐标系。在属性窗格中设置原点"定义依据"选项为"全局坐标"，在"原点"X、Y、和 Z 中分别输入 −30mm、17mm 和 0mm。关掉截面，坐标系如图 8-83 所示。

图 8-83　坐标系

02 通过右键单击树形目录中的"面尺寸调整"，在弹出的快捷菜单中选择"抑制"，如图 8-84 所示，将"面尺寸调整"关闭。

03 在树形目录中右键单击"网格"插入"尺寸调整"。在绘图区域中拾取体，并在属性窗格中设置"类型"为"影响范围"。单击"球心"在下拉列表中选择之前创建的坐标系。

04 设置"球体半径"为 3mm，"单元尺寸"为 0.5mm。显示的模型会更新以预览影响范围，如图 8-85 所示。

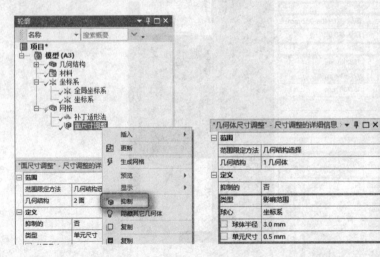

图 8-84　关闭"面尺寸调整"

图 8-85　预览影响范围

05 在截面关闭情况下重生成网格，如图 8-86 所示。注意影响范围。

06 激活截面，并旋转视图使其平行于轴，如图 8-87 所示。注意这里只在影响范围附近的截面厚度方向有多个单元。

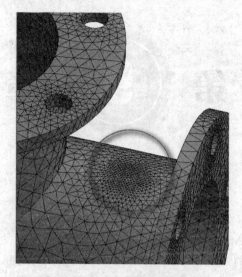

图 8-86 重生成网格

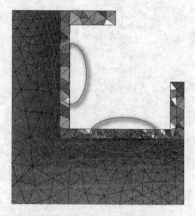

图 8-87 激活截面

划分完成后的网格如图 8-88 所示。

07 激活截面，查看整体切除后的划分结果，如图 8-89 所示。

图 8-88 划分完成后的网格

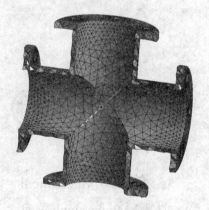

图 8-89 划分结果

第 **9** 章

Mechanical 简介

Mechanical 与 DesignModeler 一样是 Ansys Workbench 2024 的一个模块。

Mechanical 应用程序可以执行结构分析、热分析和电磁分析。在使用 Mechanical 应用程序时，需要定义模型的环境载荷情况、求解分析和设置不同的结果型式。而且 Mechanical 应用程序包含有 Meshing 应用程序的功能。

- 启动 Mechanical
- Mechanical 界面
- 基本分析步骤
- 一个简单的分析实例——铝合金弯头

9.1 启动 Mechanical

Mechanical 是进行结构分析的界面。启动 Mechanical 的步骤与之前介绍的 DesignModeler 和 Meshing 应用程序是类似的。可以通过在项目概图中双击对应的栏来进入到 Mechanical 中。但进入 Mechanical 之前是需要有模型的，这个模型可以从其他建模软件中导入或直接使用 DesignModeler 创建，如图 9-1 所示。

图 9-1　启动 Mechanical

9.2 Mechanical 界面

标准的 Mechanical 用户界面如图 9-2 所示。

9.2.1 Mechanical 选项卡

选项卡提供了按选项卡组织的易于使用的选项工具栏。通过将类似的命令组合在一起，将更高效地工作。与其他 Windows 程序一样，选项卡提供了很多 Mechanical 的功能。如图 9-3 所示为 Mechanical 常用的几个选项卡。

选项卡按文件、主页、环境、显示、选择、自动化等组织。在每个选项卡中，选项（命令按钮）按功能组织为组（网格、求解等）。这减少了查找特定命令时的搜索时间。此外，将根据当前选定的对象显示一个上下文环境选项卡，其中包含特定于选定对象的选项。

"文件"选项卡包含文件操作的各种选项，用于管理项目、定义作者和项目信息、保存项目和启动功能，这些功能能够更改默认应用程序设置、集成关联的应用程序或设置希望模拟操作的方式。

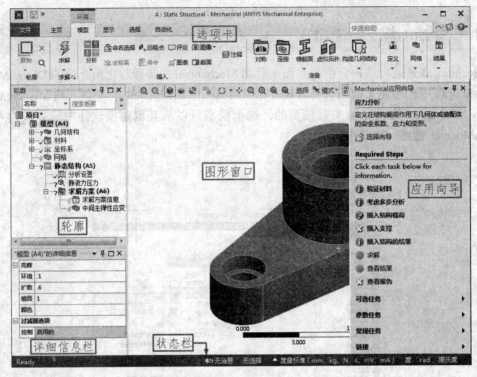

图 9-2 标准的 Mechanical 用户界面

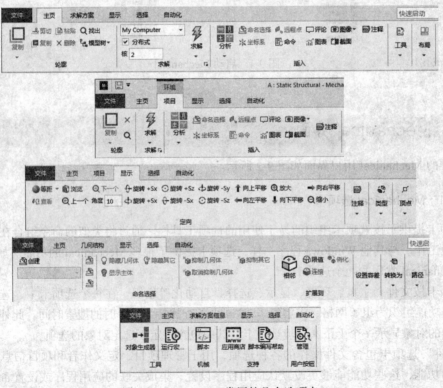

图 9-3 Mechanical 常用的几个选项卡

"主页"选项卡在打开应用程序时会默认显示。此选项卡包含轮廓、求解、插入、工具和布局。"轮廓"组内不仅包含常规的复制、剪切、删除等命令，还有对模型树的操作命令。"求解"组内命令能够指定一些基本的解决方案并解决分析。在"求解"组的右下角是一个选项，启动"求解过程设置"对话框。此对话框用来配置求解方案设置，可以对数据进行复制、剪切和粘贴等操作，改变单位的设置。

"环境"选项卡包含大多数对象的环境选项。在选定对象上，主要"环境"选项卡包括模型、几何结构、材料、横截面、坐标系、连接、网格、环境、求解方案和结果等。

"显示"选项卡包含了常用视图的操作，可以选择显示的方式，包括模型的显示方式、是否显示框架。Mechanical 应用程序中标题栏、窗格等的显示控制。

"选择"选项卡包括命名选择、扩展到、路径等多种选择的方式。

"自动化"选项卡包含求解过程设置、选项设置及运行宏，可以自己设置和选择。

9.2.2 图形工具栏

图形工具栏为用户提供命令的快速访问功能，可以从中选择所需要的命令，用于选择几何和图形操作，如图 9-4 所示。图形工具栏可以在 Mechanical 窗口的任何地方重新定位。如果光标在工具栏按钮上，会出现功能提示。

图 9-4　图形工具栏

使用"主页"选项卡上"布局"组"管理"选项下拉菜单中的"图形工具栏"选项打开和关闭此工具栏。

单击视图工具栏右端的向下箭头下拉菜单，选择"自定义"命令，添加或删除此工具栏中的选项。

9.2.3 轮廓

轮廓提供了一个进行模型、材料、网格、静态结构和求解方案管理的方法，如图 9-5 所示。

◆ "模型"分支包含分析中所需的输入数据。

◆ "静态结构"分支包含载荷和分析有关边界条件。

◆ "求解方案"分支包含结果和求解信息。

在轮廓中每个分支的图标左下角显示不同的符号，表示其状态。图标例子如下：

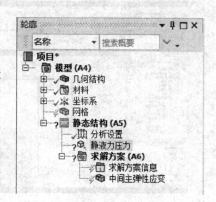

对号表明分支完全定义。

问号表示项目数据不完全（需要输入完整的数据）。

闪电表明需要解决。

感叹号意味着存在问题。

"×"意思是项目抑制（不会被求解）。

透明对号为全体或部分隐藏。

图 9-5　轮廓

绿色闪电表示项目目前正在评估。

减号意味着映射面网格划分失败。

斜线标记表明部分结构以进行网格划分。

红色闪电表示失败的解决方案。

9.2.4 属性窗格

属性窗格包含数据输入和输出区域。内容的改变取决于选定的分支。它列出了所选对象的所有属性。在属性窗格中，不同的颜色表示不同的含义，如图 9-6 所示。

◆ 白色区域：白色区域表示此栏为输入数据区，可以对白色区域的数据进行编辑。

◆ 灰色（红色）区域：灰色区域用于信息的显示，在灰色区域的数据是不能修改的。

◆ 黄色区域：黄色区域表示不完整的输入信息，黄色区域的数据显示信息丢失。

"静液力压力"的详细信息	
范围	
范围限定方法	几何结构选择
几何结构	无选择
定义	
ID（Beta）	33
类型	静液力压力
应用	表面效应
坐标系	全局坐标系
流体密度	0. kg/mm³
抑制的	否
静液力加速度	
定义依据	矢量
大小	0. mm/s²（斜坡）
方向	点击进行定义
自由表面位置	
X坐标	0. mm
Y坐标	0. mm
Z坐标	0. mm
位置	点击进行修改

图 9-6　属性窗格

9.2.5 绘图区域

绘图区域中显示几何和结果，还有列出工作表（表格）、HTML 报告以及打印预览选项的功能，如图 9-7 所示。

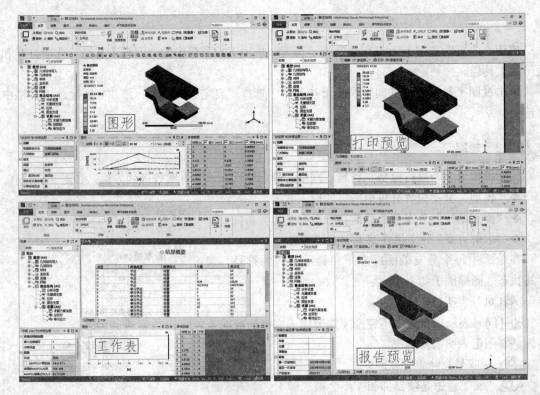

图 9-7　绘图区域

9.2.6 应用向导

应用向导是一个可选组件，可提醒用户完成分析所需要的步骤。如图 9-8 所示为应用向导。

应用向导可以通过如图 9-9 所示工具栏查看 Mechanical "向导" 按钮打开或关闭。

应用向导提供了一个必要的步骤清单和它们的图标符号，下面列举了图标符号的含义。

绿色对号表示该项目已完成。

绿色的 "i" 显示了一个信息项目。

灰色的符号表示该步骤无法执行。

一个红色的问号意思是指一个不完整的项目。

一个 "X" 是指该项目还没有完成。

闪电表示该项目准备解决或更新。

应用向导菜单上的选项将根据分析的类型而改变。

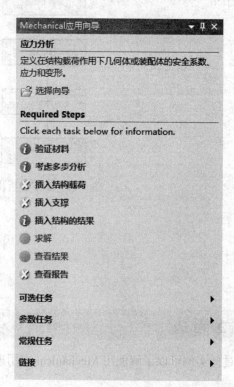

图 9-8　应用向导

图 9-9　工具栏

9.3　基本分析步骤

CAD 模型是理想的物理模型，网格模型是一个 CAD 模型的数学表达方式，计算求解的精度取决于各种因素，图 9-10 所示为 CAD 模型和有限元网格划分模型。

◆ 如何很好地用物理模型代替取决于怎么假设。

◆ 数值精度是由网格密度决定。

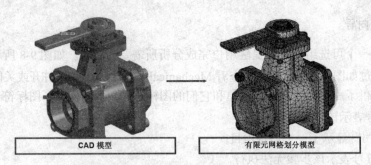

| CAD 模型 | 有限元网格划分模型 |

图 9-10　CAD 模型和有限元网格划分模型

使用 Mechanical 进行分析时基本分析步骤都分为 4 步，如图 9-11 所示。

1. 准备工作

◆ 什么类型的分析：静态、模态还是其他类型？

◆ 怎么构建模型：部分还是整体？

◆ 什么单元：平面还是实体机构？

2. 预处理

◆ 几何模型导入。

◆ 定义和分配部件的材料特性。

◆ 模型的网格划分。

◆ 施加载荷和支撑。

◆ 需要查看的结果。

3. 求解

◆ 进行求解。

4. 后处理

◆ 检查结果。

◆ 检查求解的合理性后处理。

图 9-11　基本分析步骤

9.4　一个简单的分析实例——铝合金弯头

下面介绍一个简单的铝合金弯头分析实例，通过此实例可以了解使用 Mechanical 应用进行 Ansys 分析的基本过程。

9.4.1　问题描述

本例中要进行分析的模型是一个铝合金弯头（见图 9-12）。假设它在一个内压下使用（5MPa）。要得到的结果是检验确定这个部件能在假设的环境下使用。

9.4.2　项目原理图

01 打开 Workbench 程序，展开左边工具箱中的"分析系统"栏，将工具箱里的"静态结构"选项直接拖动到项目管理界面中或是直接在项目上双击载入，添加"静态结构"选项，结果如图 9-13 所示。

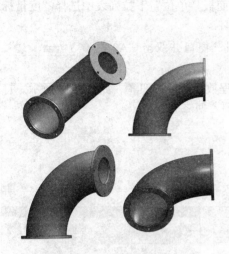

图 9-12　铝合金弯头

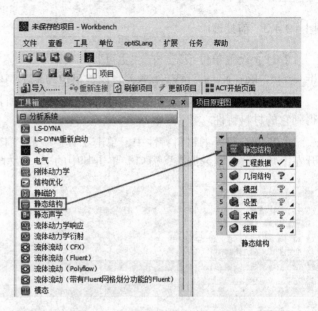

图 9-13　添加 "静态结构" 选项

02 导入模型。右键单击 A3 "几何结构" 栏，弹出快捷菜单，选择 "导入几何模型" → "浏览"，然后打开 "打开" 对话框，打开电子资料包源文件中的 "elbow.x_t"。

03 双击 A4 "模型" 栏，启动 Mechanical 应用程序，如图 9-14 所示。

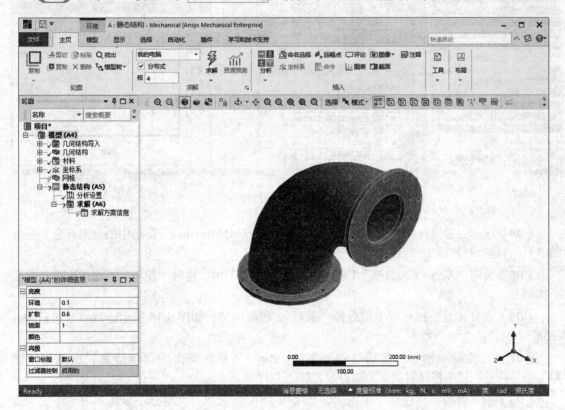

图 9-14　启动 Mechanical 应用程序

9.4.3 前处理

01 设置单位系统。在"主页"选项卡"工具"面板"单位"下拉列表中选择"度量标准（mm，kg，N，s，mV，mA）"，设置单位为毫米制单位。

02 为部件选择一个合适的材料，返回到"项目"窗口并双击"A2栏 工程数据 ✓ "，得到它的材料特性。

03 在打开的材料特性中，单击工具栏中的"工程数据源"按钮，如图9-15所示。打开左上角的"工程数据源"窗口。单击其中的"一般材料"使之亮显。

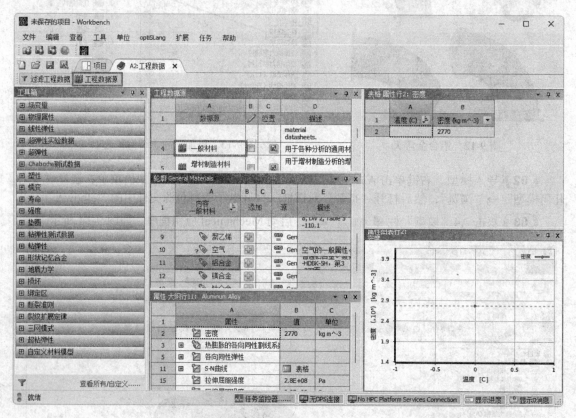

图 9-15　材料特性

04 在"一般材料"亮显的同时单击"轮廓 General Materials"窗格中的"铝合金"旁边的"+"将这个材料添加到当前项目。

05 关闭"A2：工程数据"标签，返回到"项目"中。这时"模型"模块指出需要进行一次刷新。

06 在"模型"栏右键单击选择"刷新"，刷新模型，如图9-16所示。然后返回到Mechanical窗口。

07 在轮廓中选择"几何结构"下的"Part 1"并在下面的详细信息栏中选择"材料"→"任务"栏来将材料改变为铝合金，如图9-17所示。

08 插入载荷，在轮廓中单击"静态结构"（A5）分支，此时选项卡显示为"环境"选项卡。

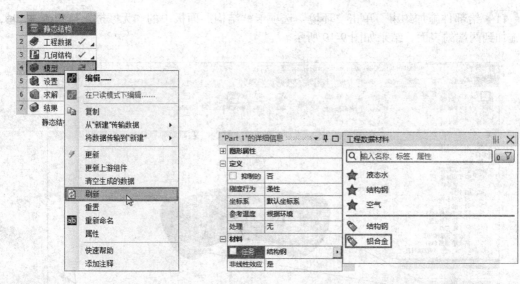

图 9-16　刷新模型　　　　　　　　　　　　　图 9-17　改变材料特性

09 单击其中"结构"面板中的"压力"按钮 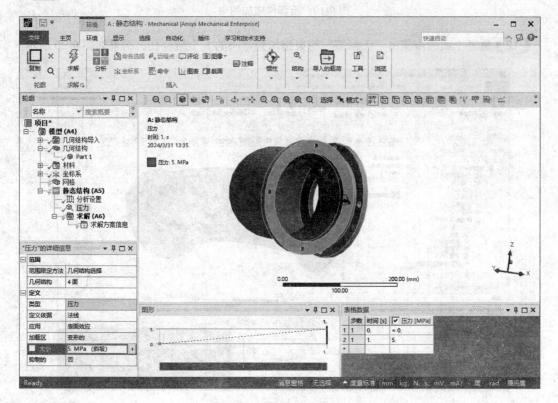 压力，添加一个压力载荷。在轮廓中将出现一个"压力"选项。

10 施加载荷到几何模型上，选择部件 4 个内表面。单击"详细信息"栏中的"应用"按钮 应用，然后在"大小"栏中输入 5MPa，如图 9-18 所示。

图 9-18　施加载荷

11 给部件施加约束。单击"环境"选项卡"结构"面板中的"无摩擦"按钮 无摩擦，将其施加到两端的表面，结果如图 9-19 所示。

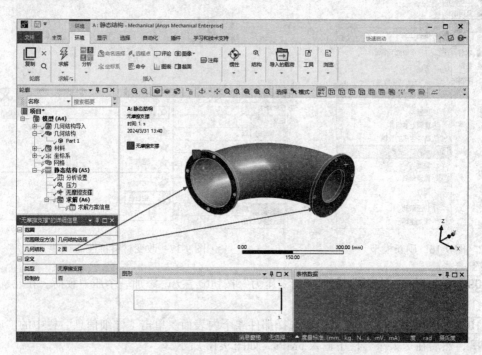

图 9-19　给部件施加约束

12 重复上面的步骤将"无摩擦"约束施加到弯头的 8 个结合孔，结果如图 9-20 所示。

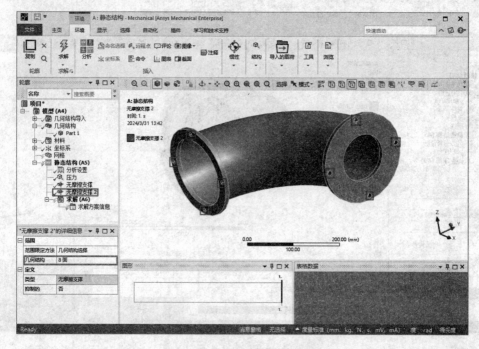

图 9-20　施加"无摩擦"约束

(13) 添加求解结果。在轮廓中单击"求解（A6）"分支，此时选项卡显示为"求解"选项卡。

(14) 单击其中"结果"面板"变形"下拉列表中的"总计"按钮 🔩 **总计**，在轮廓中的"求解（A6）"栏内将出现一个"总变形"分支。采用同样的方式插入"应变"→"等效应变"和"工具箱"→"应力工具"两个结果，添加后的分支结果如图 9-21 所示。

📖 9.4.4 求解

求解模型，单击"主页"选项卡"求解"面板中的"求解"按钮，如图 9-22 所示，进行求解。

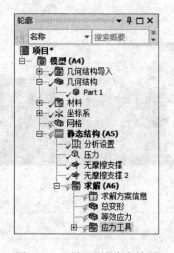

图 9-21 添加后的分支结果 　　　　　　图 9-22 求解模型

📖 9.4.5 结果

(01) 求解完成后，在轮廓中，结果在"求解"分支中可用。

(02) 绘制模型的变形图，常在结构分析中提供了真实变形结果显示。检查变形的一般特性（方向和大小）可以避免建模步骤中的明显错误，常常使用动态显示。图 9-23 所示为总变形，图 9-24 所示为应力。

(03) 在查看了应力结果后，展开"应力工具"并绘制安全系数图，如图 9-25 所示。注意所选失效准则给出的最小安全因子约为 1.5，大于 1。

📖 9.4.6 报告

(01) 创建一个 HTML 报告。首先选择需要放在报告中的绘图项，通过选择对应的分支和绘图方式实现。

(02) 生成报告。单击"主页"选项卡"工具"面板中的"报告预览"按钮 📊 **报告预览**，生成报告预览，如图 9-26 所示。

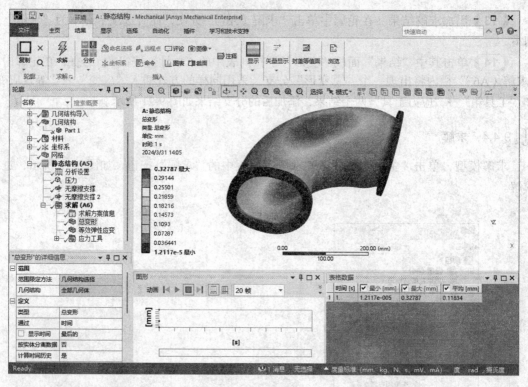

图 9-23　总变形

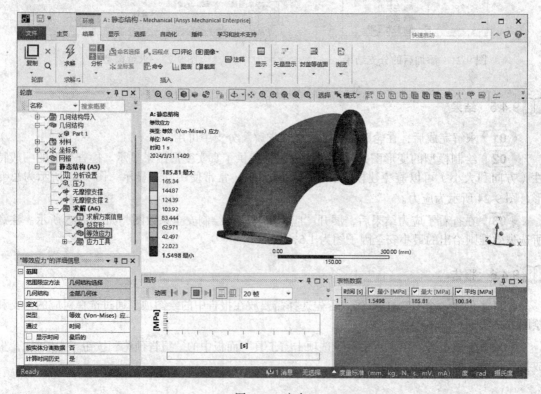

图 9-24　应力

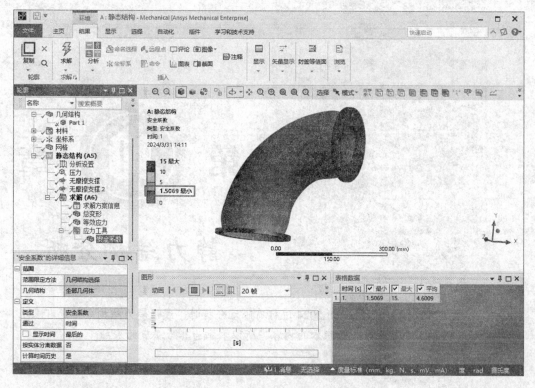

图 9-25　安全系数图

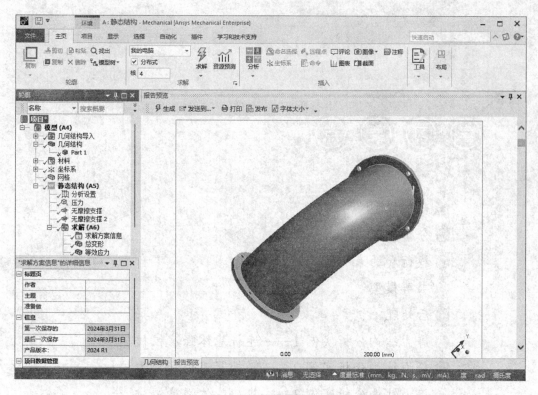

图 9-26　报告预览

第 **10** 章

静力结构分析

在使用 Ansys Workbench 2024 进行有限元分析时，线性静力结构分析是有限元分析（FEM）中最基础、最基本的内容，所以本章为其后章节的基础。

- ◎ 几何模型
- ◎ 分析设置
- ◎ 载荷和约束
- ◎ 求解模型
- ◎ 后处理
- ◎ 静力结构分析实例1——连杆基体强度校核
- ◎ 静力结构分析实例2——联轴器变形和应力校核
- ◎ 静力结构分析实例3——基座基体强度校核

10.1 几何模型

下面介绍线性静力结构分析的原理，对于一个线性静力结构分析，位移 $\{x\}$ 由下面的矩阵方程解出：

$$[K]\{x\} = \{F\}$$

式中，$[K]$ 是一个常量矩阵，它建立的假设条件为：假设是线弹性材料行为，使用小变形理论，可能包含一些非线性边界条件；$\{F\}$ 是静态加在模型上的、不考虑随时间变化的力，不包含惯性影响（质量、阻尼）。

在结构分析中，Ansys Workbench 2024 可以模拟各种类型的实体，包括实体、壳体、梁和点。但对于壳实体，在详细信息栏中一定要指定厚度值。图 10-1 所示为壳体的详细信息。

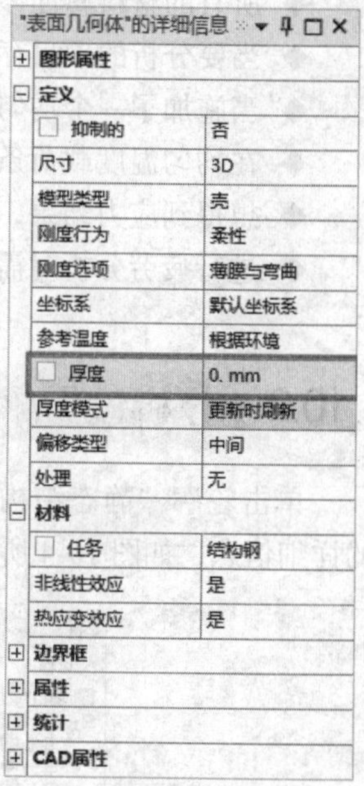

10.1.1 点质量

在使用 Ansys Workbench 2024 进行有限元分析时，有些模型没有给出明确的质量，这需要在模型中添加一个点质量来模拟结构中没有明确质量的模型体，这里需要注意，点质量只能和面一起使用。

点质量的位置可以通过在用户自定义坐标系中指定坐标值或通过选择顶点 / 边 / 面指定位置。图 10-2 所示为几何结构选项卡。

在 Ansys Workbench 2024 中，点质量（见图 10-3）只受加速度、重力加速度和角加速度的影响。点质量是与选择的面联系在一起的，并假设它们之间没有刚度，它不存在转动惯性。

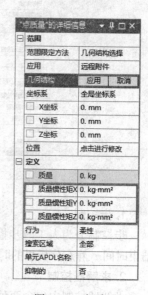

图 10-1 壳体的详细信息

图 10-2 几何结构选项卡

图 10-3 点质量

📖 **10.1.2　材料特性**

在线性静态结构分析中需要给出弹性模量和泊松比，另外，还需要注意以下几点：

◆ 所有的材料属性参数是在 Engineering Data 中输入的。

◆ 当要分析的项目存在惯性时，需要给出材料密度。

◆ 当施加了一个均匀的温度载荷时，需要给出热膨胀系数。

◆ 在均匀温度载荷条件下，不需要指定导热系数。

◆ 想得到应力结果，需要给出应力极限。

◆ 进行疲劳分析时需要定义疲劳属性，在许可协议中需要添加疲劳分析模块。

10.2　分析设置

单击轮廓"静态结构（A5）"下的"分析设置"分支，详细信息栏中会显示"分析设置"的详细信息，如图 10-4 所示，其中提供了一般的求解过程控制。

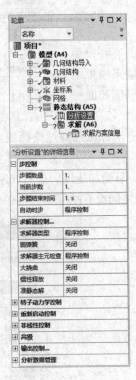

图 10-4　分析设置

1. 步控制

步控制分为人工时步控制和自动时步控制，可以在步控制中指定分析中的步骤数量和步骤结束时间。静态分析里的时间是一种跟踪的机制。

2. 求解器控制

求解器控制中包含两种求解器类型（默认是程序控制）：

◆ 直接求解：Ansys 中是稀疏矩阵法。

◆ 迭代求解：Ansys 中是 PGC（预共轭梯度法）。

弱弹簧选项尝试模拟得到无约束的模型。

3.分析数据管理

求解器文件目录：给出了相关分析文件的保存路径。

进一步分析：指定求解中是否要进行后续分析（如预应力模型）。如果在项目原理图里指定了耦合分析，将自动设置该选项。

废除求解器文件目录：求解中的临时文件夹。

保存 MAPDL db：保存 Ansys DB 分析文件。

删除不需要的文件：在 Mechanical APDL 中，可以选择保存所有文件以备后用。

求解器单元：主动系统或手动。

求解器单元系统：如果以上设置是人工的，那当 Mechanical APDL 共享数据的时候，就可以选择 8 个求解单位系统中的一个来保证一致性（在用户操作界面中不影响结果和载荷显示）。

10.3 载荷和约束

载荷和约束是以所选单元的自由度的形式定义的。Ansys Workbench 2024 中的 Mechanical 里结构载荷有四种类型，分别是惯性载荷、结构载荷、结构约束和热载荷。这里介绍前三种，第四种热载荷将在后面章节中介绍。

实体的自由度是 X、Y 和 Z 方向上的平移（壳体还得加上旋转自由度，绕 X、Y 和 Z 轴的转动），如图 10-5 所示。

不考虑实际的名称，约束也是以自由度的形式定义的，如图 10-6 所示。在块体的 Z 面上施加一个光滑约束，表示它 Z 方向上的自由度不再是自由的（其他自由度是自由的）。

图 10-5 实体的自由度

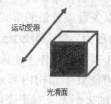

图 10-6 约束

◆ 惯性载荷：也可以称为加速度和重力加速度载荷。这些载荷需施加在整个模型上，对于惯性计算需要输入模型的密度，并且这些载荷专指施加在定义好的点质量上的力。

◆ 结构载荷：也称集中力和压力，指施加在系统部件上的力或力矩。

◆ 结构约束：防止在某一特定区域上移动的约束。

◆ 热载荷：热载荷会产生一个温度场，使模型中发生热膨胀或热传导。

10.3.1 加速度和重力加速度

分析时需要设置重力加速度，在程序内部，加速度是通过惯性力施加到结构上的，而惯性力的方向和所施加的加速度方向相反。

1. 加速度：**⬚ 加速度**

◆ 施加在整个模型上。

◆ 加速度可以定义为分量或矢量的形式。

◆ 物体运动方向为加速度的反方向。

2. 标准地球重力：**⬚ 标准地球重力**

◆ 根据所选的单位制系统确定它的值。

◆ 标准地球重力的方向定义为整体坐标系或局部坐标系的其中一个坐标轴方向。

◆ 物体运动方向与重力加速度的方向相同。

3. 旋转加速度：**⬚ 旋转加速度**

◆ 整个模型以给定的速率绕轴转动。

◆ 以分量或矢量的形式定义。

◆ 输入单位可以是弧度每秒（默认选项），也可以是度每秒。

📖 10.3.2 力和压力

集中力和压力是作用于模型上的载荷，力载荷可以施加在结构的外面、边缘或表面等位置，而压力载荷只能施加在表面，而且方向通常与表面的法向一致。

1. 施加压力：**⬚ 压力**

◆ 以与面正交的方向施加在面上。

◆ 指向面内为正，反之为负。

◆ 单位是单位面积的力。

2. 施加力：**⬚ 力**

◆ 力可以施加在点、边或面上。

◆ 它将均匀地分布在所有实体上，单位是 $mass*length/time^2$。

◆ 可以以矢量或分量的形式定义集中力。

3. 静液力压力：**⬚ 静液力压力**

◆ 在面（实体或壳体）上施加一个线性变化的力，模拟结构上的流体载荷。

◆ 流体可能处于结构内部或外部，另外，还需指定加速度的大小和方向、流体密度、代表流体自由面的坐标系。对于壳体，提供了一个顶面/底面选项。

4. 轴承载荷：**⬚ 轴承载荷**

◆ 使用投影面的方法将力的分量按照投影面积分布在压缩边上。不允许存在轴向分量，每个圆柱面上只能使用一个轴承负载。在施加该载荷时，若圆柱面是分裂的，一定要选中它的两个半圆柱面。

◆ 轴承负载可以矢量或分量的形式定义。

5. 力矩：**⬚ 力矩**

◆ 对于实体，力矩只能施加在面上。

◆ 如果选择了多个面，力矩则均匀分布在多个面上。

◆ 可以根据右手法则以矢量或分量的形式定义力矩。

◆ 对于面，力矩可以施加在点上、边上或面上。

◆ 力矩的单位是力乘以距离。

6. 远程力：⌀ 远程力

◆ 给实体的面或边施加一个远离的载荷。
◆ 用户指定载荷的原点（附着于几何上或用坐标指定）。
◆ 可以以矢量或分量的形式定义。
◆ 给面上施加一个等效力或等效力矩。

7. 螺栓预紧力：⎍ 螺栓预紧力

◆ 在圆柱形截面上施加预紧力以模拟螺栓连接：预紧力（集中力）或者调整量（长度）。
◆ 需要给物体指定一个局部坐标系（在 Z 方向上的预紧力）。
◆ 自动生成两个载荷步求解：
  · LS1：施加有预紧力、边界条件和接触条件。
  · LS2：预紧力部分的相对运动是固定的并施加了一个外部载荷。
◆ 对于顺序加载，还有其他额外选项。

8. 线压力：⌀ 线压力

◆ 只能用于三维模拟中，通过载荷密度形式给一个边上施加一个分布载荷。
◆ 单位是单位长度上的载荷。
◆ 可按以下方式定义：
  · 幅值和向量。
  · 幅值和分量方向（总体或者局部坐标系）。
  · 幅值和切向。

📖 10.3.3 约束

在了解载荷后对 Mechanical 常见的约束进行介绍。

1. 固定约束：⌀ 固定的

限制点、边或面的所有自由度。
  · 实体：限制 X、Y 和 Z 方向上的移动。
  · 面体和线体：限制 X、Y 和 Z 方向上的移动和绕各轴的转动。

2. 位移：⌀ 位移

◆ 在点、边或面上施加已知位移。
◆ 允许给出 X、Y 和 Z 方向上的平动位移（在用户定义坐标系下）。
◆ "0" 表示该方向是受限的，而空白表示该方向自由。

3. 弹性支撑：⎐ 弹性支撑

◆ 允许在面/边界上模拟弹簧行为。
◆ 基础的刚度为使基础产生单位法向偏移所需要的压力。

4. 无摩擦：⌁ 无摩擦

◆ 在面上施加法向约束（固定）。
◆ 对实体而言，可以用于模拟对称边界约束。

5. 圆柱形支撑：⎘ 圆柱形支撑

◆ 为轴向、径向或切向约束提供单独控制。

◆ 施加在圆柱面上。

6. 仅压缩支撑：🖲 仅压缩支撑

◆ 只能在正常压缩方向施加约束。

◆ 可以模拟圆柱面上受销钉、螺栓等的作用。

◆ 需要进行迭代（非线性）求解。

7. 简单支撑：🖏 简单支撑

◆ 可以施加在梁或壳体的边缘或者顶点上。

◆ 限制平移，但是所有旋转都是自由的。

8. 固定几何体：🖎 固定几何体

◆ 可以施加在壳或梁的表面、边缘或者顶点上。

◆ 约束旋转，但是平移不限制。

10.4 求解模型

在 Ansys Workbench 2024 中，Mechanical 具有两个求解器，分别为直接求解器和迭代求解器。通常求解器是自动选取的，还可以预先选用哪一个。操作为：文件→选项→分析设置和求解，选项下进行设置。

当分析的各项条件都已经设置完成以后，单击"主页"选项卡"求解"面板中的"求解"按钮⚡，设置求解模型：

◆ 确认情况下为两个处理器进行求解。

◆ 在"主页"功能区中单击"求解"面板中的"求解流程设置"按钮。设置使用的处理器个数，如图 10-7 所示。

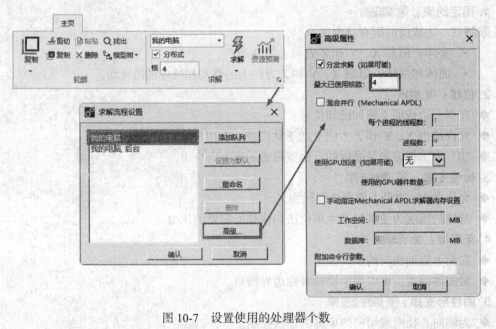

图 10-7　设置使用的处理器个数

10.5 后处理

在 Mechanical 的后处理中，可以得到多种不同的结果：各个方向变形及总变形、应力应变分量、主应力应变或者应力应变不变量；接触输出、支反力。

在 Mechanical 中，结果通常是在计算前指定的，但是它们也可以在计算完成后指定。如果求解一个模型后再指定结果，可以单击"求解"按钮⚡，然后就可以检索结果。

所有的显示结果（云图和矢量图）均可在模型中显示，而且利用结果选项卡可以改变结果的显示比例等，如图 10-8 所示。

图 10-8　显示结果

1. 模型的变形

变形下拉列表如图 10-9 所示。整体变形是一个标量：$U_{\text{total}} = \sqrt{U_x^2 + U_y^2 + U_z^2}$，在"矢量显示"里可以指定变形的 x、y 和 z 分量，显示在整体或局部坐标系中。最后可以得到变形的矢量图，如图 10-10 所示。

2. 应力和应变

应力和应变如图 10-11 所示。在显示应力和应变前，需要注意：应力和弹性应变有 6 个分量（x、y、z、xy、yz、xz），而热应变有三个分量（x、y、z）。对应力和应变而言，它们的分量可以在"方向"里指定，而对于热应变，则在"热"中指定。

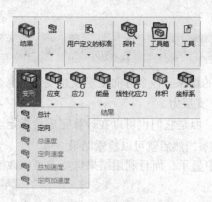

图 10-9 变形下拉列表

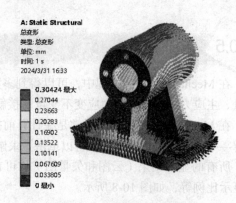

图 10-10 变形的矢量图

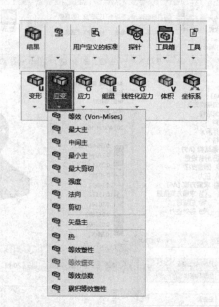

图 10-11 应力和应变

主应力关系：$s_1 > s_2 > s_3$。

强度定义为下面值的最大绝对值：$s_1 - s_2$，$s_2 - s_3$ 或 $s_3 - s_1$。

使用应力工具时需要设定安全系数（根据应用的失效理论来设定）：

◆ 柔性理论：其中包括最大等效应力和最大切应力。

◆ 脆性理论：其中包括 Mohr-Coulomb 应力和最大拉伸应力。

使用每个安全因子的应力工具，都可以绘制出安全边界和应力比。

3. 接触结果

通过"求解"下的"接触工具"可以得到接触结果。

为"接触工具"选择接触域（两种方法）：

（1）工作表视图（详细信息）。从表单中选择接触域，包括接触面、目标面或同时选择两者。

（2）几何体。在图形窗口中选择接触域。

4. 用户自定义结果

除了标准结果，用户可以插入自定义结果。可以包括数学表达式和多个结果的组合。按两种方式定义：

◆ 选择"求解"菜单中的"自定义结果"。

◆ 在"解决方案工作表"中选中结果后右键单击选择"创建用户定义的结果"。

在"自定义结果详细信息"中，表达式允许使用各种数学操作符号，包括平方根、绝对值、指数等。用户定义结果可以用一种标识符来标注。结果图例包含标识符和表达式。

10.6 静力结构分析实例 1——连杆基体强度校核

连杆基体为一个承载构件，在校核计算时需要进行连杆基体的垂直弯曲刚度试验、垂直弯曲静强度试验、垂直弯曲疲劳试验。连杆基体的模型如图 10-12 所示。

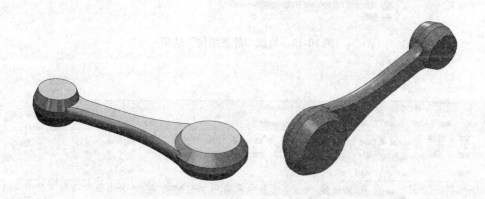

图 10-12　连杆基体的模型

10.6.1　问题描述

连杆基体垂直弯曲刚度试验评估指标为满载时杆最大变形不超过 1.5mm。垂直弯曲静强度试验评估指标为 $K > 6$ 为合格。

$$K = \frac{P_n}{P}$$

式中，K 为垂直弯曲破坏后备系数；P_n 为垂直弯曲破坏载荷；P 为满载轴载荷。

01 打开 Workbench 程序，展开左边工具箱中的"分析系统"栏，将工具箱里的"静态结构"选项直接拖动到项目管理界面中或是直接在项目上双击载入，添加"静态结构"选项，结果如图 10-13 所示。

02 导入模型。右键单击 A3"几何结构"栏 几何结构 **?** ，弹出快捷菜单，选择"导入几何模型"→"浏览"，然后打开"打开"对话框，打开电子资料包源文件中的"base.igs"。

03 双击 A4"模型"栏 模型 ，启动 Mechanical 应用程序，如图 10-14 所示。

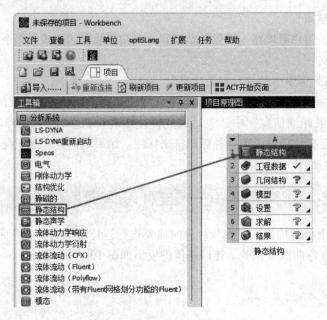

图 10-13　添加"静态结构"选项

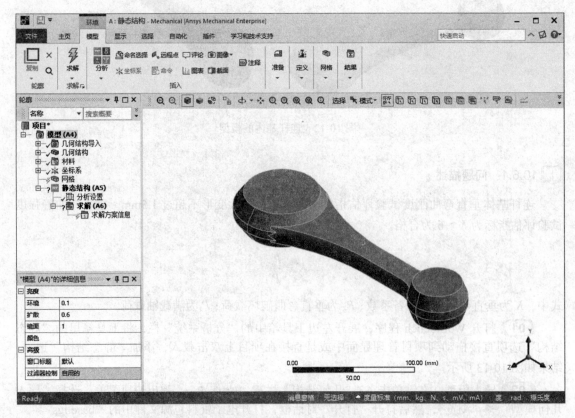

图 10-14　启动 Mechanical 应用程序

10.6.2 前处理

01 设置单位系统。在"主页"选项卡"工具"面板"单位"下拉列表中选择"度量标准（mm，kg，N，s，mV，mA）"，设置单位为毫米制单位。

02 为部件选择一个合适的材料，返回到"项目原理图"窗口并双击 A2"工程数据"栏 ◆ 工程数据 ✓，得到它的材料特性。

03 在打开的材料特性应用中，单击应用上方的"工程数据源"按钮 ▦，如图 10-15 所示。打开左上角的"工程数据源"窗口，单击其中的"一般材料"使之亮显。

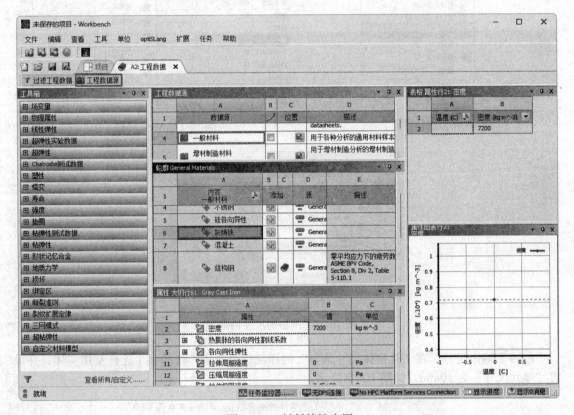

图 10-15　材料特性应用

04 在"一般材料"亮显的同时单击"轮廓 General Materials"窗格中的"灰铸铁"旁边的"+"，将这个材料添加到当前项目。

05 关闭"A2：工程数据"标签，返回到"项目"中。这时"模型"模块指出需要进行一次刷新。

06 在"模型"栏右键单击，选择"刷新"，刷新模型，如图 10-16 所示，然后返回到 Mechanical 窗口。

07 在轮廓中选择"几何结构"下的"base-FreeParts"，并在下面的详细信息栏中选择"材料"→"任务"栏来将材料改为灰铸铁，如图 10-17 所示。

08 网格划分。在轮廓中右键单击"网格"分支，激活网格尺寸命令"插入"→"尺寸调整"，如图 10-18 所示。

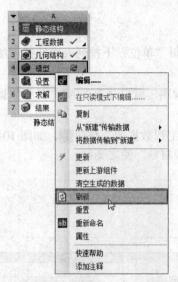

图 10-16　刷新模型

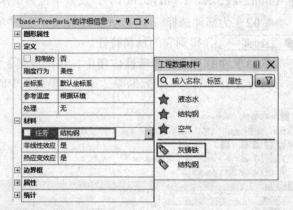

图 10-17　改变材料

图 10-18　网格的尺寸调整

09 输入尺寸。在"几何体尺寸调整"的详细信息栏中，选择整个连杆基体实体，并设置"单元尺寸"为10mm，如图10-19所示。

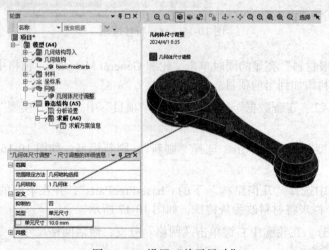

图 10-19　设置"单元尺寸"

10 施加固定约束。在轮廓中单击"静态结构（A5）"分支，此时选项卡显示为"环境"选项卡。单击"环境"选项卡"结构"面板中的"固定的"按钮 🔧 固定的。在下方的详细信息栏中设置"几何结构"为大圆面的两端表面，结果如图 10-20 所示。

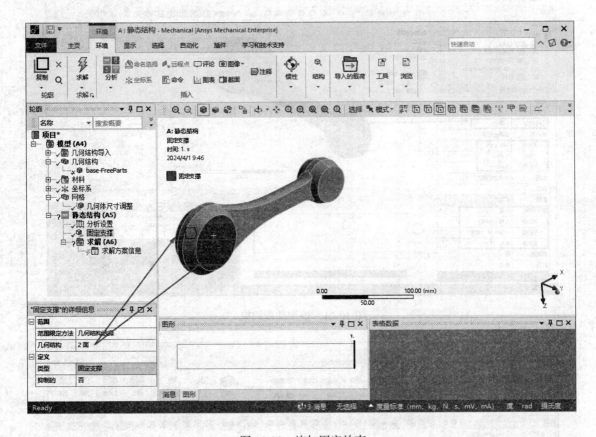

图 10-20　施加固定约束

11 施加载荷约束。连杆基体最大负载为 1000N，以面力方式施加在小端面中间位置。单击"环境"选项卡"结构"面板"结构"下拉列表中的"远程力"按钮 🔧 远程力。插入一个"远程力"。在轮廓中将出现一个"远程力"选项。

12 在下方的详细信息栏中设置"几何结构"为另一端的一个小圆面，并指定受力点的坐标位置，X 坐标 =180mm，设置"定义依据"为"分量"，方向沿 Y 轴负方向，大小为 1000N，如图 10-21 所示。

13 添加求解结果。在轮廓中单击"求解（A6）"分支，此时选项卡显示为"求解"选项卡。

14 单击"求解"选项卡"结果"面板"变形"下拉列表中的"总计"按钮 🔧 总计，在轮廓中的"求解（A6）"分支下将出现一个"总变形"选项。采用同样的方式单击"结果"面板"应变"下拉列表中的"等效（Von-Mises）"按钮 🔧 等效 (Von-Mises)，添加等效弹性应变，结果如图 10-22 所示。

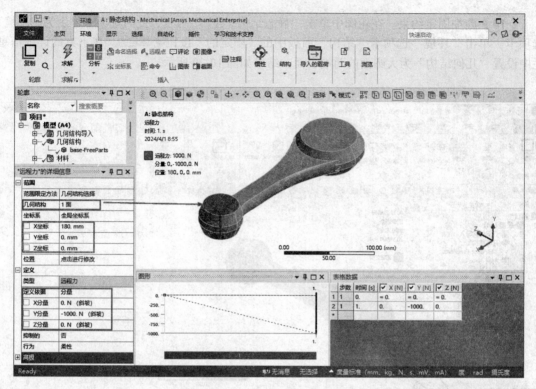

图 10-21　施加载荷约束

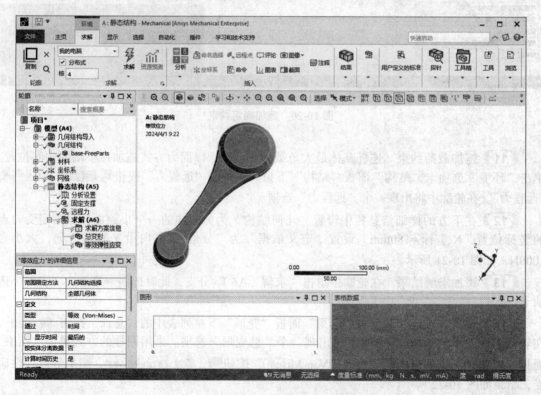

图 10-22　添加等效弹性应变

10.6.3 求解

求解模型，单击"求解"选项卡"求解"面板中的"求解"按钮 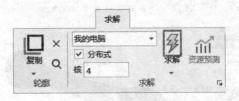，如图 10-23 所示，进行求解。

图 10-23 求解模型

10.6.4 结果

01 通过计算，连杆基体在满载工况下，总位移云图如图 10-24 所示。根据连杆基体垂直弯曲刚度试验评估指标为满载轴荷时的要求，对比分析结果可知，最大变形量约为 1.22mm，小于 1.5mm 的指标。

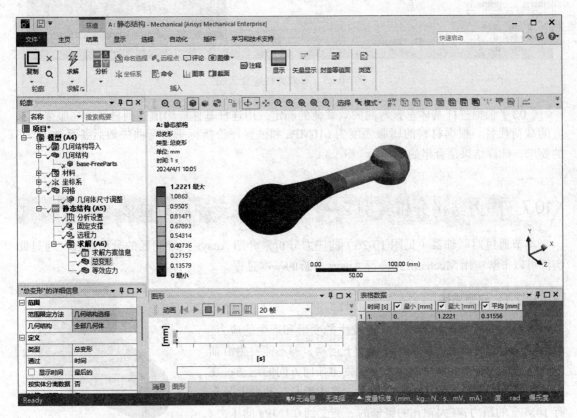

图 10-24 总位移云图

02 绘制模型的等效弹性应变云图，如图 10-25 所示。各连杆基座各点应力计算结果中，应力较大区域位于连杆基座的柄部，即颜色为红色的区域。最大应力值为 0.0086MPa。

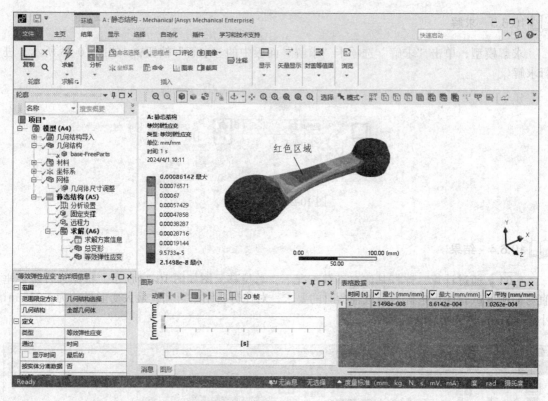

图 10-25　等效弹性应变云图

03 根据连杆基体垂直弯曲失效载荷的确定，用连杆基体应力值达到材料的屈服强度对应的载荷代替。根据材料的屈服强度为 610MPa 和试验评价指标垂直弯曲失效后备系数 $K > 6$ 的要求，计算结果是合格的。

10.7　静力结构分析实例 2——联轴器变形和应力校核

本节通过对联轴器（见图 10-26）的应力分析来介绍 Ansys 三维问题的分析过程。通过此实例可以了解应用 Mechanical 进行 Ansys 分析的基本过程。

📖 10.7.1　问题描述

本实例为考查联轴器在工作时发生的变形和产生的应力。联轴器在底面的四周边界不能发生上下运动，即不能发生沿轴向的位移；在底面的两个圆周上不能发生任何方向的运动；在小轴孔的孔面上分布有 1MPa 的压力；在大轴孔的孔台上分布有 10MPa 的压力；在大轴孔的键槽的一侧受到 0.1MPa 的压力。

📖 10.7.2　项目原理图

图 10-26　联轴器

01 打开 Workbench 程序，展开左边工具箱中的"分析系统"栏，将工具箱里的"静态结构"选项直接拖动到项目管理界面中或直接在项目上双击载入，添加一个"静态结构"模块，结果如图10-27所示。

02 导入模型。右键单击A3"几何结构"栏 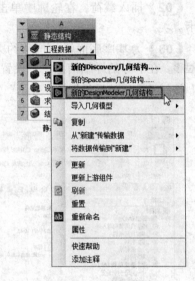 ，弹出快捷菜单，如图10-28所示，选择"新的DesignModeler几何结构"，然后建立联轴器模型，模型创建过程请参见书中前面介绍，创建的联轴器模型如图10-29所示。

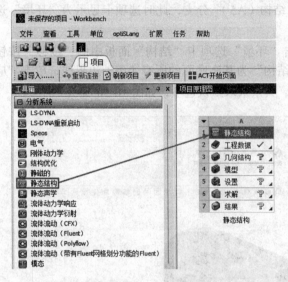

图10-27 添加一个"静态结构"模块

图10-28 快捷菜单

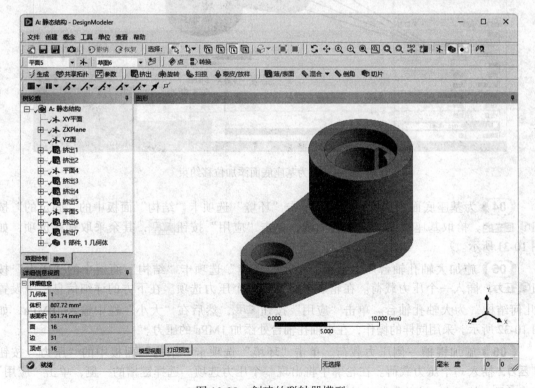

图10-29 创建的联轴器模型

03 双击 A4 "模型"栏 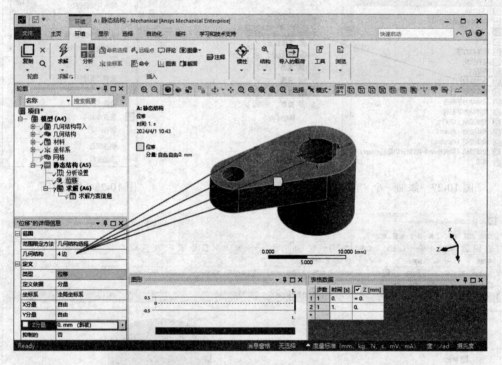，启动 Mechanical 应用程序。

📖 10.7.3 前处理

01 设置单位系统。在"主页"选项卡"工具"面板"单位"下拉列表中选择"度量标准（mm, kg, N, s, mV, mA）"，设置单位为毫米制单位。

02 插入载荷，在轮廓中单击"静态结构（A5）"分支，此时选项卡显示为"环境"选项卡。

03 为基座底面添加位移约束。单击"环境"选项卡"结构"面板中的"位移"按钮 位移。在下方的详细信息栏中设置"几何结构"为基座底面的所有 4 条外边界线，单击"应用"按钮 应用，然后设置"Z 分量"为 0mm，其余采取默认选项，如图 10-30 所示。

图 10-30　为基座底面添加位移约束

04 为基座底面添加固定约束。单击"环境"选项卡"结构"面板中的"固定的"按钮 固定的。拾取基座底面的两个圆周线，单击"应用"按钮 应用，其余采取默认选项，如图 10-31 所示。

05 施加大轴孔轴台压力载荷。单击"环境"选项卡"结构"面板中的"压力"按钮 压力，插入一个压力载荷。在轮廓中将出现一个压力选项。在下方的详细信息栏中设置"几何结构"为大轴孔轴台。单击"应用"按钮 应用，然后在"大小"栏中输入 10MPa，如图 10-32 所示。采用同样的操作，在小轴孔轴台处添加 1MPa 的压力。

06 施加键槽一侧压力载荷。单击"环境"选项卡"结构"面板中的"压力"按钮 压力，插入一个压力载荷。在轮廓中将出现一个压力选项。选择键槽的一侧，单击"应用"按钮 应用，然后在"大小"栏中输入 0.1MPa，如图 10-33 所示。

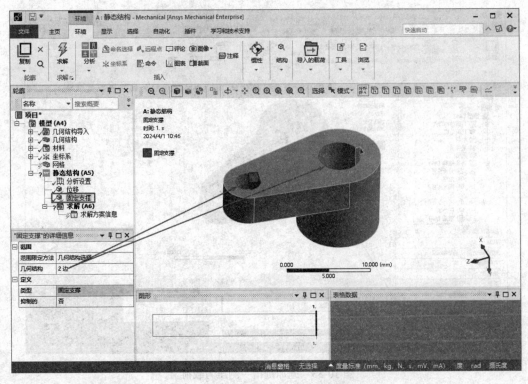

图 10-31　为基座底面添加固定约束

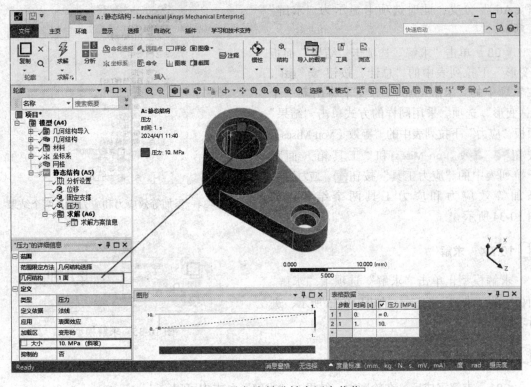

图 10-32　施加大轴孔轴台压力载荷

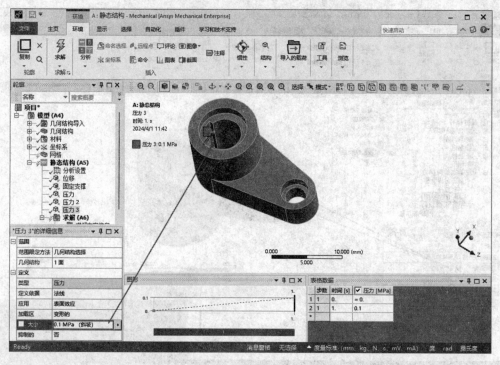

图 10-33　施加键槽一侧压力载荷

07 添加求解结果。在轮廓中单击"求解（A6）"分支，此时选项卡显示为"求解"选项卡。

08 单击"求解"选项卡"结果"面板"变形"下拉列表中的"总计"按钮 🔲 总计，在轮廓中的"求解（A6）"分支下将出现一个"总变形"选项。采用同样的方式单击"结果"面板"应力"下拉列表中的"等效（Von-Mises）"按钮 🔲 等效 (Von-Mises) 和"工具箱"面板下拉列表中的"应力工具"按钮 🔲 应力工具，添加等效应力和应力工具两个结果，如图 10-34 所示。

图 10-34　添加等效应力和应力工具两个结果

📖 10.7.4　求解

求解模型，单击"求解"选项卡"求解"面板中的"求解"按钮 ⚡，如图 10-35 所示，进行求解。

图 10-35　求解模型

📖 10.7.5　结果

01 求解完成后，在轮廓中，结果在"求解"分支中可用。

02 绘制模型的变形图，常在结构分析中提供了真实变形结果显示。检查变形的一般特性（方向和大小）可以避免建模步骤中的明显错误，常常使用动态显示。图 10-36 所示为总变形，图 10-37 所示为等效应力。

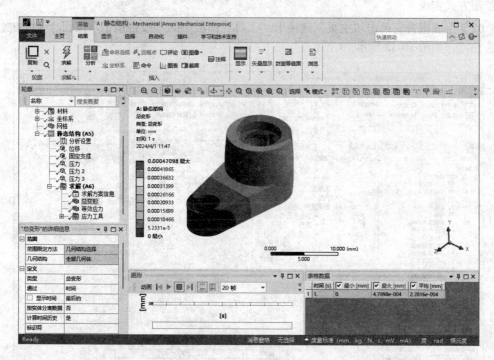

图 10-36　总变形

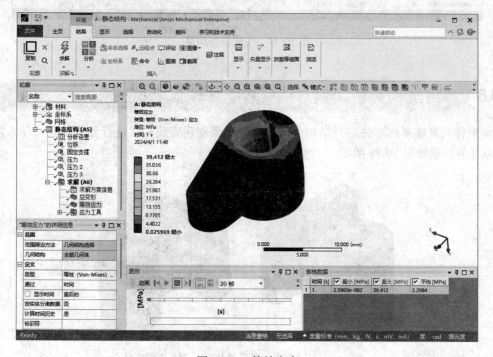

图 10-37　等效应力

📖 10.7.6 报告

01 创建一个 HTML 报告。首先选择需要放在报告中的绘图项，然后通过选择对应的分支和绘图方式实现。

02 生成报告。单击"主页"选项卡"工具"面板中的"报告预览"按钮 📊**报告预览**，生成报告预览，如图 10-38 所示。

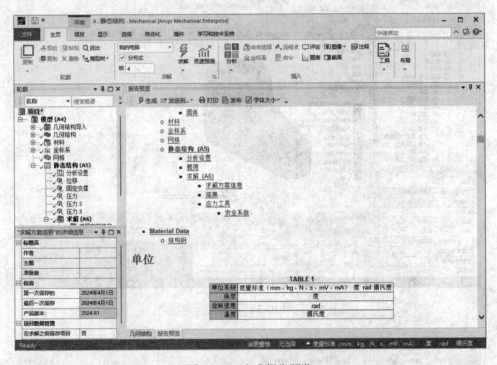

图 10-38 生成报告预览

10.8 静力结构分析实例 3——基座基体强度校核

本节将对基座基体零件进行结构分析，模型已经创建完成，在进行分析前直接导入即可。基座基体的模型如图 10-39 所示。

图 10-39 基座基体的模型

10.8.1 问题描述

基座基体为一个承载构件，由灰铸铁制作，在 4 个孔处固定，并在圆柱的侧面承受 5MPa 的压力，下面对其进行结构分析，求出其应力、应变及疲劳特性等参数。

10.8.2 建立分析项目

01 在 Windows 系统下执行"开始"→"所有程序"→"Ansys 2024"→"Workbench 2024"命令，启动 Ansys Workbench 2024，进入主界面。

02 在 Ansys Workbench 2024 主界面中选择菜单栏中的"单位"→"单位系统"命令，打开"单位系统"对话框，如图 10-40 所示。取消 D8 栏中的对号，"Metric（kg，mm，s，℃，mA，N，mV）"选项将会出现在"单位"菜单栏中。设置完成后单击"关闭"按钮 关闭，关闭此对话框。

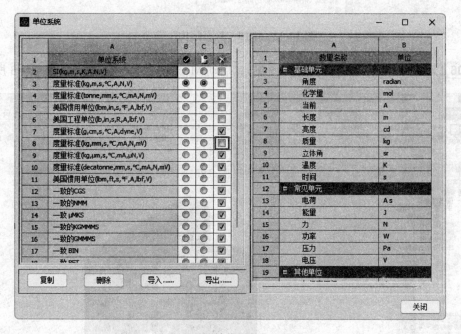

图 10-40 "单位系统"对话框

03 选择菜单栏中的"单位"→"度量标准（kg，mm，s，℃，mA，N，mV）"命令，设置模型单位，如图 10-41 所示。

04 在 Workbench 程序中，展开左边工具箱中的"分析系统"栏，将工具箱里的"静态结构"选项直接拖动到项目管理界面中或直接在项目上双击载入，添加"静态结构"选项，结果如图 10-42 所示。

05 导入模型。右键单击 A3"几何结构"栏 ● 几何结构 ？，弹出快捷菜单，选择快捷菜单中的"导入几何模型"→"浏览"命令，然后打开"打开"对话框，打开电子资料包源文件中的"base2.igs"。

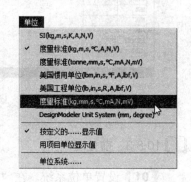

图 10-41 设置模型单位

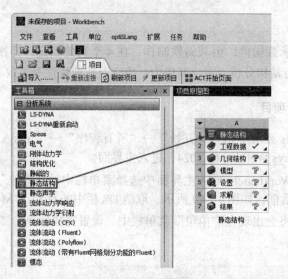

图 10-42 添加 "静态结构" 选项

06 双击 A4 "模型" 栏 ，启动 Mechanical 应用程序，如图 10-43 所示。

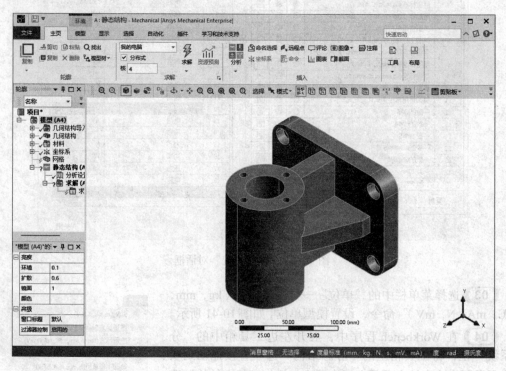

图 10-43 启动 Mechanical 应用程序

10.8.3 前处理

01 设置单位系统。在 "主页" 选项卡 "工具" 面板 "单位" 下拉列表中选择 "度量标准（mm，kg，N，s，mV，mA）"，设置单位为毫米制单位。

02 为部件选择一种合适的材料，返回到"项目原理图"窗口并双击 A2"工程数据"栏
🔳 **工程数据** ✓ ，得到它的材料特性。

03 在打开的材料特性应用中，单击应用上方的"工程数据源"按钮，如图 10-44 所示。打开左上角的"工程数据源"窗口，单击其中的"一般材料"使之亮显。

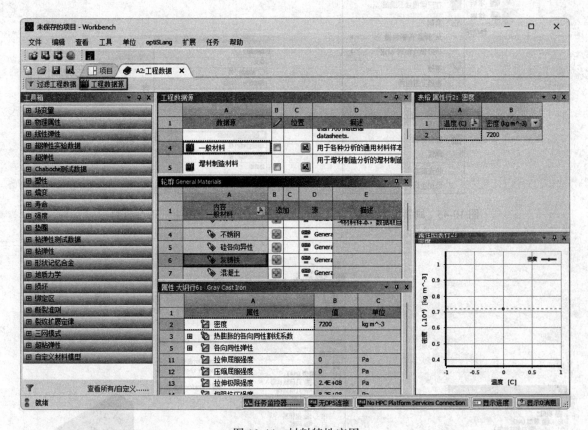

图 10-44　材料特性应用

04 在"一般材料"亮显的同时单击"轮廓 General Materials"窗格中的"灰铸铁"旁边的"+"将这个材料添加到当前项目。

05 关闭"A2：工程数据"标签，返回到"项目"中。这时"模型"模块指出需要进行一次刷新。

06 在"模型"栏右键单击，选择"刷新"，刷新模型，如图 10-45 所示，然后返回到 Mechanical 窗口。

07 在轮廓中选择"几何结构"下的"base2-FreeParts"并在下面的详细信息栏中选择"材料"→"任务"栏来将材料改为灰铸铁，如图 10-46 所示。

08 网格划分。在轮廓中右键单击"网格"分支，单击"插入"→"尺寸调整"，如图 10-47 所示。

09 输入尺寸。在"几何体尺寸调整"的详细信息栏中，选择整个基座基体实体，并指定单元尺寸为 10mm，如图 10-48 所示。

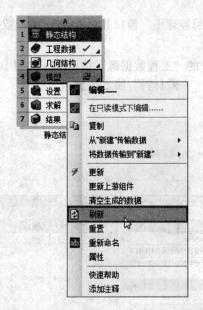

图 10-45　刷新模型

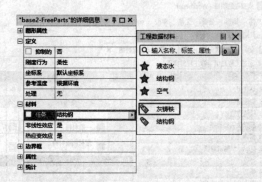

图 10-46　改变材料

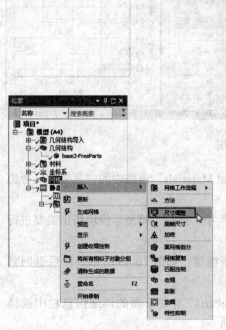

图 10-47　网格划分尺寸调整

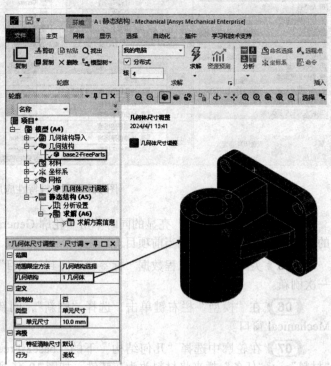

图 10-48　指定单元尺寸

(10) 施加固定约束。在轮廓中单击"静态结构（A5）"分支，此时选项卡显示为"环境"选项卡。单击"环境"选项卡"结构"面板中的"固定的"按钮 <kbd>固定的</kbd>，在下方的详细信息栏中设置"几何结构"为底座上的 8 个内圆面，单击"应用"按钮 <kbd>应用</kbd>，结果如图 10-49 所示。

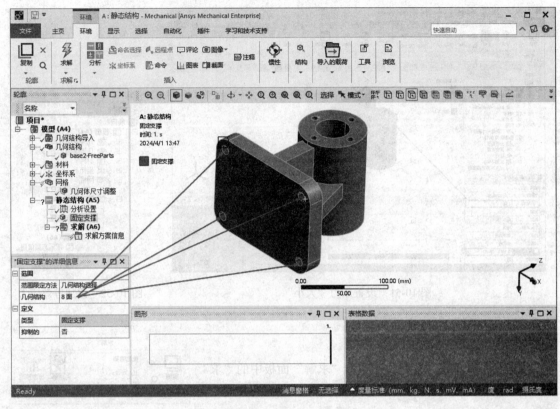

图 10-49　施加固定约束

11 施加压力。单击"环境"选项卡"结构"面板中的"压力"按钮 <img>压力</img>，为模型施加压力，如图 10-50 所示。

图 10-50　施加压力

12 在绘图区域选择圆柱顶面，如图 10-51 所示，单击"应用"按钮 **应用**，完成面的选择。设置"大小"为 5MPa，如图 10-51 所示。

13 添加求解结果。在轮廓中单击"求解（A6）"分支，此时选项卡显示为"求解"选项卡。

14 单击"求解"选项卡"结果"面板"变形"下拉列表中的"总计"按钮 <img>总计</img>，在轮廓中的"求解（A6）"分支下将出现一个"总变形"选项。采用同样的方式单击"结果"面板"应力"下拉列表中的"等效（Von-Mises）"按钮 <img>等效 (Von-Mises)</img>，添加等效应力，结果如图 10-52 所示。

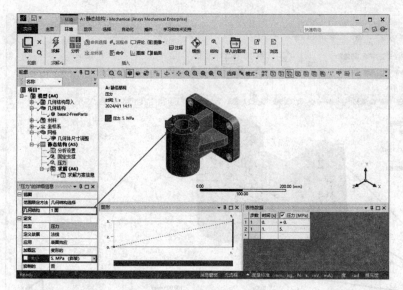

图 10-51 设置压力"大小"

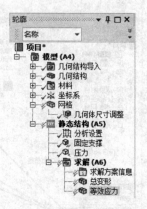

图 10-52 添加等效应力

10.8.4 求解

求解模型，单击"求解"选项卡"求解"面板中的"求解"按钮⚡，如图 10-53 所示，进行求解。

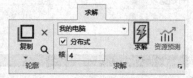

图 10-53 求解模型

10.8.5 结果

01 总位移云图。单击轮廓中"求解（A6）"分支下的"总变形"分支，通过计算，基座基体在满载工况下，总变形云图如图 10-54 所示。

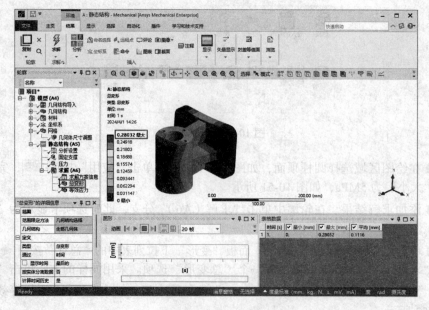

图 10-54 总位移云图

02 等效应力云图。单击轮廓中的"求解（A6）"分支下的"等效应力"分支，此时在图形窗口中会出现如图 10-55 所示的等效应力云图。

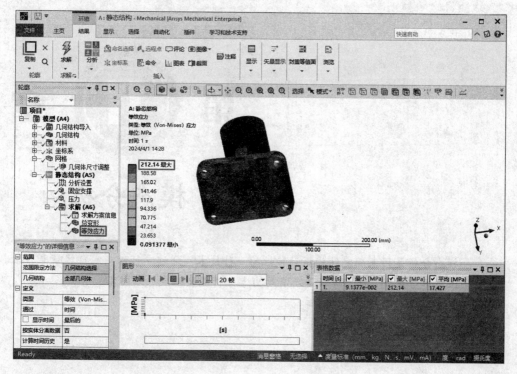

图 10-55　等效应力云图

第 **11** 章

模态分析

　　模态分析是用来确定结构振动特性的一种技术，通过它可以确定自然频率、振型和振型参与系数。模态分析是所有动力学分析类型的最基础内容。

学　习　要　点

- ◎ 模态分析方法
- ◎ 模态分析步骤
- ◎ 模态分析实例1——机盖壳体强度校核
- ◎ 模态分析实例2——长铆钉预应力
- ◎ 模态分析实例3——机翼

11.1　模态分析方法

　　求解通用运动方程有两种主要方法，即模态叠加法和直接积分法。其中模态叠加法是确定结构的固有频率和模态，乘以正则化坐标，然后加起来计算位节点的位移解。这种方法可以用来进行瞬态和谐响应分析。直接积分法是直接求解运动方程。对于谐响应分析，由于载荷与响应都假设是谐函数，所以运动方程式里的频率函数不是以时间函数的形式来写出并求解的。

　　对于模态分析，振动频率 ω_i 和模态 ϕ_i 应根据下面的方程计算：

$$([K] - \omega_i^2[M])\{\phi_i\} = 0$$

11.2　模态分析步骤

　　模态分析与线性静态分析的过程非常相似，因此不对所有的步骤做详细介绍。进行模态分析的步骤：

　　（1）附加几何模型。

　　（2）设置材料属性。

　　（3）定义接触区域（如果有的话）。

　　（4）定义网格控制（可选择）。

　　（5）定义分析类型。

　　（6）加支撑（如果有的话）。

　　（7）求解频率测试结果。

　　（8）设置频率测试选项。

　　（9）求解。

　　（10）查看结果。

11.2.1　几何体和点质量

　　模态分析支持各种几何体，包括实体、表面体和线体。

　　可以使用点质量，点质量在模态分析中只有质量（无硬度），点质量的存在会降低结构自由振动的频率。

　　在材料属性设置中，弹性模量、泊松比和密度的值是必须要有的。

11.2.2　接触区域

　　模态分析可能存在接触。由于模态分析是纯粹的线性分析，所以采用的接触不同于非线性分析中的接触类型。

　　接触模态分析包括粗糙接触和摩擦接触，将在内部表现为黏结或不分离。如果有间隙存在，非线性接触行为将是自由无约束的。

　　绑定接触和不分离接触这两种情形的选取，取决于 pinball 区域的大小。

11.2.3 分析类型

在进行分析时，从 Workbench 的工具栏中选择"模态"来指定模态分析的类型，如图 11-1 所示。

图 11-1 指定模态分析的类型

在"分析设置"中，详细信息栏如图 11-2 所示。

最大模态阶数：1～200（默认的是 6）。

限制搜索范围：（默认的是 0～1.e+008Hz）。

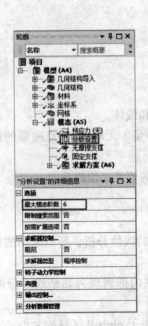

图 11-2 详细信息栏

11.2.4 载荷和约束

在进行模态分析时，结构和热载荷无法在模态中存在。

约束：假如没有或者只存在部分的约束，刚体模态将被检测。这些模态将处于0Hz附近。与静态结构分析不同，模态分析并不要求禁止刚体运动。

边界条件对于模态分析来说是很重要的。因为它们能影响零件的振型和固有频率。因此需要仔细考虑模型是如何被约束的。

压缩约束是非线性的，因此在此分析中不被使用。

11.2.5 求解

求解模型（没有要求的结果）。求解结束后，求解分支会显示一个图标，显示频率和模态阶数。可以从图表或者图形中选择需要振型或者全部振型进行显示。

11.2.6 检查结果

在进行模态分析时由于在结构上没有激励作用，因此振型只是与自由振动相关的相对值。

在详细列表里可以看到每个结果的频率值，应用图形窗口下方的时间标签的动画工具栏来查看振型。

11.3 模态分析实例1——机盖壳体强度校核

机盖壳体为一个由钢制造的电动机盖。它被固定在一个工作频率为1000Hz的设备上。机盖壳体如图11-3所示。

图11-3 机盖壳体

11.3.1 问题描述

盖子被嵌套在一个圆柱形裙箍上，而且螺栓孔处受到约束。裙箍的接触区域使用无摩擦约束来模拟。无摩擦约束限制了面的法向，因此轴向和切向位移是允许的，而不允许出现径向位移。

11.3.2 项目原理图

01 打开Ansys Workbench 2024程序，展开左边工具箱中的"分析系统"栏，将工具箱里的"模态"选项直接拖动到项目管理界面中或是直接在项目上双击载入，添加"模态"选项，结果如图 11-4 所示。

02 设置项目单位。单击菜单栏中的"单位"→"度量标准（kg，m，s，℃，A，N，V）"，然后选择"用项目单位显示值"，如图 11-5 所示。

图 11-4　添加"模态"选项

图 11-5　设置项目单位

03 导入模型。右键单击 A3 "几何结构"栏 几何结构 ？ ，弹出快捷菜单，选择"导入几何模型"→"浏览"，然后打开"打开"对话框，打开电子资料包源文件中的"cover.x_t"。

04 双击 A4 "模型"栏 模型 ，启动 Mechanical 应用程序，如图 11-6 所示。

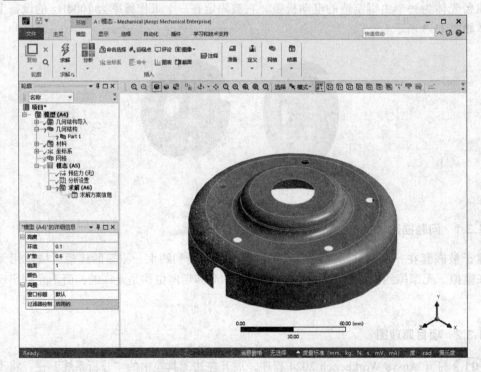

图 11-6　启动 Mechanical 应用程序

📖 11.3.3 前处理

01 设置单位系统。在"主页"选项卡"工具"面板"单位"下拉列表中选择"度量标准（mm，kg，N，s，mV，mA）"，设置单位为毫米制单位。

02 在轮廓中选择"几何结构"下的"Part1"，此时详细信息栏中的"厚度"栏以黄色显示，表示没有定义，如图 11-7 所示。同时，这个部件名旁边还有一个问号表示没有完全定义。

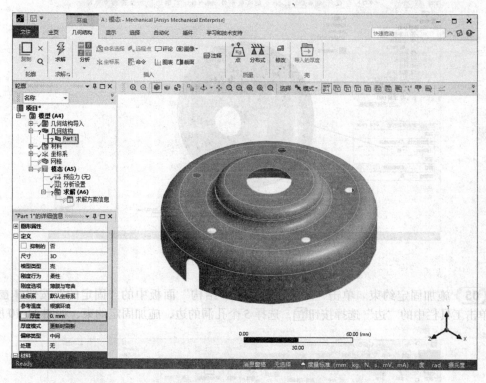

图 11-7　没有定义的"厚度"栏

03 单击"厚度"栏，把"厚度"设为 2mm。此时，输入厚度值，把状态标记由问号改为复选标记，表示已经完全定义，如图 11-8 所示。

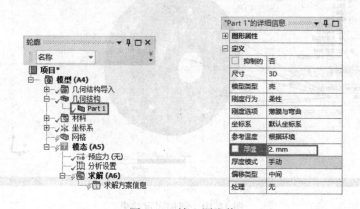

图 11-8　输入厚度值

04 施加位移约束。在轮廓中单击"模态（A5）"分支，此时选项卡工具条显示为"环境"选项卡。单击"环境"选项卡"结构"面板中的"无摩擦"按钮 **无摩擦**，然后单击工具栏中的"面"选择按钮，选择如图 11-9 所示的裙箍，施加无摩擦约束。

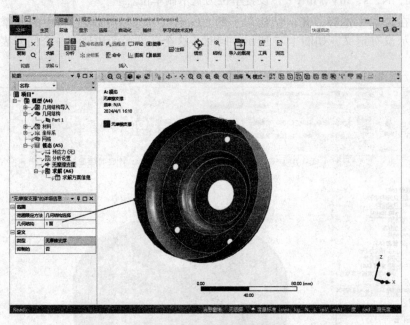

图 11-9　施加无摩擦约束

05 施加固定约束。单击"环境"选项卡"结构"面板中的"固定的"按钮 **固定的**，然后单击工具栏中的"边"选择按钮，选择 5 个孔洞的边，施加固定约束，如图 11-10 所示。

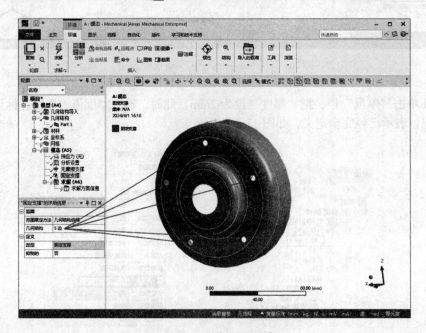

图 11-10　施加固定约束

11.3.4 求解

求解模型。单击"主页"选项卡"求解"面板中的"求解"按钮🗲，如图 11-11 所示，进行求解。

图 11-11 求解模型

11.3.5 结果

01 查看模态的形状。单击轮廓中的"求解（A6）"分支，此时在绘图区域的下方会出现图形与表格数据，给出了对应模态的频率表，如图 11-12 所示。

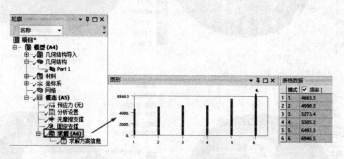

图 11-12 图形与表格数据

02 在"图形"上右键单击，在弹出的快捷菜单中选择"选择所有"，选择所有的模态。

03 再次右键单击，在弹出的快捷菜单中选择"创建模型形状结果"，此时会在轮廓中显示各模态的结果，只是还需要再次求解才能正常显示，如图 11-13 所示。

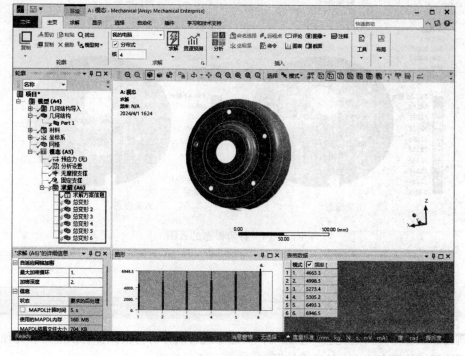

图 11-13 各模态的结果

04 单击"主页"选项卡"求解"面板中的"求解"按钮多,查看结果。

05 在轮廓中单击各个模态,查看各阶模态的云图,如图 11-14 所示。

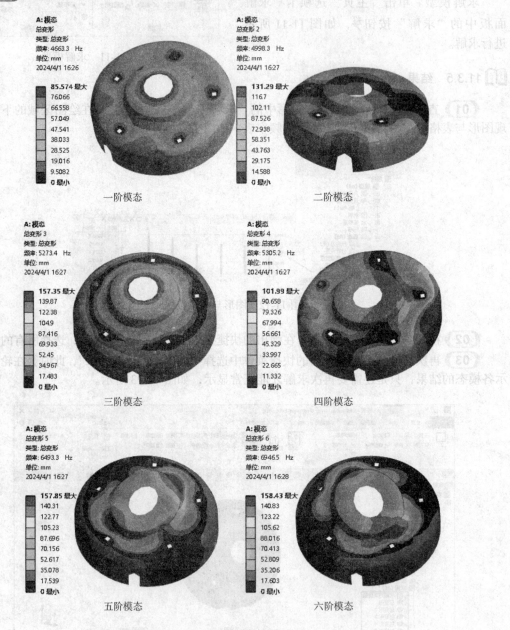

一阶模态　　　　　　　　　　　二阶模态

三阶模态　　　　　　　　　　　四阶模态

五阶模态　　　　　　　　　　　六阶模态

图 11-14　各阶模态的云图

11.4　模态分析实例 2——长铆钉预应力

　　长铆钉在工作中不可避免会产生振动,在这里进行的分析为模拟在有预应力和无预应力两种状态下长铆钉的模态响应。长铆钉如图 11-15 所示。

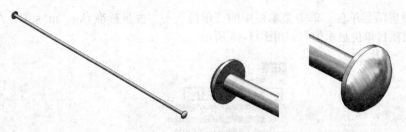

图 11-15　长铆钉

11.4.1　问题描述

长铆钉受到一个 4000N 的拉力，然后同自由状态下的拉杆固有的频率做比较。

11.4.2　项目原理图

01 打开 Ansys Workbench 2024 程序，展开左边工具箱中的"分析系统"栏，将工具箱里的"静态结构"选项直接拖动到项目管理界面中或是直接在项目上双击载入，添加"静态结构"选项，结果如图 11-16 所示。

02 放置"模态"系统。把"模态"系统拖放到"静态结构"系统中的"求解"栏，如图 11-17 所示。

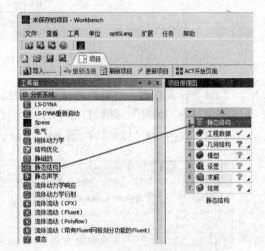

图 11-16　添加"静态结构"选项

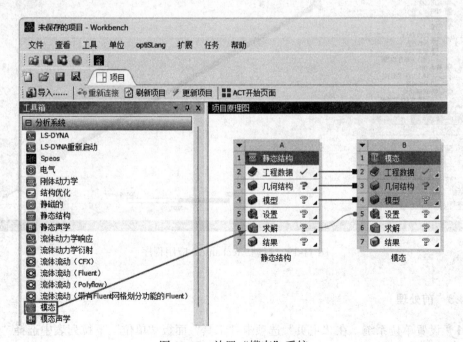

图 11-17　放置"模态"系统

03 设置项目单位。单击菜单栏中的"单位"→"度量标准 (kg，m, s, ℃，A，N，V)"，然后选择"用项目单位显示值"，如图 11-18 所示。

图 11-18　设置项目单位

04 导入模型。右键单击 A3"几何结构"栏 ，弹出快捷菜单，选择"导入几何模型"→"浏览"，然后打开"打开"对话框，打开电子资料包源文件中的"rivet. x_t"。

05 双击 A4"模型"栏 ，启动 Mechanical 应用程序，如图 11-19 所示。

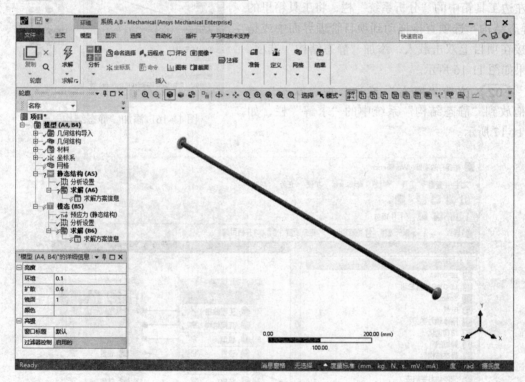

图 11-19　启动 Mechanical 应用程序

11.4.3　前处理

01 设置单位系统。在"主页"选项卡"工具"面板"单位"下拉列表中选择"度量标准（mm，kg，N，s，mV，mA）"，设置单位为毫米制单位。

02 施加约束。在轮廓中单击"静态结构（A5）"分支，此时选项卡显示为"环境"选项卡。单击"环境"选项卡"结构"面板中的"无摩擦"按钮 **无摩擦**，然后单击工具栏中的"面"选择按钮，然后选择如图 11-20 所示的圆环，施加无摩擦约束。

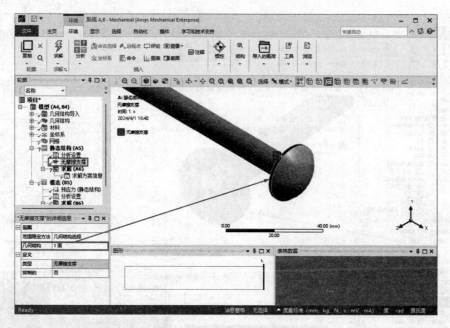

图 11-20　施加无摩擦约束

03 单击"环境"选项卡"结构"面板中的"固定的"按钮 **固定的**，然后单击工具栏中的"面"选择按钮，然后选择如图 11-21 所示的另一面的内表面，施加固定约束。

图 11-21　施加固定约束

04 给模型施加拉力。单击"环境"选项卡"结构"面板中的"力"按钮 ⏻ 力，然后选择施加无摩擦约束一端的内表面，施加拉力；设置"定义依据"为"分量"；然后将"分量"改为 4000N，如图 11-22 所示。

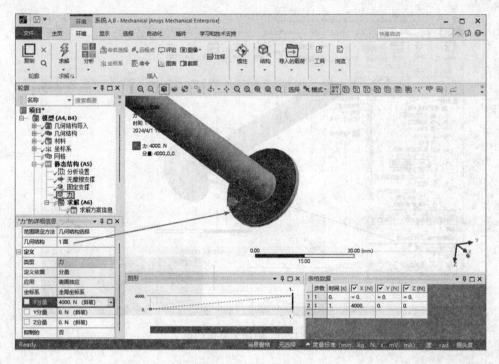

图 11-22 施加拉力

📖 11.4.4 求解

在轮廓选中"模态"分析中的"求解（B6）"分支，然后单击"求解"选项卡"求解"面板中的"求解"按钮 ⚡，如图 11-23 所示，进行求解。

图 11-23 求解

📖 11.4.5 结果

01 查看模态的形状。单击轮廓中的"求解（B6）"分支，此时在绘图区域的下方会出现图形与表格数据，给出了对应模态的频率表，如图 11-24 所示。

02 在"图形"上右键单击，在弹出的快捷菜单中选择"选择所有"，选择所有的模态。

03 再次右键单击，在弹出的快捷菜单中选择"创建模型形状结果"，此时会在轮廓中显示各模态结果，只是还需要再次求解才能正常显示，如图 11-25 所示。

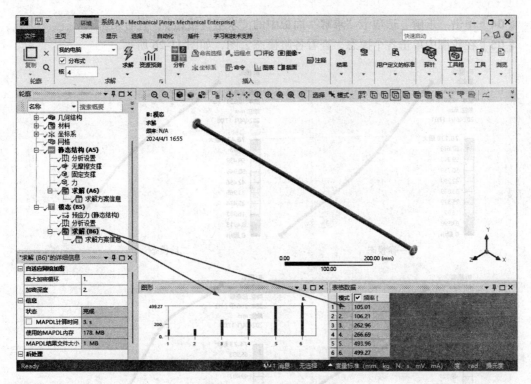

图 11-24　图形与表格数据

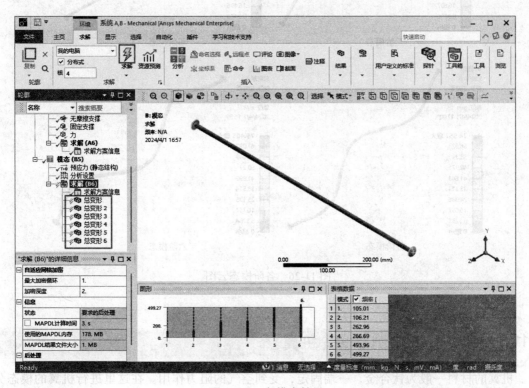

图 11-25　各模态结果

04 单击"求解"选项卡"求解"面板中的"求解"按钮，查看结果。

05 在轮廓中单击各个模态，查看各阶模态云图，如图 11-26 所示。

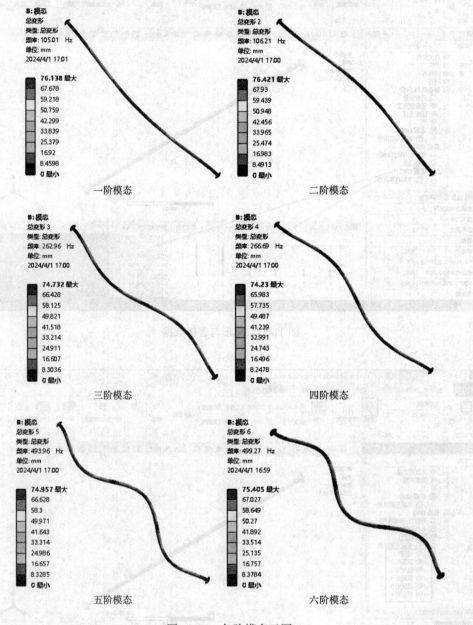

图 11-26 各阶模态云图

11.5 模态分析实例 3——机翼

机翼的材料一般为钛合金，一端固定，受到空气的阻力作用。在这里进行机翼的模态分析。机翼模型如图 11-27 所示。

图 11-27　机翼模型

11.5.1　问题描述

要确定机翼在受到预应力的情况下前 5 阶模态的情况。可设机翼的一端固定，底面受到 0.1Pa 的压力。

11.5.2　项目原理图

01 打开 Ansys Workbench 2024 程序，展开左边工具箱中的"分析系统"栏，将工具箱里的"静态结构"选项直接拖动到项目管理界面中或是直接在项目上双击载入，添加"静态结构"选项，结果如图 11-28 所示。

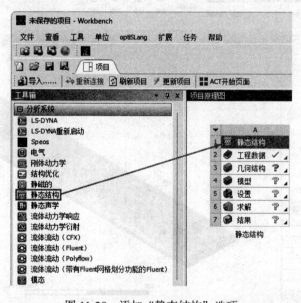

图 11-28　添加"静态结构"选项

02 放置"模态"系统。把"模态"系统拖放到"静态结构"系统中的"求解"栏，如图 11-29 所示。

03 设置项目单位。单击菜单栏中的"单位"→"度量标准 (kg，m, s,℃，A，N，V)"，然后选择"用项目单位显示值"，如图 11-30 所示。

04 导入模型。右键单击 A3"几何结构"栏，弹出快捷菜单，选择"导入几何模型"→"浏览"，然后打开"打开"对话框，打开电子资料包源文件中的"wing.iges"。

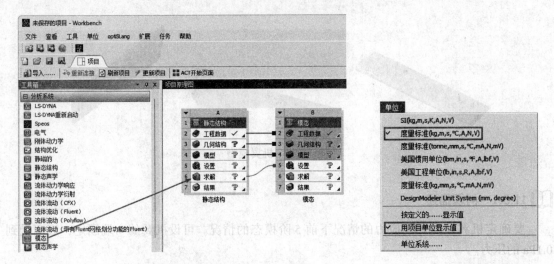

| 图 11-29 放置"模态"系统 | 图 11-30 设置项目单位 |

05 双击 A4"模型"栏 ，启动 Mechanical 应用程序，如图 11-31 所示。

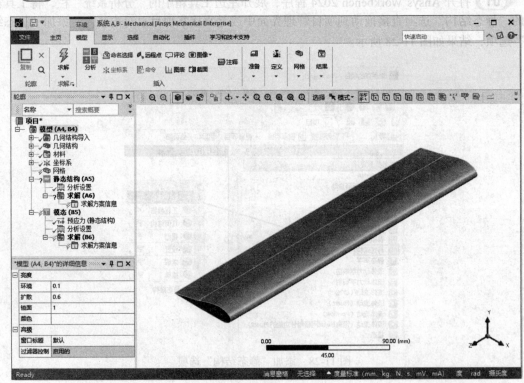

图 11-31 启动 Mechanical 应用程序

📖 11.5.3 前处理

01 设置单位系统。在"主页"选项卡"工具"面板"单位"下拉列表中选择"度量标准（mm，kg，N，s，mV，mA）"，设置单位为毫米制单位。

02 为部件选择一个合适的材料。返回到"项目原理图"窗口并双击 A2"工程数据"栏 **🗃 工程数据 ✓**，得到它的材料特性。

03 在打开的材料特性应用中，单击应用上方的"工程数据源"按钮🔳，如图 11-32 所示。打开左上角的"工程数据源"窗口，单击其中的"一般材料"使之亮显。

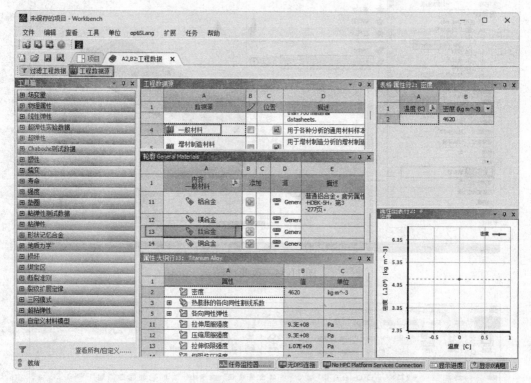

图 11-32 材料特性应用

04 在"一般材料"亮显的同时单击"轮廓 General Materials"窗格中的"Titanium Alloy"旁边的"+"将这两个材料添加到当前项目。

05 关闭"A2：工程数据"标签，返回到"项目"中。这时"模型"模块指出需要进行一次刷新。

06 在"模型"栏右键单击，选择"刷新"，刷新模型，如图 11-33 所示，然后返回到 Mechanical 窗口。

07 在轮廓中选择"几何结构"下的"wing-FreeParts"，并在下面的详细信息栏中选择"材料"→"任务"栏，改变材料为钛合金，如图 11-34 所示。

08 施加固定约束。在轮廓中单击"静态结构（A5）"分支，此时选项卡显示为"环境"选项卡。单击"环境"选项卡"结构"面板中的"固定的"按钮 **🔩 固定的**。单击工具栏中的"面"选择按钮🔲，然后选择如图 11-35 所示的机翼的一个端面，施加固定约束。

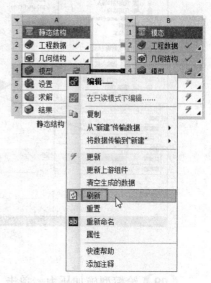

图 11-33 刷新模型

207

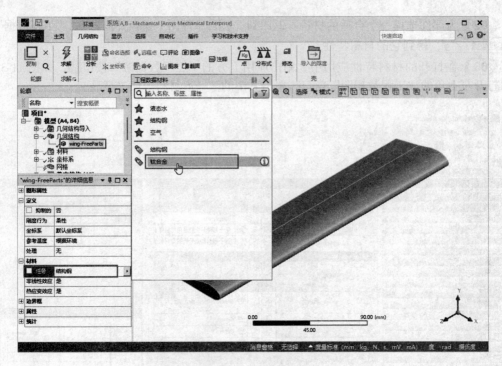

图 11-34　改变材料

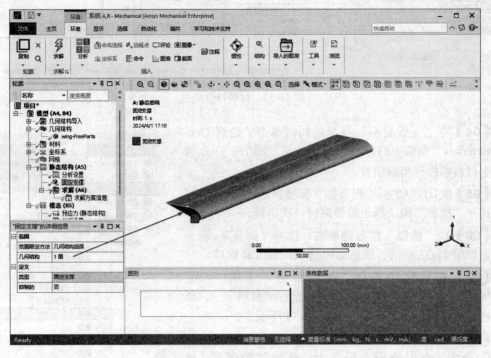

图 11-35　施加固定约束

09 给模型施加压力。单击"环境"选项卡"结构"面板中的"压力"按钮 压力，然后选择机翼模型的底面，定义模型受到的压力面；将"大小"设置为 0.1MPa，如图 11-36 所示。

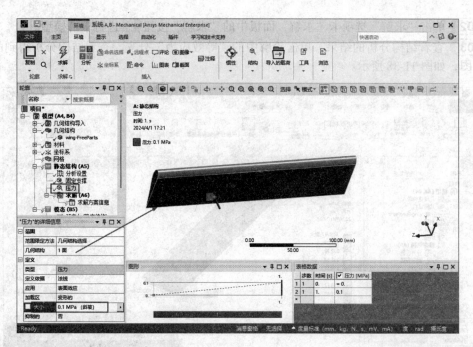

图 11-36　给模型施加压力

11.5.4　求解

01 设置绘图选项。单击轮廓中的"求解（A6）"分支，此时选项卡显示为"求解"选项卡。单击"求解"选项卡"结果"面板"应力"下拉列表中的"等效（Von-Mises）"按钮 **等效 (Von-Mises)**，进行等效应力的设置，如图 11-37 所示。

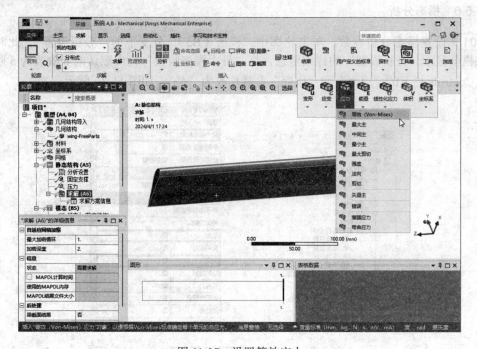

图 11-37　设置等效应力

02 单击"求解"选项卡"求解"面板中的"求解"按钮⚡，进行求解模型。

03 查看结构分析的结果。单击轮廓中的"等效应力"分支，查看结构分析得到的等效应力云图，如图 11-38 所示。

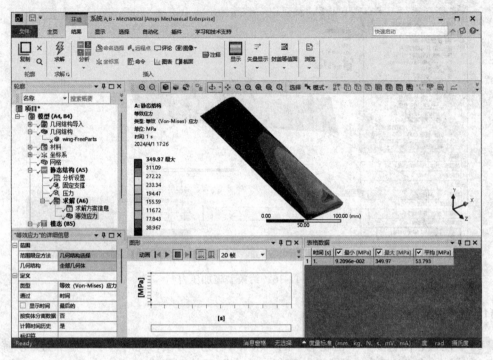

图 11-38　等效应力云图

11.5.5　模态分析

01 设置模态分析参数。单击轮廓中"模态（B5）"分支下的"分析设置"，此时在详细信息栏会显示"分析设置"的详细信息，将"最大模态阶数"栏由默认的 6 阶改为 5 阶，将 Output Controls 栏下的"应力"和"应变"参数均改为"是"，如图 11-39 所示。

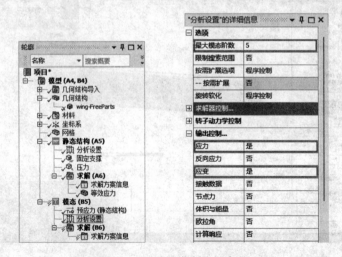

图 11-39　设置模态分析参数

02 在轮廓选中"模态"分析中的"求解（B6）"分支，然后单击"求解"选项卡"求解"面板中的"求解"按钮⚡，进行模态求解。

03 查看模态的形状，单击轮廓中的"求解（B6）"分支，此时在绘图区域的下方会出现图形与表格数据，给出了对应模态的频率表，如图 11-40 所示。

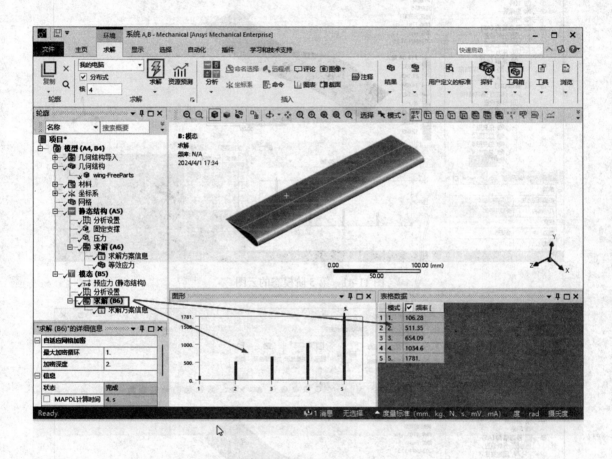

图 11-40　图形与表格数据

04 在"图形"上右键单击，在弹出的快捷菜单中选择"选择所有"，选择所有的模态。

05 再次右键单击，在弹出的快捷菜单中选择"创建模型形状结果"，此时会在轮廓中显示各模态的结果图，只是还需要再次求解才能正常显示。

06 单击"求解"选项卡"求解"面板中的"求解"按钮⚡，查看结果。

07 在轮廓中单击第 5 个模态，查看第 5 阶模态的云图，如图 11-41 所示。

08 查看矢量图。单击工具栏中的矢量图显示命令，以矢量图的形式显示第 5 阶模态。在矢量图显示工具栏中可以通过拖动滑块来调节矢量轴的显示长度，如图 11-42 所示。

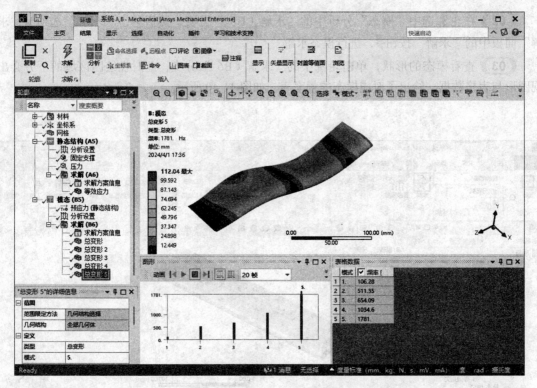

图 11-41　第 5 阶模态的云图

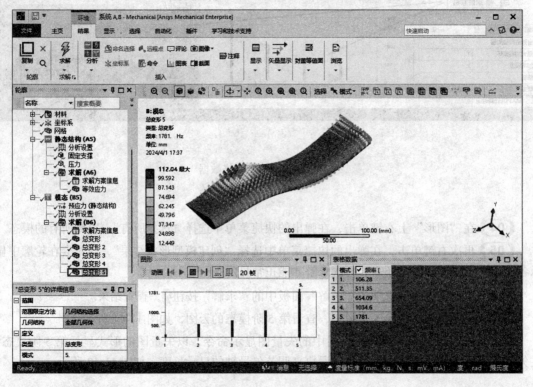

图 11-42　矢量图

第 **12** 章

响应谱分析

响应谱分析是分析计算当结构受到瞬间载荷作用时产生的最大响应，可以认为这是快速进行接近瞬态分析的一种替代解决方案。响应谱分析的类型有两种，即单点响应谱分析和多点响应谱分析。

◎ 响应谱分析简介
◎ 响应谱分析实例——三层框架结构地震响应分析

12.1 响应谱分析简介

响应谱分析是分析计算当结构受到瞬间载荷作用时产生的最大响应，可以认为这是快速进行接近瞬态分析的一种替代解决方案。响应谱分析的类型有两种。

1. 单点响应谱（SPRS）分析

在单点响应谱（SPRS）分析中，只可以给节点指定一种谱曲线（或者一族谱曲线），如在支撑处指定一种谱曲线，如图 12-1a 所示。

2. 多点响应谱（MPRS）分析

在多点响应谱（MPRS）分析中，可以在不同的节点处指定不同的谱曲线，如图 12-1b 所示。

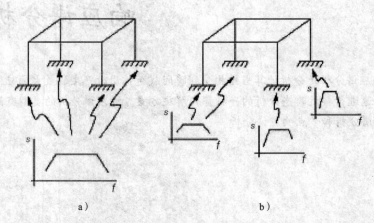

a)   b)

图 12-1　响应谱分析示意图

s—谱值　f—频率

谱分析是一种将模态分析的结构与一个已知的谱联系起来计算模型的位移和应力的分析技术。它主要应用于时间历程分析，以便确定结构对随机载荷或随时间变化载荷（如地震、海洋波浪、喷气发动机、火箭发动机振动等）的动力响应情况。在进行响应谱分析之前必须要知道：

◆ 先进行模态分析后方可进行响应谱分析。

◆ 结构必须是线性、具有连续刚度和质量的结构。

◆ 进行单点响应谱分析时，结构受一个已知方向和频率的频谱所激励。

◆ 进行多点响应谱分析时，结构可以被多个（最多 20 个）不同位置的频谱所激励。

📖 12.1.1　响应谱分析过程

进行响应谱分析的步骤如下：

（1）进行模态分析。

（2）确定响应谱分析项。

（3）加载载荷及边界条件。

（4）计算求解。

（5）进行后处理查看结果。

📖 12.1.2　在 Ansys Workbench 2024 中进行响应谱分析

首先要在左边"工具箱"的"分析系统"栏内选中"模态"并双击，建立模态分析。然后选中"工具箱"中的"响应谱"，并将其直接拖至模态分析项的 A6 栏中，即可创建响应谱分析项目，如图 12-2 所示。

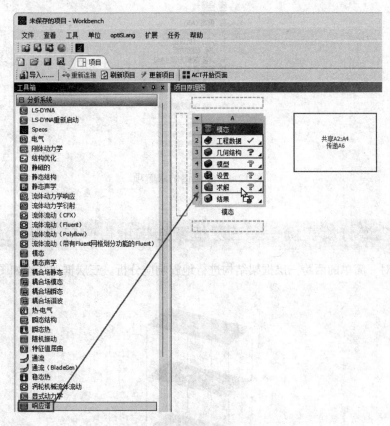

图 12-2　创建响应谱分析项目

在"模态"分析中进行建立或导入几何模型、设置材料特性、划分网格等操作，但要注意在进行响应谱分析时，加载位移约束时必须为 0 值。当模态计算结束后，用户一般要在查看一下前几阶固有频率值和振型后，再进行响应谱分析的设置，即载荷和边界条件的设置。载荷可以是加速度、速度和位移激励谱，如图 12-3 所示。

图 12-3　设置响应谱分析

计算结束后，在响应谱分析的后处理中可以得到响应谱的求解项（位移、变形、等效应力）的数值，如图 12-4 所示。

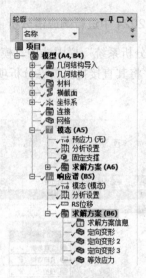

图 12-4　响应谱的求解项

12.2　响应谱分析实例——三层框架结构地震响应分析

本实例为对一简单的两跨三层框架结构进行地震响应分析。三层框架结构如图 12-5 所示。

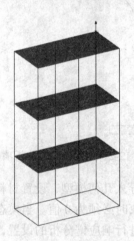

图 12-5　三层框架结构

12.2.1　问题描述

某两跨三层框架结构，计算在 X、Y、Z 方向的地震位移响应谱作用下整个结构的响应情况，两跨三层框架结构立面图和侧面图的基本尺寸如图 12-6 所示。

12.2.2　项目原理图

01 在 Windows 系统下执行"开始"→"所有应用"→"Ansys 2024"→"Work-bench2024"命令，启动 Ansys Workbench 2024，进入主界面。

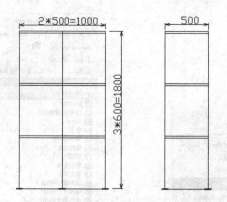

图 12-6　两跨三层框架结构立面图和侧面图的基本尺寸

02 在 Ansys Workbench 2024 主界面中选择菜单栏中的"单位"→"单位系统"命令，打开"单位系统"对话框，如图 12-7 所示。取消 D8 栏中的对号，"度量标准（kg，mm，s，℃，mA，N，mV）"选项将会出现在"单位"菜单栏中。设置完成后单击"关闭"按钮 关闭 ，关闭此对话框。

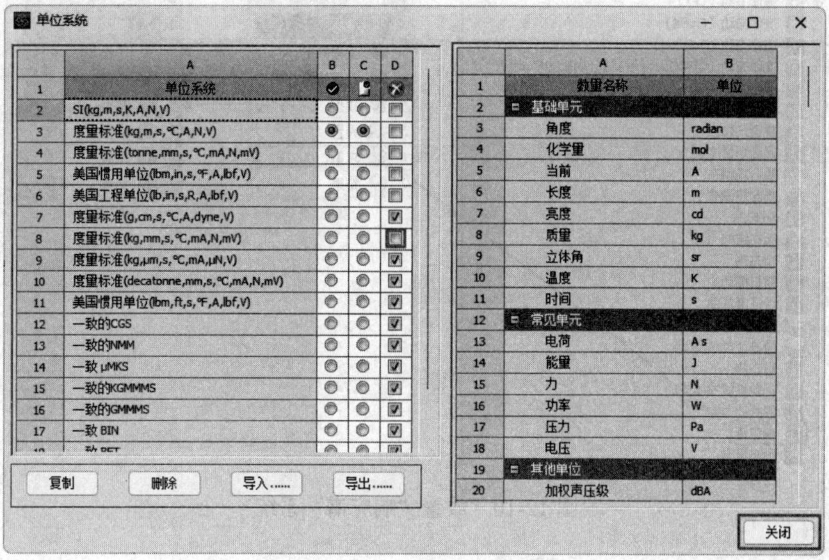

图 12-7　"单位系统"对话框

03 选择菜单栏中的"单位"→"度量标准（kg，mm，s，℃，mA，N，mV）"命令，设置模型的单位，如图 12-8 所示。

04 打开 Workbench 程序，展开左边工具箱中的"分析系统"栏，将工具箱里的"模态"选项直接拖动到项目管理界面中或是直接在项目上双击载入，添加"模态"选项（需要首先求解查看系统的固有频率和模态），结果如图 12-9 所示。

05 放置"响应谱"系统。把"响应谱"系统拖放到"模态"系统中的"求解"栏，将"响应谱"系统中的材料属性、模型和网格划分单元与"模态"系统中单元共享，如图 12-10 所示。

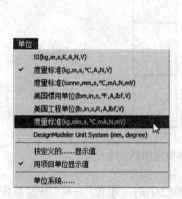

图 12-8　设置模型的单位　　　　　　　　　　图 12-9　添加"模态"选项

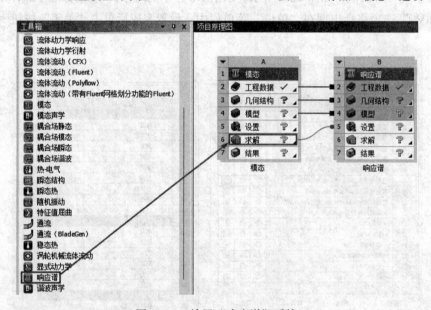

图 12-10　放置"响应谱"系统

06 导入模型。右键单击 A3"几何结构"栏 几何结构，弹出快捷菜单，选择"导入几何模型"→"浏览"，然后系统弹出"打开"对话框，打开电子资料包源文件中的"Frame.agdb"。

07 双击 A4"模型"栏 模型，启动 Mechanical 应用程序，如图 12-11 所示。

📖 12.2.3　前处理

01 设置单位系统。在"主页"选项卡"工具"面板"单位"下拉列表中选择"度量标准（mm，kg，N，s，mV，mA）"，设置单位为毫米制单位。

02 确认材料。在轮廓中选择"几何结构"下的 Surface Body 分支，在左下角的详细信息栏中查看"任务"栏确认为"结构钢"，如图 12-12 所示。

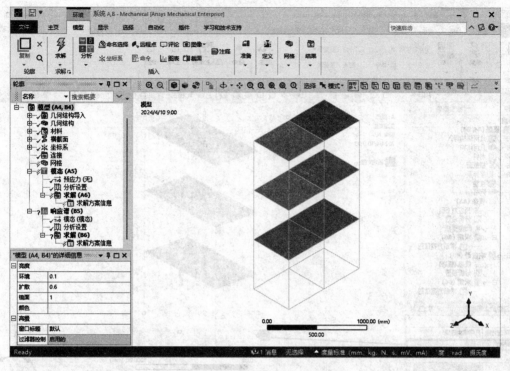

图 12-11　启动 Mechanical 应用程序

"Surface Body"的详细信息	
图形属性	
定义	
□ 抑制的	否
尺寸	3D
模型类型	壳
刚度行为	柔性
刚度选项	薄膜与弯曲
坐标系	默认坐标系
参考温度	根据环境
□ 厚度	2. mm
厚度模式	更新时刷新
偏移类型	中间
处理	无
材料	
□ 任务	结构钢
非线性效应	是
热应变效应	是
边界框	
属性	
统计	

图 12-12　确认材料

03 施加固定约束。在轮廓中单击"模态（A5）"分支，此时选项卡显示为"环境"选项卡。单击"环境"选项卡"结构"面板中的"固定的"按钮 固定的。单击工具栏中的"顶点"选择按钮，选择如图 12-13 所示的底部 6 个点，施加固定约束。

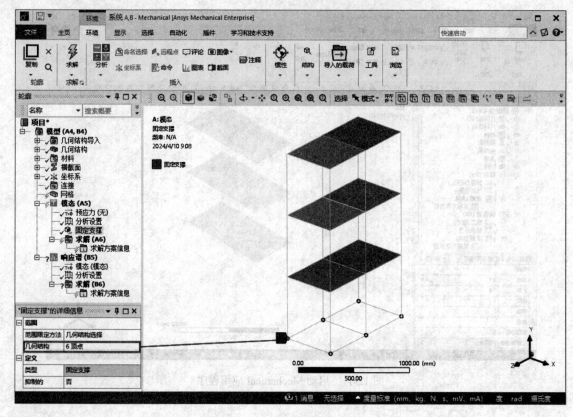

图 12-13　施加固定约束

12.2.4　模态分析求解

01　在轮廓选中"模态"分析中的"求解（A6）"分支，然后单击"求解"选项卡"求解"面板中的"求解"按钮，如图 12-14 所示，进行求解。

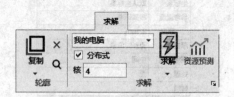

图 12-14　求解

02　查看模态的形状。单击轮廓中的"求解（A6）"分支，此时在绘图区域的下方会出现图形与表格数据，给出了对应模态的频率表，如图 12-15 所示。

03　在"图形"上右键单击，在弹出的快捷菜单中选择"选择所有"，选择所有的模态。

04　再次右键单击，在弹出的快捷菜单中选择"创建模型形状结果"，此时会在轮廓中显示各模态的结果，只是还需要再次求解才能正常显示，如图 12-16 所示。

05　单击"求解"选项卡"求解"面板中的"求解"按钮，查看结果。

06　在轮廓中单击各个模态，查看各阶模态的云图，如图 12-17 所示。

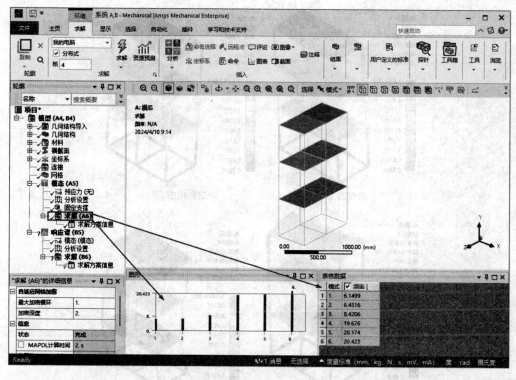

图 12-15 图形与表格数据

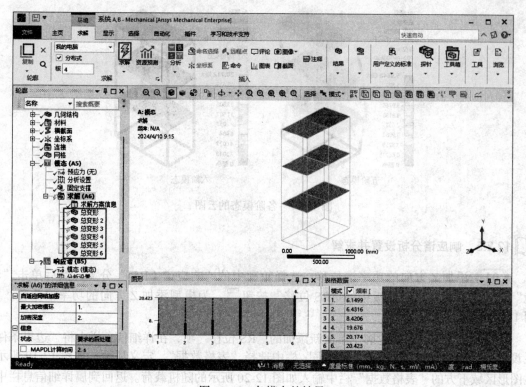

图 12-16 各模态的结果

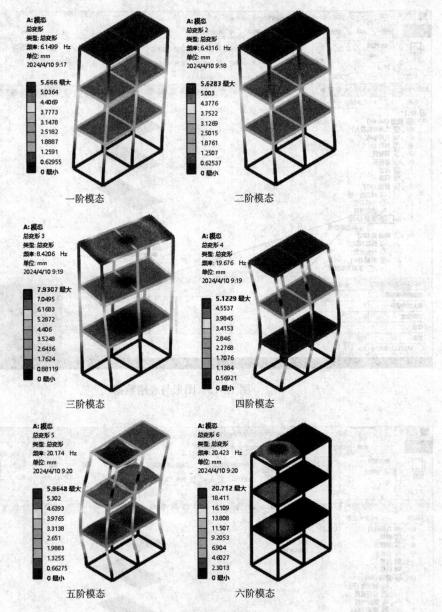

图 12-17　各阶模态的云图

📖 12.2.5　响应谱分析设置并求解

01　添加 Z 方向的功率谱位移。选择轮廓中的"响应谱（B5）"分支，然后单击"环境"选项卡"响应谱"面板中的"RS 位移"按钮，为模型添加 Z 方向的功率谱位移，如图 12-18 所示。

02　定义属性。在轮廓中单击新添加的"RS 位移"项，在详细信息栏中将"边界条件"栏设置为"所有支持"，在"加载数据"栏中选择"表格数据"，定义属性，如图 12-19 所示。在图形区域下方的"表格数据"栏中输入如图 12-20 所示的随机载荷。返回到属详细信息栏中，将"方向"栏参数设置为"Z 轴"。

图 12-18　添加 Z 方向的功率谱位移

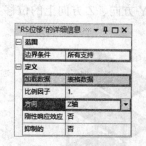

图 12-19　定义属性

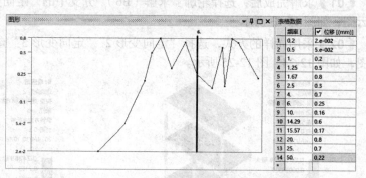

图 12-20　随机载荷

03 单击轮廓中的"求解（A6）"分支，此时选项卡显示为"求解"选项卡。

04 添加方向位移求解项。单击"求解"选项卡"结果"面板"变形"下拉列表中的"定向"按钮 定向，此时在轮廓中会出现"定向变形"分支，在参数列表中设置"方向"栏为"X 轴"，如图 12-21 所示。

05 采用同样的方式，分别添加 Y 轴方向、Z 轴方向上的位移求解项。

06 添加等效应力求解项。单击"求解"选项卡"结果"面板"应力"下拉列表中的"等效（Von- Mises）"按钮 等效 (Von-Mises)，如图 12-22 所示，此时在轮廓中会出现"等效应力"分支，参数列表设置为默认值。

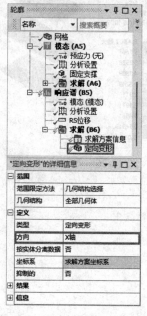

图 12-21　添加方向位移求解项

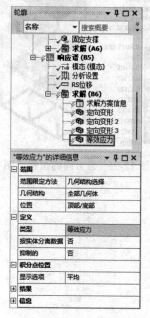

图 12-22　添加等效应力求解项

07 单击"求解"选项卡"求解"面板中的"求解"按钮 ≶ ，进行求解，此时会弹出求解进度条，表示正在求解，当求解完毕时，进度条会自动消失。

📖 12.2.6　查看分析结果

01 求解完成后，选择轮廓"求解（B6）"分支中的"定向变形"，可以查看 X 方向的位移云图，如图 12-23 所示。

02 采用同样的方式，选择"定向变形 2""定向变形 3"查看 Y 方向、Z 方向上的位移云图，如图 12-24、图 12-25 所示。

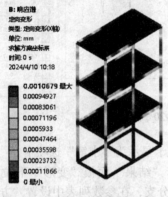

图 12-23　X 方向的位移云图

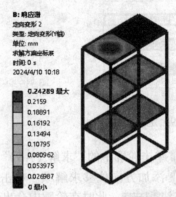

图 12-24　Y 方向的位移云图

03 选择轮廓中"求解（B6）"分支中的"等效应力"，可以查看等效应力云图，如图 12-26 所示。

图 12-25　Z 方向的位移云图

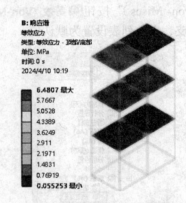

图 12-26　等效应力云图

第 **13** 章

谐响应分析

谐响应分析是用于确定线性结构在承受随已知按正弦（简谐）规律变化的载荷时稳态响应的一种技术。

- ◎ 谐响应分析简介
- ◎ 谐响应分析步骤
- ◎ 谐响应分析实例——固定梁

13.1 谐响应分析简介

谐响应分析是用于确定线性结构在承受随已知按正弦（简谐）规律变化的载荷时稳态响应的一种技术。分析的目的是计算出结构在几种频率下的响应，并得到一些响应值对频率的曲线，这样就可以预测结构的持续动力学特征，从而验证其设计能否成功地克服共振、疲劳及其他受迫振动引起的有害结果。输入载荷可以是已知幅值和频率的力、压力和位移，输出值包括节点位移也可以是导出的值，如应力、应变等。在程序内部，谐响应求解方法有两种，即完全法和模态叠加法。

谐响应分析可以计算结构的稳态受迫振动，其中在谐响应分析中不考虑发生在激励开始时的瞬态振动。谐响应分析属于线性分析，所有非线性的特征在计算时都将被忽略，但分析时可以有预应力的结构，如小提琴的弦（假定简谐应力比预加的拉伸应力小得多）。

13.2 谐响应分析步骤

谐响应分析与谱响应分析的过程非常相似。进行谐响应分析的步骤如下：

（1）建立有限元模型，设置材料属性。

（2）定义接触的区域。

（3）定义网格控制（可选择）。

（4）施加载荷和边界条件。

（5）定义分析类型。

（6）设置求解频率选项。

（7）对问题进行求解。

（8）进行后处理并查看结果。

13.2.1 建立谐响应分析

建立谐响应分析只要在左边的"工具箱"中选中"谐波响应"并双击或直接拖动到项目原理图中即可，如图 13-1 所示。

模型设置完成、自项目原理图进入 Mechanical 后，只要亮显轮廓树中的"分析设置"就能进行分析设置了，如图 13-2 所示。

13.2.2 加载谐响应载荷

在谐响应分析中，输入载荷可以是已知幅值和频率的力、压力和位移，所有的结构载荷均有相同的激励频率，Mechanical 中支持的载荷见表 13-1。

Mechanical 中不支持的载荷有：标准地

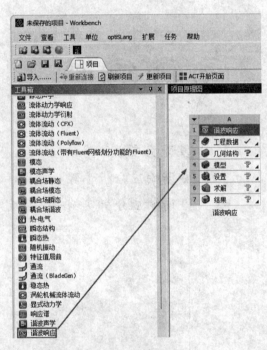

图 13-1　建立谐响应分析

球重力载荷、热条件载荷、旋转速度载荷和螺栓预紧力载荷。

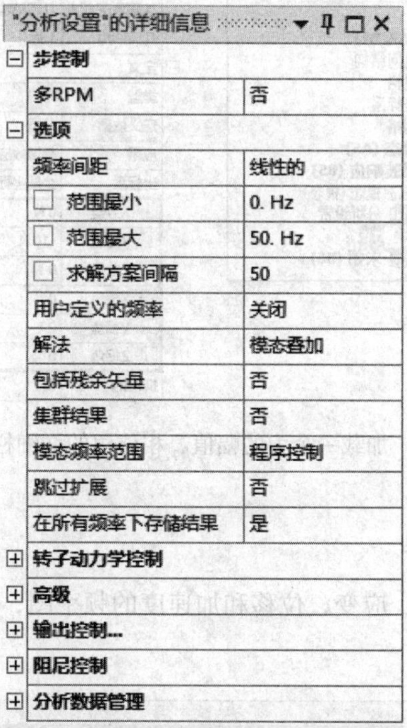

"分析设置"的详细信息 ▼ 廿 □ ×	
⊟ **步控制**	
多RPM	否
⊟ **选项**	
频率间距	线性的
☐ 范围最小	0. Hz
☐ 范围最大	50. Hz
☐ 求解方案间隔	50
用户定义的频率	关闭
解法	模态叠加
包括残余矢量	否
集群结果	否
模态频率范围	程序控制
跳过扩展	否
在所有频率下存储结果	是
⊞ **转子动力学控制**	
⊞ **高级**	
⊞ **输出控制...**	
⊞ **阻尼控制**	
⊞ **分析数据管理**	

图 13-2　分析设置

表 13-1　Mechanical 中支持的载荷

载荷类型	相位输入	求解方法
加速度载荷（Acceleration Load）	不支持	完全法或模态叠加法
压力载荷（Pressure Load）	支持	完全法或模态叠加法
力载荷（Force Load）	支持	完全法或模态叠加法
轴承载荷（Bearing Load）	不支持	完全法或模态叠加法
力矩载荷（Moment Load）	不支持	完全法或模态叠加法
给定位移载荷（Given Displacement Support）	支持	完全法

用户在加载载荷时要确定载荷的幅值、相位移及频率。图 13-3 所示就是加载一个力的幅值、相位角的详细栏的实例。

频率载荷代表频率范围在 0～100Hz 之间，间隙 10Hz，即在 0Hz、10Hz、20Hz、30Hz、…、90Hz、100Hz 处计算相应的值。

📖 13.2.3　求解方法

谐响应求解方法有两种：完全法和模态叠加法。完全法是一种最简单的方法，使用完全结构矩阵，允许存在非对称矩阵（如声学）；模态叠加法是从模态分析中叠加模态振型，这是 workbench 默认的方法，在所有的求解方法中它的求解速度是最快的。

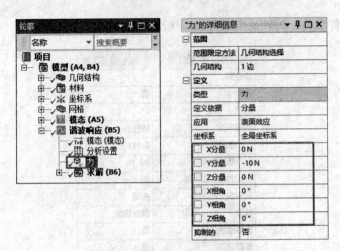

图 13-3　加载一个力的幅值、相位角的详细栏的实例

📖 13.2.4　后处理中查看结果

在后处理中可以查看应力、应变、位移和加速度的频率图，如图 13-4 所示就是一个典型的变形频率图。

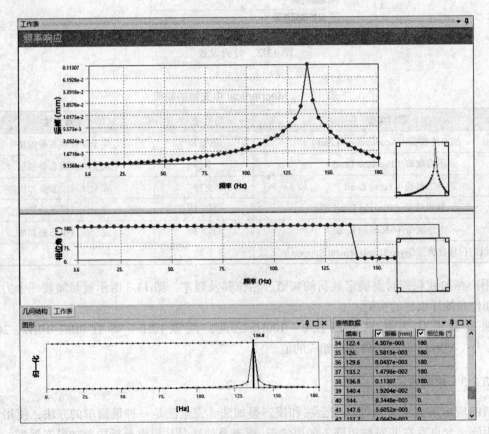

图 13-4　一个典型的变形频率图

13.3 谐响应分析实例——固定梁

本实例为求解在两个谐波下固定梁的谐响应。固定梁如图 13-5 所示。

13.3.1 问题描述

在本实例中，使用力来代表旋转的机器，作用点位于梁长度的三分之一处，机器旋转的速率为 300 ~ 1800RPM。梁的材料为结构钢、尺寸为 3m × 0.5m × 25mm。

图 13-5 固定梁

13.3.2 项目原理图

01 在 Windows 系统下执行"开始"→"所有应用"→"Ansys 2024"→"Workbench 2024"命令，启动 Ansys Workbench 2024，进入主界面。

02 在 Ansys Workbench 2024 主界面中选择菜单栏中的"单位"→"单位系统"命令，打开"单位系统"对话框，如图 13-6 所示。取消 D8 栏中的对号，"度量标准（kg，mm，s，℃，mA，N，mV）"选项将会出现在"单位"菜单栏中。设置完成后单击"关闭"按钮 关闭 ，关闭此对话框。

	A	B	C	D
1	单位系统	✓	🔒	✗
2	SI(kg,m,s,K,A,N,V)	◉	◉	☐
3	度量标准(kg,m,s,℃,A,N,V)	◉	◉	☐
4	度量标准(tonne,mm,s,℃,mA,N,mV)	◉	◉	☐
5	美国惯用单位(lbm,in,s,℉,A,lbf,V)	◉	◉	☐
6	美国工程单位(lb,in,s,R,A,lbf,V)	◉	◉	☐
7	度量标准(g,cm,s,℃,A,dyne,V)	◉	◉	☑
8	度量标准(kg,mm,s,℃,mA,N,mV)	◉	◉	☐
9	度量标准(kg,μm,s,℃,mA,μN,V)	◉	◉	☑
10	度量标准(decatonne,mm,s,℃,mA,N,mV)	◉	◉	☑
11	美国惯用单位(lbm,ft,s,℉,A,lbf,V)	◉	◉	☑
12	一致的CGS	◉	◉	☑
13	一致的NMM	◉	◉	☑
14	一致μMKS	◉	◉	☑
15	一致的KGMMMS	◉	◉	☑
16	一致的GMMMS	◉	◉	☑
17	一致 BIN	◉	◉	☑

	A	B
1	数量名称	单位
2	⊟ 基础单元	
3	角度	radian
4	化学量	mol
5	当前	A
6	长度	m
7	亮度	cd
8	质量	kg
9	立体角	sr
10	温度	K
11	时间	s
12	⊟ 常见单元	
13	电荷	A s
14	能量	J
15	力	N
16	功率	W
17	压力	Pa
18	电压	V
19	⊟ 其他单位	
20	加权声压级	dBA

复制　删除　导入......　导出......　　　　　关闭

图 13-6 "单位系统"对话框

03 选择菜单栏中的"单位"→"度量标准（kg，mm，s，℃，mA，N，mV）"命令，设置模型的单位，如图 13-7 所示。

04 打开 Workbench 程序，展开左边工具箱中的"分析系统"栏，将工具箱里的"模态"选项直接拖动到项目管理界面中或是直接在项目上双击载入，添加"模态"选项（需要首先求解查看系统的固有频率和模态），结果如图 13-8 所示。

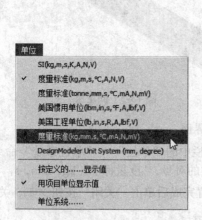

图 13-7　设置模型的单位

图 13-8　添加"模态"选项

05 放置"谐波响应"系统。把"谐波响应"系统拖放到"模态"系统中的"模态"模块，将"谐波响应"系统中的材料属性、模型和网格划分单元与"模态"系统中单元共享，如图 13-9 所示。

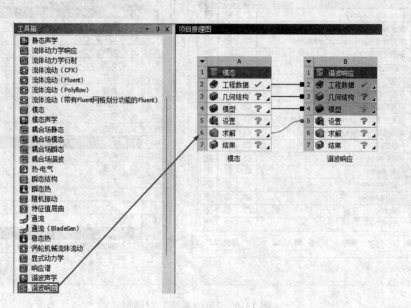

图 13-9　放置"谐波响应"系统

06 导入模型。右键单击 A3 "几何结构"栏 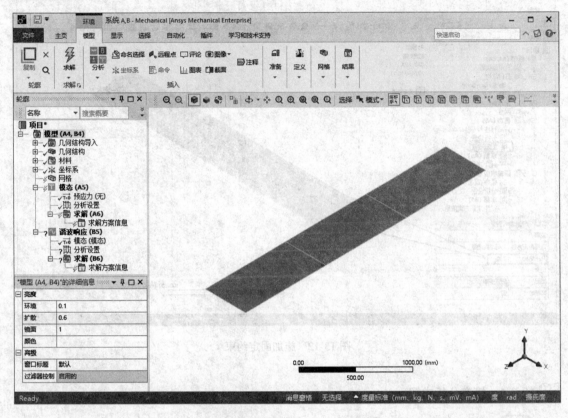 几何结构 ？，弹出快捷菜单，选择"导入几何模型"→"浏览"，然后打开"打开"对话框，打开电子资料包源文件中的"Beam.agdb"。

07 双击 A4 "模型"栏 🔵 模型 🔁，启动 Mechanical 应用程序，如图 13-10 所示。

图 13-10　启动 Mechanical 应用程序

📖 13.3.3　前处理

01 设置单位系统，在"主页"选项卡"工具"面板"单位"下拉列表中选择"度量标准（mm，kg，N，s，mV，mA）"，设置单位为毫米制单位。

02 确认材料，在轮廓中选择"几何结构"下的 Surface Body 分支，在左下角的详细信息栏中查看"任务"栏确认为"结构钢"，如图 13-11 所示。

03 施加固定约束。在轮廓中单击"模态（A5）"分支，此时选项卡显示为"环境"选项卡。单击"环境"选项卡"结构"面板中的"固定的"按钮🔵 固定的。单击工具栏中的"边"选择按钮🔵，然后选择如图 13-12 所示的两个边线，施加固定约束。

"Surface Body"的详细信息 ▾ ⊓ □ ×	
⊞ 图形属性	
⊟ 定义	
□ 抑制的	否
尺寸	3D
模型类型	壳
刚度行为	柔性
刚度选项	薄膜与弯曲
坐标系	默认坐标系
参考温度	根据环境
□ 厚度	25. mm
厚度模式	更新时刷新
偏移类型	中间
处理	无
⊟ 材料	
□ 任务	结构钢
非线性效应	是
热应变效应	是
⊞ 边界框	
⊞ 属性	
⊞ 统计	
⊟ CAD属性	
DMSheetThickness	0.025

图 13-11　确认材料

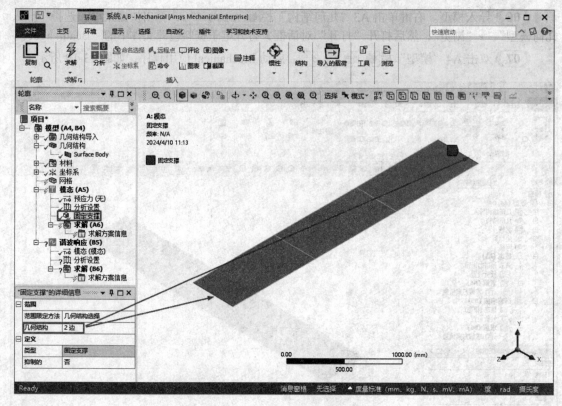

图 13-12　施加固定约束

13.3.4　模态分析求解

01 在轮廓选中"模态"分析中的"求解（A6）"分支，然后单击"求解"选项卡"求解"面板中的"求解"按钮⚡，如图 13-13 所示，进行求解。

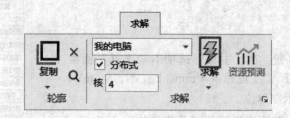

图 13-13　求解

02 查看模态的形状。单击轮廓中的"求解（A6）"分支，此时在绘图区域的下方会出现图形与表格数据，给出了对应模态的频率表，如图 13-14 所示。

03 在"图形"上右键单击，在弹出的快捷菜单中选择"选择所有"，选择所有的模态。

04 再次右键单击，在弹出的快捷菜单中选择"创建模型形状结果"，此时会在轮廓中显示各模态的结果，只是还需要再次求解才能正常显示，如图 13-15 所示。

05 单击"求解"选项卡"求解"面板中的"求解"按钮⚡，查看结果

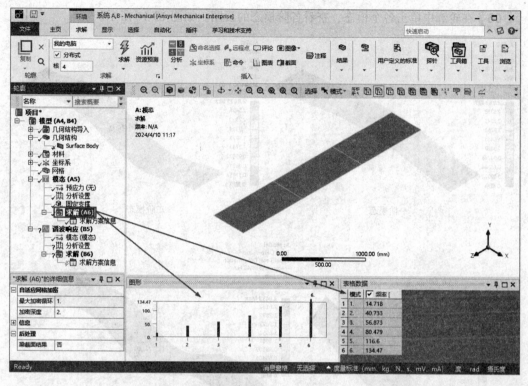

图 13-14　图形与表格数据

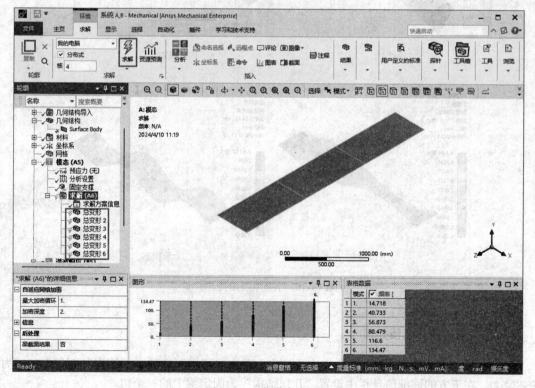

图 13-15　各模态的结果

06 在轮廓中单击各个模态，查看各阶模态的云图。如图 13-16 所示。

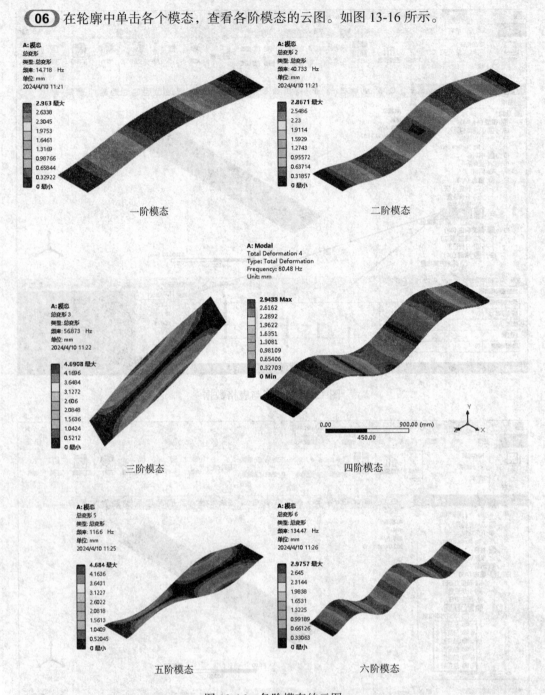

一阶模态　　　　　　　　　　　二阶模态

三阶模态　　　　　　　　　　　四阶模态

五阶模态　　　　　　　　　　　六阶模态

图 13-16　各阶模态的云图

13.3.5　谐响应分析预处理

01 在"谐波响应（B5）"分支中添加力。单击"环境"选项卡"结构"面板中的"力"按钮 力，在下方的详细信息栏中设置"几何结构"为固定梁上的一个边。

02 调整详细信息栏。在详细信息栏中更改"定义依据"栏为"分量",然后输入"Y分量"栏的值为250 N。完成后的结果如图13-17所示。

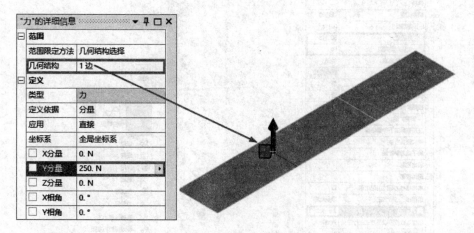

图13-17　调整详细信息栏

03 采用同样的方式添加另一个力。谐响应分析预处理的最终结果如图13-18所示。

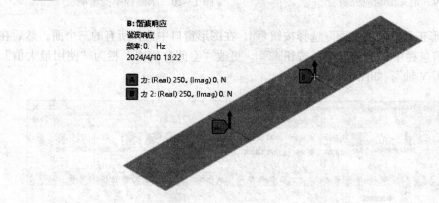

图13-18　谐响应分析预处理的最终结果

13.3.6　谐响应分析设置并求解

01 定义谐响应分析。首先在轮廓中选择"谐波响应(B5)"分支下的"分析设置",然后在下方的详细信息栏中更改"范围最大"栏为50Hz、"求解方案间隔"栏为50,然后展开"阻尼控制"栏,更改"阻尼比率"为2.e-002,如图13-19所示。

02 谐响应求解。选中"谐波响应"中的"求解方案(B6)",单击"求解"选项卡"求解"面板中的"求解"按钮⚡,进行谐响应分析的求解。

13.3.7　谐响应分析后处理

01 求解频率变形响应。单击"求解"选项卡"图标"面板"频率响应"下拉列表中的"变形"按钮💥 变形,如图13-20所示。此时在分析树中会出现"频率响应"分支。

图 13-19　定义谐响应分析

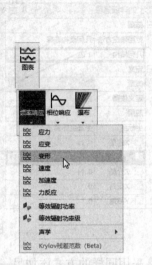

图 13-20　求解频率变形响应

02 单击图形工具栏中的"面"选择按钮，在图形窗口中选择所有的三个面，然后在"频率响应"详细信息栏中单击"应用"按钮应用。更改"空间分辨率"栏为"使用最大值"，更改"方向"栏为"Y 轴"，如图 13-21 所示。

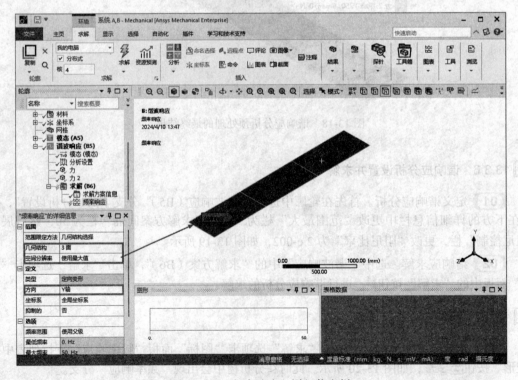

图 13-21　"频率响应"详细信息栏

03 单击"求解"选项卡"结果"面板"变形"下拉列表中的"总计"按钮 总计。在轮廓中的"求解（B6）"栏内将出现一个"总变形"分支。

04 后处理求解。单击"求解"选项卡"求解"面板中的"求解"按钮，进行后处理求解。频率响应结果如图 13-22 所示，总变形结果如图 13-23 所示。

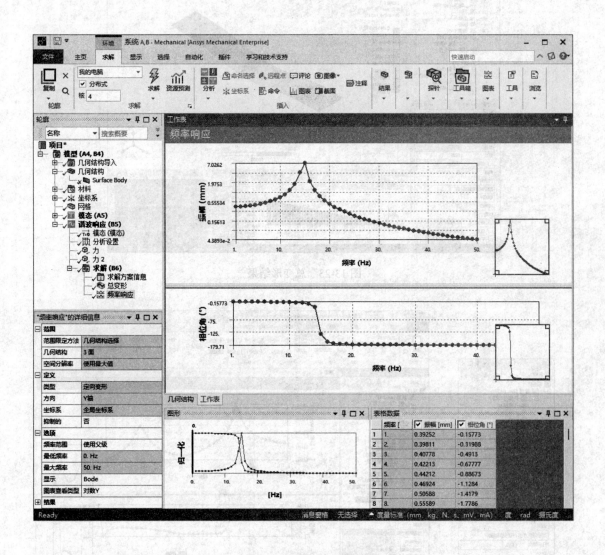

图 13-22　频率响应结果

05 更改相位角。单击返回到轮廓中的"谐波响应（B5）"分支中的"力 2"分支，更改详细信息栏中"Y 相角"栏为 90°，如图 13-24 所示。

06 查看结果。单击"求解"选项卡"求解"面板中的"求解"按钮，进行求解，结果如图 13-25 所示。

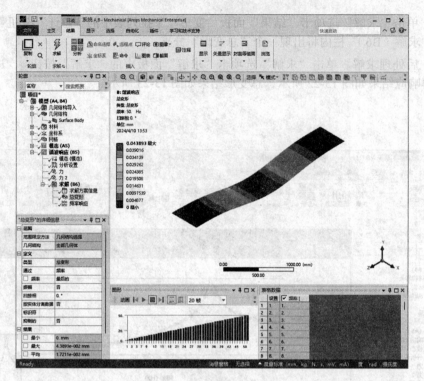

图 13-23　总变形结果

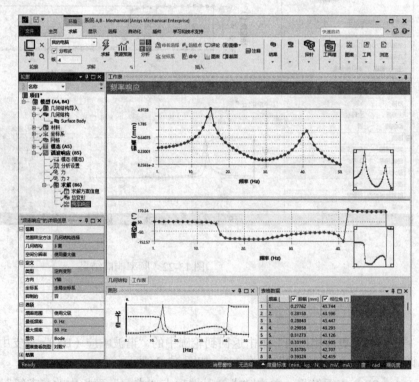

图 13-24　更改相位角　　　　　　　　　　　　图 13-25　更改相位角后的结果

第 14 章

随机振动分析

　　随机振动分析是一种基于概率统计学的谱分析技术，亦即载荷时间历程。目前随机振动分析在机载电子设备、声学装载部件、抖动的光学对准设备等的设计中得到了广泛的应用。

　　◎ 随机振动分析简介
　　◎ 随机振动分析实例——桥梁模型随机振动分析

14.1　随机振动分析简介

随机振动分析是一种基于概率统计学的谱分析技术，随机振动分析中功率谱密度（Power spectral Density，PSD）记录了激励和响应的均方根值同频率的关系，因此，PSD 是一条功率谱密度值——频率值的关系曲线，亦即载荷时间历程。目前随机振动分析在机载电子设备、声学装载部件、抖动的光学对准设备等的设计中得到了广泛的应用。

在 Ansys Workbench 2024 中进行随机振动分析需要输入：

◆　从模态分析中得到的固有频率和振型。

◆　作用于节点上的单点或多点功率谱密度（PSD）的激励。

输出的是作用于节点上功率谱密度（PSD）的响应。

14.1.1　随机振动分析过程

进行随机振动分析的步骤如下：

（1）进行模态分析。

（2）确定随机振动分析项。

（3）加载载荷及边界条件。

（4）计算求解。

（5）进行后处理并查看结果。

14.1.2　在 Ansys Workbench 2024 中进行随机振动分析

首先要在左边的"工具箱"的"分析系统"栏内选中"模态"并双击，建立模态分析。然后选中"分析系统"中的"随机振动"，并将其直接拖至模态分析项的 A6 栏中，即可创建随机振动分析项，如图 14-1 所示。

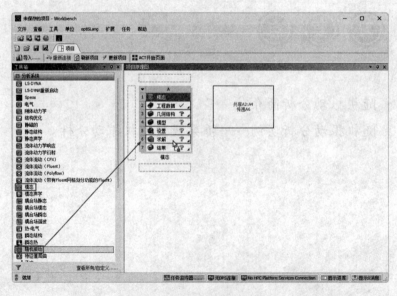

图 14-1　创建随机振动分析项

在"随机振动"中建立随机振动载荷，但要注意在进行随机振动分析时，加载位移约束时必须为0值。当模态计算结束后，用户一般要先查看一下前几阶固有频率值和振型，再进行随机振动分析的设置，即载荷和边界条件的设置。在这里，载荷为功率谱密度（PSD），如图14-2所示。

随机振动计算结束后，在随机振动分析的后处理中可以得到在PSD激励作用下的位移、速度、加速度、应力、应变以及在PSD作用下的节点响应。随机振动的求解项如图14-3所示。

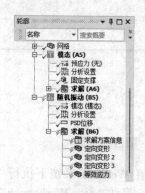

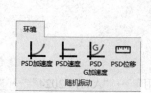

图14-2 建立随机振动载荷　　　　　　图14-3 随机振动的求解项

14.2 随机振动分析实例——桥梁模型随机振动分析

本实例为对一桥梁结构进行随机振动分析，让读者掌握随机振动分析的基本过程，本实例的模型在进行分析时直接导入即可。桥梁模型如图14-4所示。

图14-4 桥梁模型

14.2.1 问题描述

本实例的目标是调查桥梁装配体的振动特性，该桥梁的材料为结构钢，分析此结构在底部约束点随机载荷作用下的结构反应。模型名称为girder.agdb，随机载荷如图14-5所示。

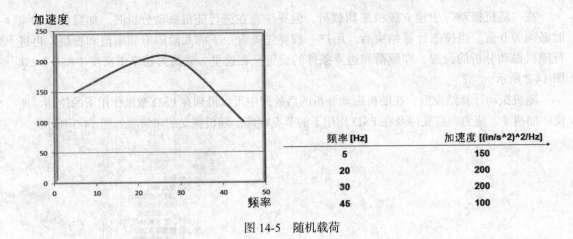

图 14-5 随机载荷

频率 [Hz]	加速度 [(in/s^2)^2/Hz]
5	150
20	200
30	200
45	100

📖 14.2.2 项目原理图

01 在 Windows 系统下执行"开始"→"所有应用"→"Ansys 2024"→"Workbench 2024"命令，启动 Ansys Workbench 2024，进入主界面。

02 选择菜单栏中的"单位"→"美国惯用单位（lbm，in，s，°F，A，lbf，V）"命令，设置模型的单位，如图 14-6 所示。

03 打开 Workbench 程序，展开左边工具箱中的"分析系统"栏，将工具箱里的"模态"选项直接拖动到项目管理界面中或是直接在项目上双击载入，添加"模态"选项（需要首先求解查看系统的固有频率和模态），结果如图 14-7 所示。

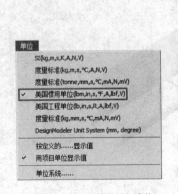

图 14-6 设置模型的单位   图 14-7 添加"模态"选项

04 放置"随机振动"系统。把"随机振动"系统拖放到"模态"系统中的"求解"模块，将"随机振动"系统中的材料属性、模型和网格划分单元与"模态"系统中单元共享，如图 14-8 所示。

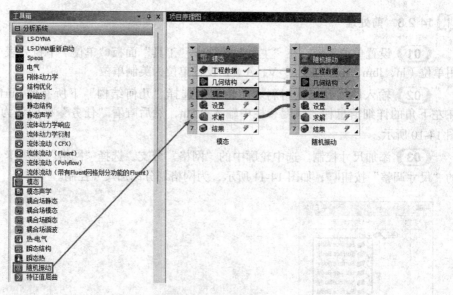

图 14-8 放置"随机振动"系统

05 导入模型。右键单击 A3"几何结构"栏 ，弹出快捷菜单，选择"导入几何模型"→"浏览"，然后系统弹出"打开"对话框，打开电子资料包源文件中的"girder.agdb"。

06 双击 A4"模型"栏，启动 Mechanical 应用程序，如图 14-9 所示。

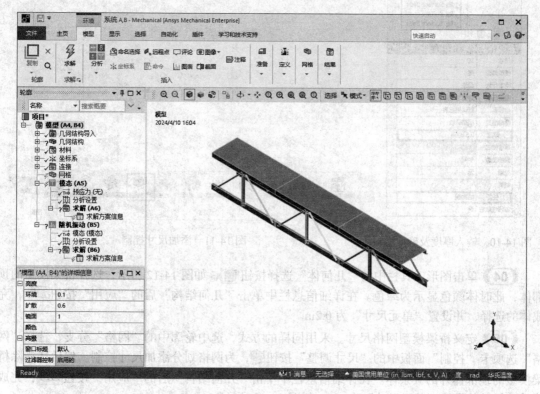

图 14-9 启动 Mechanical 应用程序

📖 14.2.3 前处理

01 设置单位系统。在"主页"选项卡"工具"面板"单位"下拉列表中选择"美国惯用单位（in，lbm，lbf，°F，s，V，A）"，设置单位为英制单位。

02 输入厚度及确认材料。在轮廓中选择"几何结构"下所有的 Surface Body 分支，在左下角的详细信息栏"厚度"栏中输入 0.5in，然后查看"任务"栏确认为"结构钢"，如图 14-10 所示。

03 添加尺寸控制。选中轮廓中的"网格"分支，选择"网格"选项卡"控制"面板中的"尺寸调整"按钮 🗔，如图 14-11 所示，为网格划分添加尺寸控制。

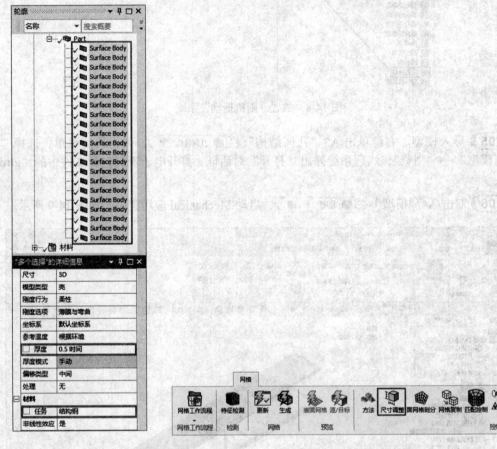

图 14-10　输入厚度及确认材料　　　　　　　图 14-11　添加尺寸控制

04 单击图形工具栏中的"几何体"选择按钮 🖻，如图 14-12 所示，选择桥梁模型的顶部体，此时体颜色显示为绿色。在详细信息栏中单击"几何结构"后的"应用"按钮 应用，完成体的选择，并设置"单元尺寸"为 0.2in。

05 定义桥梁模型网格尺寸。采用同样的方式，选中轮廓中的"网格"分支，选择"网格"选项卡"控制"面板中的"尺寸调整"按钮 🗔，为网格划分添加尺寸控制。然后选择除桥梁模型的顶部体外的其余体。在详细信息栏中单击"几何结构"后的"应用"按钮 应用，完成体的选择，并设置"单元尺寸"为 4in，如图 14-13 所示。

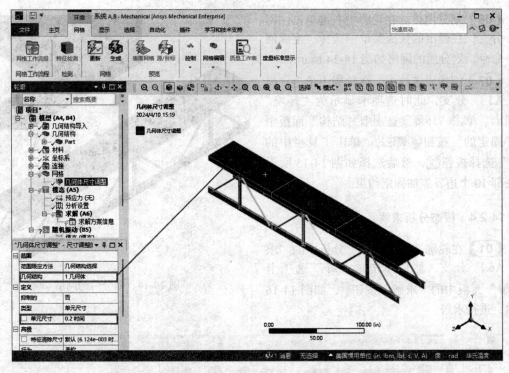

图 14-12　选择桥梁模型的顶部体

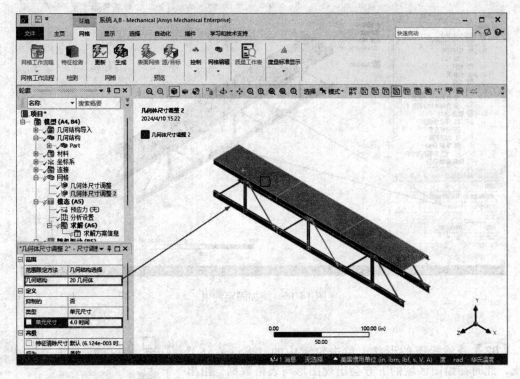

图 14-13　选择体

06 划分网格。在轮廓中右键单击"网格"分支，在弹出的快捷菜单中选择"生成网格"命令，划分后的网格如图 14-14 所示。

07 施加固定约束。在轮廓中单击"模态（A5）"分支，此时选项卡显示为"环境"选项卡。单击"环境"选项卡"结构"面板中的"固定的"按钮🔩 固定的。单击工具栏中的"边"选择按钮🔲，然后选择如图 14-15 所示的底部 10 个边，施加固定约束。

📖 14.2.4 模态分析求解

01 在轮廓选中"模态"分析中的"求解（A6）"分支，然后单击"求解"选项卡"求解"面板中的"求解"按钮⚡，如图 14-16 所示，进行求解。

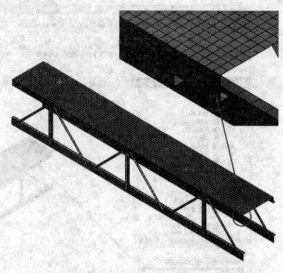

图 14-14 划分后的网格

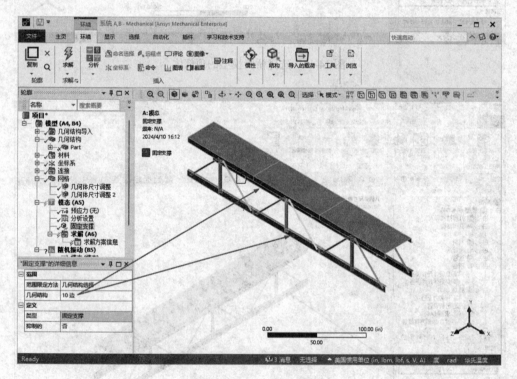

图 14-15 施加固定约束

02 查看模态的形状。单击轮廓中的"求解（A6）"分支，此时在绘图区域的下方会出现图形与表格数据，给出了对应模态的频率表，如图 14-17 所示。

图 14-16 求解

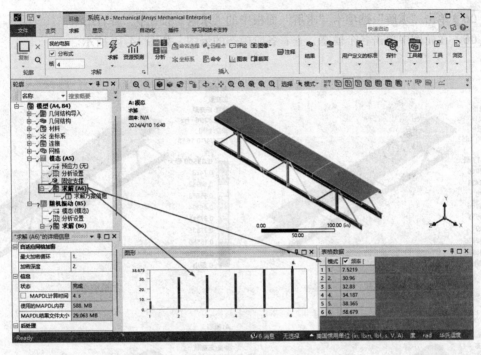

图 14-17 图形与表格数据

03 在"图形"上右键单击，在弹出的快捷菜单中选择"选择所有"，选择所有的模态。

04 再次右键单击，在弹出的快捷菜单中选择"创建模型形状结果"，此时会在轮廓中显示各模态的结果，只是还需要再次求解才能正常显示，如图 14-18 所示。

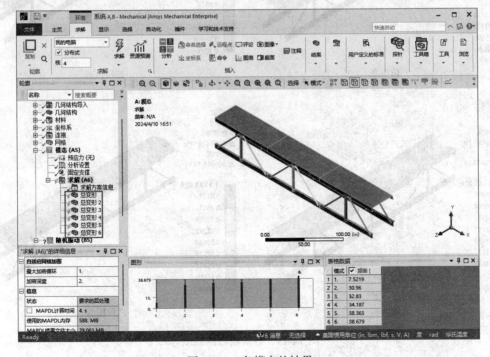

图 14-18 各模态的结果

05 单击"求解"选项卡"求解"面板中的"求解"按钮⚡，查看结果。

06 在轮廓中单击各个模态，查看各阶模态的云图。如图 14-19 所示。

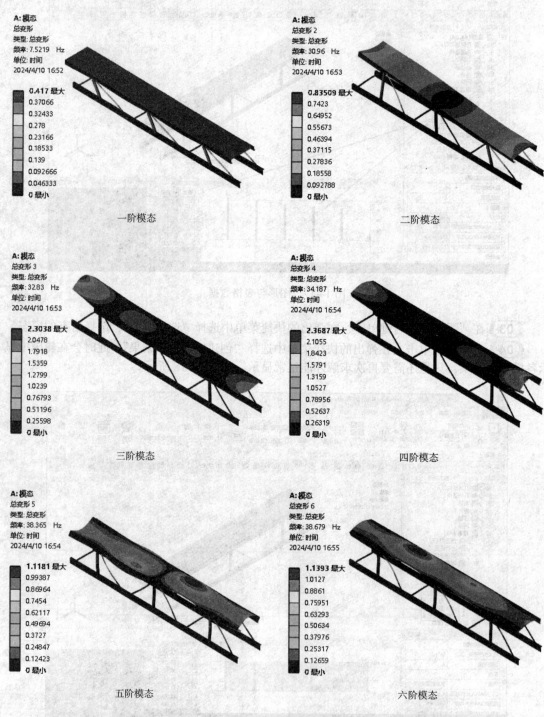

一阶模态

二阶模态

三阶模态

四阶模态

五阶模态

六阶模态

图 14-19　各阶模态的云图

14.2.5 随机振动分析设置并求解

01 添加功率谱密度位移。选中分析树中的"随机振动（B5）"项，单击"环境"选项卡"随机振动"面板中的"PSD位移"按钮 ，为模型添加 X 方向的功率谱密度位移，如图 14-20 所示。

02 定义属性。在轮廓中单击新添加的"PSD位移"分支，在详细信息栏中将"边界条件"栏设置为"固定支撑"，在"加载数据"栏中选择"表格数据"，如图 14-21 所示。在图形区域下方的"表格数据"栏中输入如图 14-22 所示的随机载荷。返回到详细信息栏中将"方向"栏参数设置为"X 轴"。

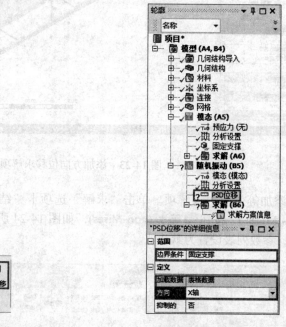

图 14-20 添加功率谱密度位移

图 14-21 定义属性

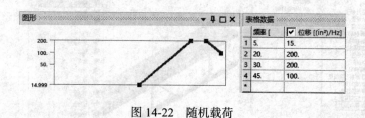

图 14-22 随机载荷

03 选择 Mechanical 界面左侧轮廓中的"求解（B6）"分支，此时选项卡显示为"求解"选项卡。

04 添加方向位移求解项。单击"求解"选项卡"结果"面板"变形"下拉列表中的"定向"按钮 定向，如图 14-23 所示，此时在轮廓中会出现"定向变形"分支，在参数列表中设置"方向"栏为"X 轴"，如图 14-23 所示。

05 采用同样的方式，分别添加 Y 轴方向、Z 轴方向上的位移求解项。

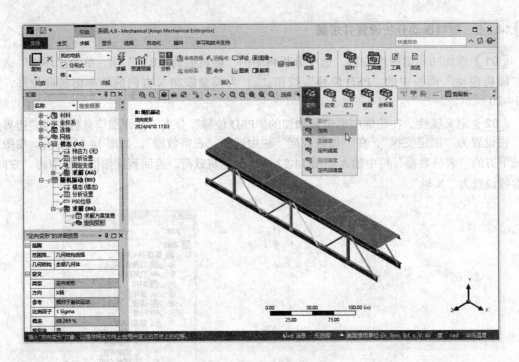

图 14-23　添加方向位移求解项

06 添加等效应力求解项。单击"求解"选项卡"结果"面板"应力"下拉列表中的"等效（Von- Mises）"按钮 等效 (Von-Mises)，如图 14-24 所示，此时在轮廓中会出现"等效应力"分支，参数列表设置为默认值。

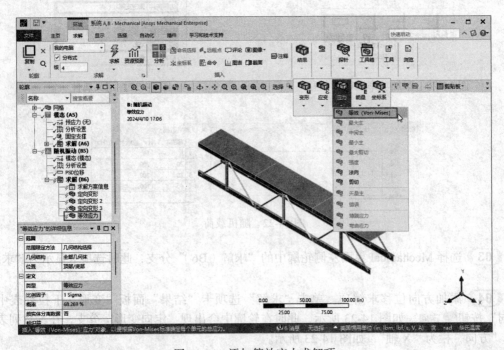

图 14-24　添加等效应力求解项

07 单击"求解"选项卡"求解"面板中的"求解"按钮，进行求解模型，此时会弹出求解进度条，表示正在求解，当求解完毕时，进度条会自动消失。

14.2.6 查看分析结果

01 求解完成后，选择轮廓中"求解（B6）"分支中的"定向变形"，可以查看 X 方向的位移云图，如图 14-25 所示。

02 采用同样的方式，选择"定向变形 2""定向变形 3"查看 Y 方向、Z 方向的位移云图，如图 14-26、图 14-27 所示。

图 14-25　X 方向的位移云图　　　　　图 14-26　Y 方向的位移云图

03 选择轮廓"求解（B6）"分支中的"等效应力"，可以查看等效应力云图，如图 14-28 所示。

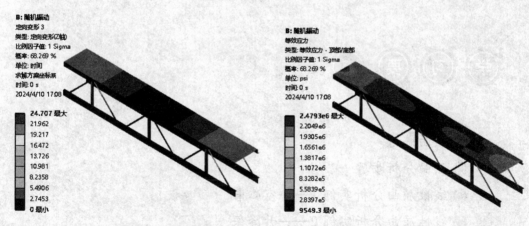

图 14-27　Z 方向的位移云图　　　　　图 14-28　等效应力云图

第 **15** 章

线性屈曲分析

在一些工程中，有许多细长杆、压缩部件等，当作用载荷达到或超过一定限度时就会屈曲失稳，这类问题除了要考虑强度问题外还要考虑屈曲的稳定性问题。

- ◎ 屈曲概述
- ◎ 屈曲分析步骤
- ◎ 线性屈曲分析实例 1——空心管
- ◎ 线性屈曲分析实例 2——升降架

15.1　屈曲概述

在线性屈曲分析中，需要评价许多结构的稳定性。在薄柱、压缩部件和真空罐的例子中，稳定性是重要的。在失稳（屈曲）的结构中，负载基本上没有变化（超出一个小负载扰动）会有一个非常大的变化位移 $\{\Delta x\}$。失稳悬臂梁如图 15-1 所示。

特征值或线性屈曲分析预测理想线弹性结构的理论屈曲强度。此方法相当于教科书上线弹性屈曲分析的方法。用欧拉行列式求解特征值屈曲会与经典的欧拉公式解相一致。

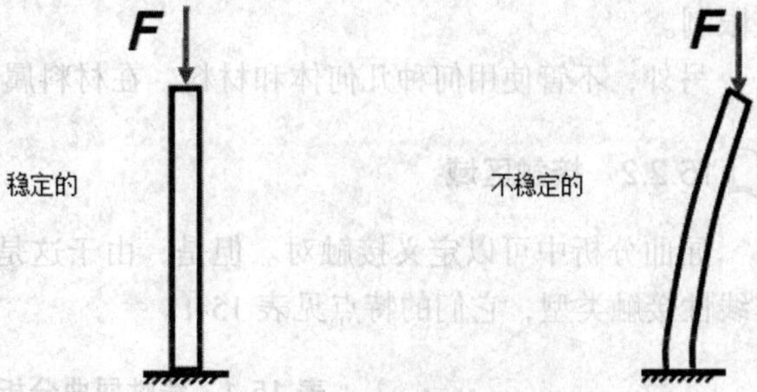

缺陷和非线性行为使现实结构无法与它们的理论弹性屈曲强度一致。线性屈曲一般会得出不保守的结果。

但线性屈曲也会得出无法解释的问题：非弹性的材料响应、非线性作用、不属于建模的结构缺陷（凹陷）等。

图 15-1　失稳悬臂梁

线性屈曲分析有以优点：

（1）它比非线性屈曲计算省时，并且可以作为第一步计算来评估临界载荷（屈曲开始时的载荷）。在屈曲分析中做一些对比可以体现二者的明显不同。

（2）线性屈曲分析可以用来作为确定屈曲形状的设计工具。结构屈曲的方式可以为设计提供向导。

15.2　屈曲分析步骤

需要在屈曲分析之前（或连同）完成静态结构分析。

（1）附上几何体。

（2）指定材料属性。

（3）定义接触区域（如果合适）。

（4）定义网格控制（可选）。

（5）加入载荷与约束。

（6）求解静力结构分析。

（7）链接线性屈曲分析。

（8）设置初始条件。

（9）求解。

（10）模型求解。

（11）检查结果。

15.2.1　几何体和材料属性

与线性静力分析类似，任何软件支持的类型的几何体都可以使用，例如：

◆ 实体。
◆ 壳体（确定适当的厚度）。
◆ 线体（定义适当的横截面）。在分析时只有屈曲模式和位移结果可用于线体。

尽管模型中可以包含质量点，但是由于质量点只受惯性载荷的作用，因此在应用中会有一些限制。

另外，不管使用何种几何体和材料，在材料属性中，弹性模量和泊松比是必须要有的。

15.2.2　接触区域

屈曲分析中可以定义接触对。但是，由于这是一个纯粹的线性分析，因此接触行为不同于非线性接触类型，它们的特点见表 15-1。

表 15-1　线性屈曲分析接触行为的特点

接触类型	线性屈曲分析		
	初始接触	Pinball 区域内	Pinball 区域外
绑定	绑定	绑定	自由
不分离	不分离	不分离	自由
粗糙	绑定	自由	自由
无摩擦	不分离	自由	自由

15.2.3　载荷与约束

要进行屈曲分析，至少应有一个导致屈曲的结构载荷，以适用于模型。而且模型也必须至少要施加一个能够引起结构屈曲的载荷。另外，所有的结构载荷都要乘上载荷系数来决定屈曲载荷，因此在进行屈曲分析的情况下不支持不成比例或常值的载荷。

在进行屈曲分析时，不推荐只有压缩的载荷，如果在模型中没有刚体的位移，则结构可以是全约束的。

15.2.4　设置屈曲

在屈曲分析项目原理图中，屈曲分析经常与结构分析进行耦合，如图 15-2 所示。
在分支中的"预应力"项包含结构分析的结果。
单击特征值屈曲分支下的"分析设置"，在它的项目原理图中可以修改最大模态阶数，默认的情况下为 6，如图 15-3 所示。

15.2.5　求解模型

建立屈曲分析模型后可以求解除静力结构分析以外的分析。设定好模型参数后，可以单击工具栏中的求解，进行求解屈曲分析。相对于同一个模型，线性屈曲分析比静力分析要更多的分析计算时间并且 CPU 占用率要高许多。

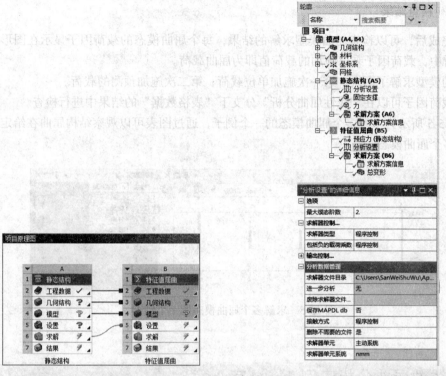

图 15-2　屈曲分析项目原理图　　　　　　　　图 15-3　修改最大模态阶数

在轮廓中的"求解方案信息"分支提供了详细的求解器输出信息，如图 15-4 所示。

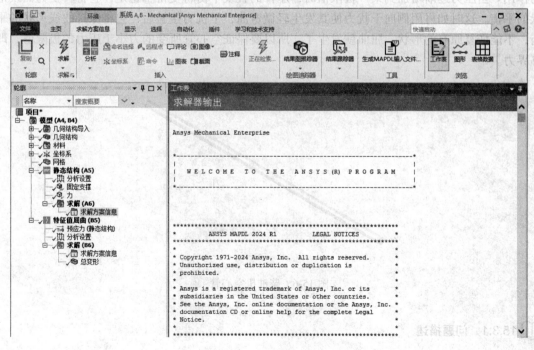

图 15-4　求解器输出信息

15.2.6 检查结果

求解完成后，可以检查屈曲模型求解的结果，每个屈曲模态的载荷因子显示在图形和图表的详细查看中，载荷因子乘以施加的载荷值即为屈曲载荷。

下面的模型求解了两次。第一次施加单位载荷；第二次施加预测的载荷。

屈曲载荷因子可以在"线性屈曲分析"分支下"表格数据"的结果中进行检查。

如图 15-5 所示为求解多个屈曲模态的一个例子，通过图表可以观察结构屈曲在给定的施加载荷下的多个屈曲模态。

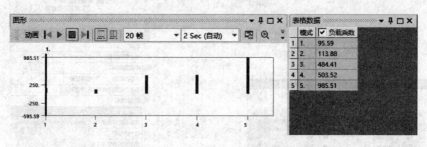

图 15-5　求解多个屈曲模态的一个例子

15.3 线性屈曲分析实例 1——空心管

如图 15-6 所示，柴油机空心管是钢制空心圆管，在它推动摇臂打开气阀时，会受到压力的作用。当压力逐渐增加到某一极限值时，压杆的直线平衡将变得不稳定，它将转变为曲线形状的平衡。这时如再用侧向干扰力使其发生轻微弯曲，干扰力接触后，它将保持曲线形状的平衡，不能恢复原有的形状，屈曲就发生了。所以要保证空心管所受的力小于压力的极限值，即临界力。

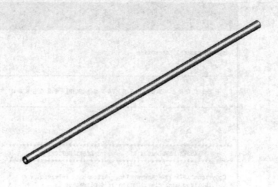

图 15-6　柴油机空心管

15.3.1 问题描述

在本例中进行的是空心管的线性屈曲分析，假设一端固定而另一端自由，且在自由端施加了一个纯压力。管子的尺寸和特性为：外径为 4.5in，内径为 3.5in，杆长为 120in，钢材的弹性模量 $E = 3e+07lbf/in^2$。根据空心管的横截面的惯性矩公式：

$$I = \frac{\pi}{64}(D^4 - d^4)$$

可以通过计算得到此空心管的惯性矩为：

$$I = \frac{\pi}{64}(D^4 - d^4) = \frac{\pi}{64}(4.5^4 - 3.5^4)in^4 = 12.763in^4$$

利用临界力公式：$F_{cr} = \frac{\pi^2 EI}{(\mu L)^2}$

式中，对于一端固定、另一端自由的梁来说，参数 $\mu = 2$。

根据上面的公式和数据可以推导出屈曲载荷为：

$$F_{cr} = \frac{\pi^2 EI}{(\mu L)^2} = \frac{\pi^2 \times 3e7 \times 12.763}{(2 \times 120)^2}lbf = 65607.2lbf$$

15.3.2 项目原理图

01 打开 Workbench 程序，展开左边工具箱中的"分析系统"栏，将工具箱里的"静态结构"模块直接拖动到项目原理图中或是直接在项目上双击载入，添加"静态结构"选项。结果如图 15-7 所示。

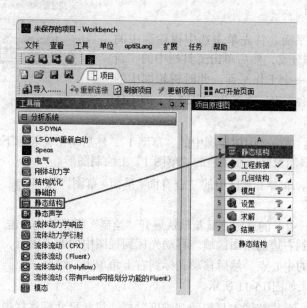

图 15-7　添加"静态结构"选项

02 在工具箱中选中"特征值屈曲"模块，按着鼠标不放，向项目管理器中拖动，此时项目管理器中可拖动到的位置将以绿色虚线框显示，如图 15-8 所示。

03 将"特征值屈曲"模块放置到"静态结构"模块的第 6 行中的"求解"栏中，此时两个模块分别以字母 A、B 编号显示在项目管理器中，其中两个模块中间出现 4 条链接，其中以方框结尾的链接为可共享链接，以圆形结尾的链接为下游到上游链接，结果如图 15-9 所示。

图 15-8 可拖动到的位置

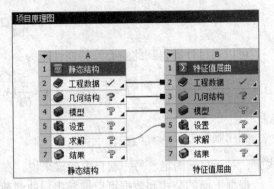

图 15-9 放置"特征值屈曲"模块

04 设置项目单位。单击菜单栏中的"单位"→"美国惯用单位(lbm，in，s，°F，A，lbf，V)"，然后选择"用项目单位显示值"，如图 15-10 所示。

05 新建模型。右键单击 A3"几何结构"栏 ，弹出快捷菜单，选择"新的 Design-Modeler 几何结构"，打开 DesignModeler 模型。然后单击菜单栏中的"单位"→"英寸"，采用英寸为单位。

📖 15.3.3 创建草图

01 创建工作平面。首先单击选中树轮廓中的"XY 平面" ✱ **XY平面**分支，然后单击工具栏中的"新草图"按钮，选择一个工作平面，此时树轮廓中的"XY 平面"分支下，会多出一个名为"草图 1"的工作平面。

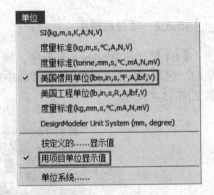

图 15-10 设置项目单位

02 创建草图。单击选中树轮廓中的"草图 1"，然后单击树轮廓下端的"草图绘制"标签，打开草图绘制工具箱窗格。在新建的"草图 1"上绘制图形。

03 切换视图。单击工具栏中的"查看面 / 平面 / 草图"按钮，将视图切换为 XY 方向的视图。

04 绘制圆环。打开的草图工具箱默认展开"绘制"栏，首先单击"绘制"栏中的"圆"按钮 **圆**，将光标移到右边的绘图区域。移动光标到视图中的原点附近，直到光标中出现"P"的字符。单击确定圆的中心点，然后移动光标到右上角单击，绘制一个圆形。采用同样的方法再绘制一个圆形，结果如图 15-11 所示。

05 标注尺寸。单击草图工具箱的"维度"栏，将此尺寸标注栏展开。单击尺寸标注栏内的"直径"按钮 **直径**，然后分别标注两个圆的直径方向的尺寸。

06 修改尺寸。将详细信息视图中 D1 的参数修改为 4.5in、D2 的参数修改为 3.5in。单击工具栏中的"匹配缩放"按钮，将视图切换为合适的大小。修改尺寸的结果如图 15-12 所示。

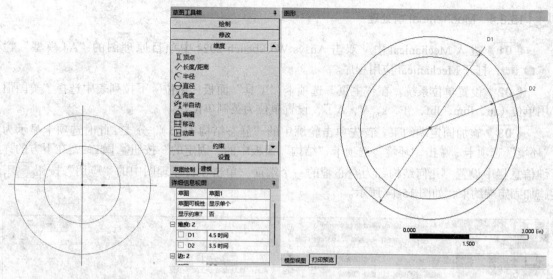

图 15-11　绘制圆环　　　　　　　　　　　图 15-12　修改尺寸

07 拉伸模型。单击工具栏中的"挤出"按钮 **挤出**，此时树轮廓自动切换到"建模"标签，并生成挤出分支。在详细信息视图中，修改"FD1，深度"栏中的拉伸长度为 120in。单击工具栏中的"生成"按钮 **生成**。最后生成后的旋转模型如图 15-13 所示。

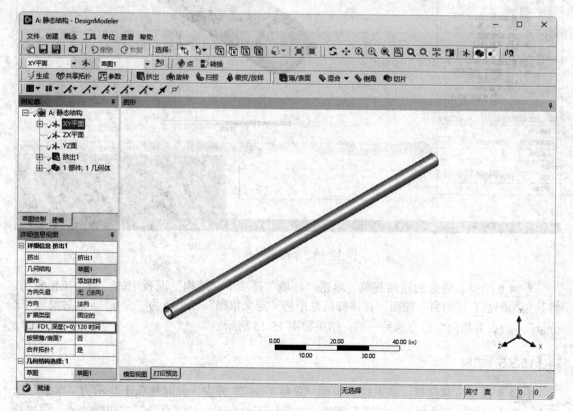

图 15-13　旋转模型

15.3.4 Mechanical 前处理

01 进入 Mechanical 中。双击 Ansys Workbench 2024 中项目原理图的"A4 模型"栏 4 ● 模型，打开 Mechanical 应用程序。

02 设置单位系统。在"主页"选项卡"工具"面板"单位"下拉列表中选择"美国惯用单位（in，lbm，lbf，°F，s，V，A）"，设置单位为英制单位。

03 施加固定端约束。首先单击轮廓中的"静态结构（A5）"分支，此时选项卡显示为"环境"选项卡。单击"环境"选项卡"结构"面板中的"固定的"按钮 固定的，在下方的详细信息栏中设置"几何结构"为空心管的一个端面，单击项目原理图中的"应用"按钮 应用，施加固定端约束，如图 15-14 所示。

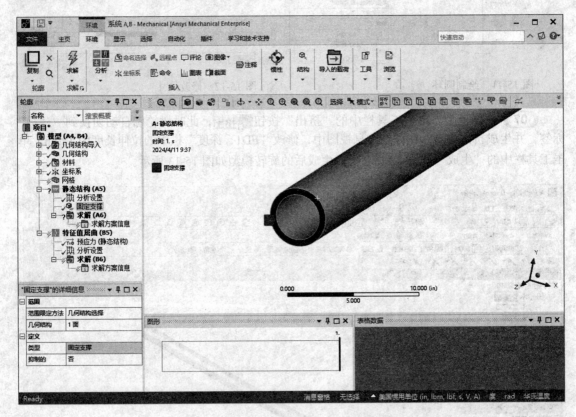

图 15-14　施加固定端约束

04 给空心管施加屈曲载荷。单击"环境"选项卡"结构"面板中的"力"按钮 力，将其施加到空心管的另一端面，在详细信息中将"定义依据"栏更改为"分量"。然后设置"Z分量"为 1，并指向空心管的另一端，结果如图 15-15 所示。

15.3.5　求解

01 设置位移结果。单击轮廓中的"求解（B6）"分支，此时选项卡显示为"求解"选项卡。单击"求解"选项卡"结果"面板"变形"下拉列表中的"总计"按钮 总计，添加总变形，如图 15-16 所示。

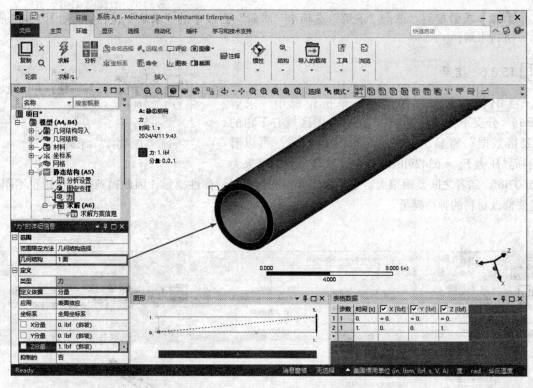

图 15-15　给空心管施加屈曲载荷

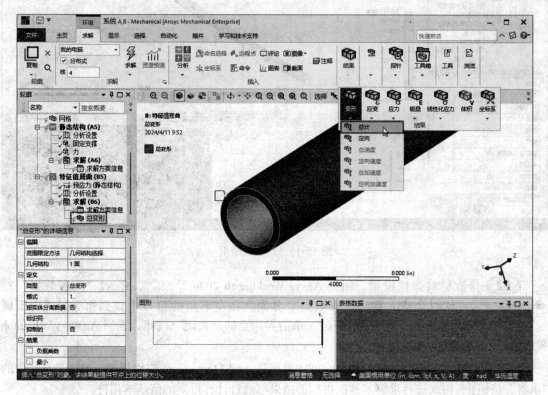

图 15-16　添加总变形

02 求解模型。单击"求解"选项卡"求解"面板中的"求解"按钮⚡，如图 15-17 所示，进行求解。

📖 15.3.6 结果

01 查看位移的结果。单击轮廓中"求解（B6）"分支下的"总变形"，此时绘图区域右下角的"表格数据"将显示结果，如图 15-18 所示。可以看到临界压力 F_{cr} = 63429lbf，而通过计算得到的结果为

图 15-17　求解

65607lbf，二者之间差距很大。这是由于并没有设置材料弹性模量，因此得到的惯性矩也不同，需要修改材料的弹性模量。

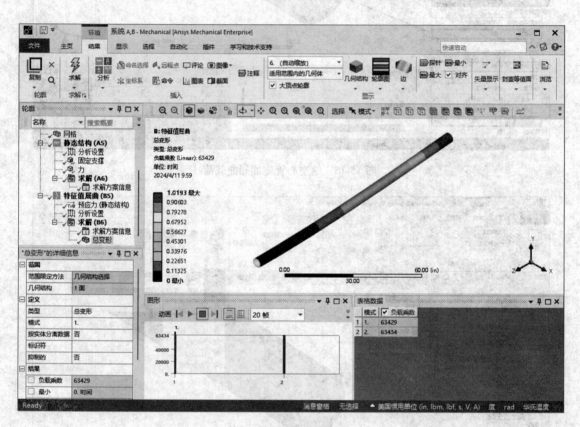

图 15-18　位移的结果

02 修改材料弹性模量。回到 Ansys Workbench 2024 界面，双击 A2"工程数据"栏 🔶 工程数据 ✓ ✓，这时会进入到"工程数据"界面。在左下角的窗口中找到第 8 行"杨氏模量"，如图 15-19 所示将其值改为 3E+07。单击界面上的"关闭"按钮，返回 Ansys Workbench 界面。

03 求解。自 Ansys Workbench 2024 界面进入到 Mechanical 应用程序。单击工具栏中的"求解"按钮⚡，再次进行求解。这次得到的结果与通过计算得到的值基本相符。

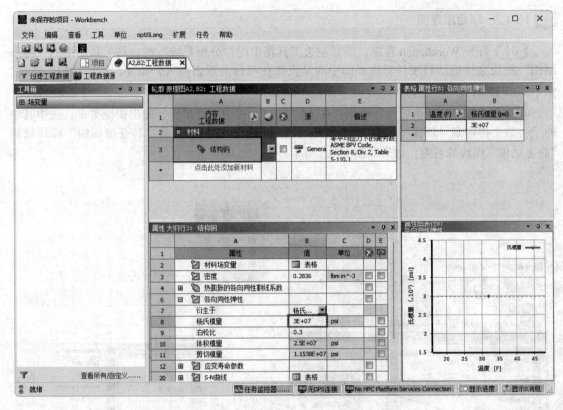

图 15-19　修改材料弹性模量

15.4　线性屈曲分析实例 2——升降架

如图 15-20 所示，升降架为某一工程机架的支撑件，在工作时受到压力的作用，现在对其进行屈曲分析。

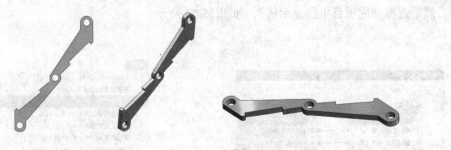

图 15-20　升降架

📖 15.4.1　问题描述

在本例中进行的是升降架的线性屈曲分析，假设一端固定而另一端施加了一个力。

15.4.2　项目原理图

01 打开 Workbench 程序，展开左边工具箱中的"分析系统"栏，将工具箱里的"静态结构"模块直接拖动到项目管理界面中或是直接在项目上双击载入，添加"静态结构"选项，结果如图 15-21 所示。

02 添加"特征值屈曲"模块。在 A6"求解"栏中右键单击，弹出快捷菜单，选中其中的"将数据传输到'新建'"→"特征值屈曲"，如图 15-22 所示。将"特征值屈曲"模块放到"静态结构"模块的右侧，结果如图 15-23 所示。

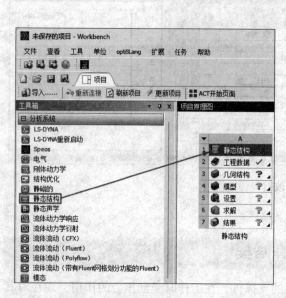

图 15-21　添加"静态结构"选项

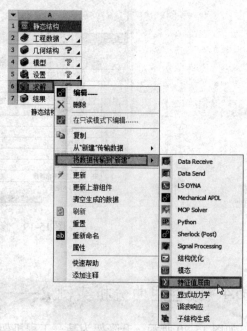

图 15-22　添加"特征值屈曲"模块

03 设置项目单位。单击菜单栏中的"单位"→"度量标准 (tonne，mm，s，℃，mA，N，mV)"，然后选择"用项目单位显示值"，如图 15-24 所示。

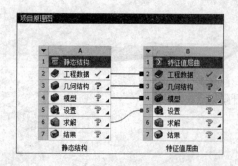

图 15-23　添加"特征值屈曲"模块的结果

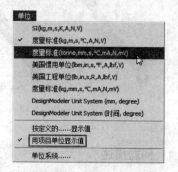

图 15-24　设置项目单位

04 导入模型。右键单击 A3 "几何结构"栏 <u>几何结构 ？</u>，弹出快捷菜单，选择"导入几何模型"→"浏览"，然后打开"打开"对话框，打开电子资料包源文件中的"up_down.x_t"。

📖 15.4.3　Mechanical 前处理

01 进入 Mechanical 中。双击 Ansys Workbench 2024 中项目原理图的 A4 "模型"栏 <u>模型　　　</u>，启动 Mechanical 应用程序，如图 15-25 所示。

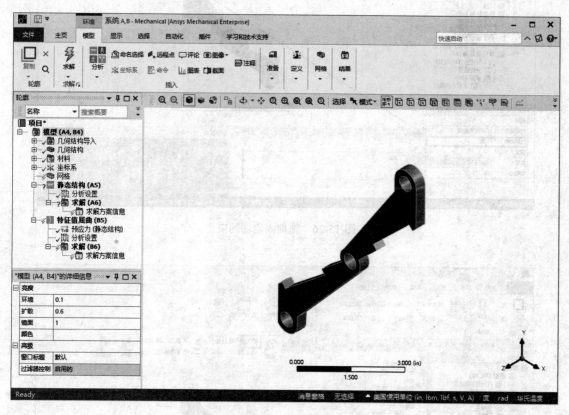

图 15-25　启动 Mechanical 应用程序

02 设置单位系统。在"主页"选项卡"工具"面板"单位"下拉列表中选择"度量标准（mm，kg，N，s，mV，mA）"，设置单位为毫米制单位。

03 施加固定端约束。首先单击轮廓中的"静态结构（A5）"分支，此时选项卡显示为"环境"选项卡。单击"环境"选项卡"结构"面板中的"固定的"按钮 <u>固定的</u>，在下方的详细信息栏中设置"几何结构"为升降架一个端面的圆孔，单击详细信息栏中的"应用"按钮 <u>应用</u>，施加固定端约束，如图 15-26 所示。

04 给升降架施加屈曲载荷。单击"环境"选项卡"结构"面板中的"力"按钮 <u>力</u>，在下方的详细信息栏中设置"几何结构"为升降架的另一端圆孔面，在详细信息栏中将"定义依据"栏更改为"分量"。将"Y 分量"设置为 100lbf，并指向升降架的另一端，结果如图 15-27 所示。

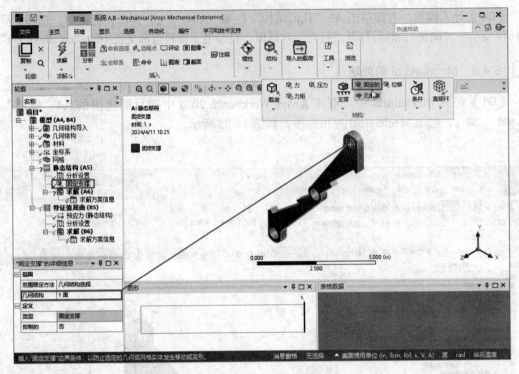

图 15-26　施加固定端约束

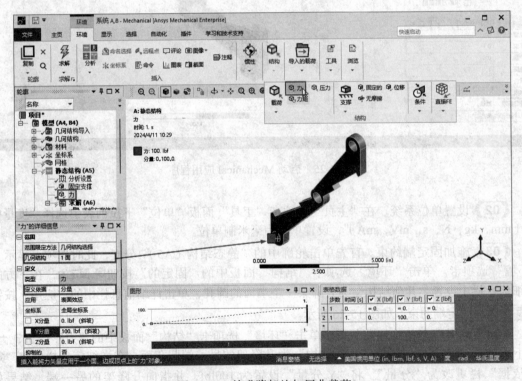

图 15-27　给升降架施加屈曲载荷

15.4.4 求解

01 设置位移结果。单击轮廓中的"求解（B6）"分支，右键单击，在弹出的快捷菜单中选择"插入"→"变形"→"总计"，添加位移结果显示，如图 15-28 所示。

图 15-28　设置位移结果

02 求解模型。单击"求解"选项卡"求解"面板中的"求解"按钮，如图 15-29 所示，进行求解。

图 15-29　求解

15.4.5 结果

想要查看位移的结果，单击轮廓中的"求解（B6）"分支下的"总变形"，此时绘图区域的右下角的"表格数据"将显示结果，可以看到临界压力 $F_{cr} = 113.88$kg。

第 **16** 章

结构非线性分析

前面介绍的许多内容都属于线性问题。然而在实际生活中许多结构的力和位移并不是线性关系，这样的结构为非线性问题。其力与位移的关系就是本章要讨论的结构非线性问题。

通过本章的学习，可以完整深入地掌握 Ansys Workbench 结构非线性的基础及接触非线性的功能和应用方法。

◉ 非线性分析概论

◉ 结构非线性的一般过程

◉ 接触非线性结构

◉ 结构非线性实例 1——刚性接触

◉ 结构非线性实例 2——O 形圈

非线性分析概论

在日常生活中会经常遇到非线性的结构。例如，无论何时用订书器订书，金属订书针将永久地弯曲成一个不同的形状，如图 16-1a 所示；如果你在一个木架上放置重物，随着时间的推移它将越来越下垂，如图 16-1b 所示；当在汽车或卡车上装货时，它的轮胎和下面路面间接触将随货物重量而变化，如图 16-1c 所示。如果将上面例子的载荷—变形曲线画出来，将会发现它们都显示了非线性结构的基本特征：变化的结构刚性。

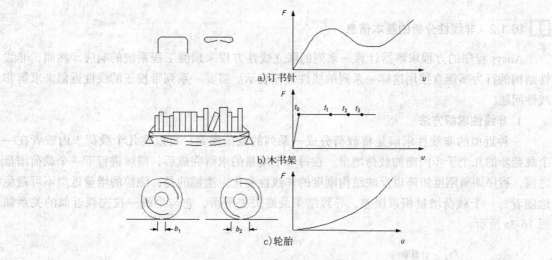

a) 订书针

b) 木书架

c) 轮胎

图 16-1　非线性结构的例子

📖 16.1.1　结构非线性的原因

引起结构非线性的原因很多，它可以被分成 3 种主要类型：

（1）状态变化（包括接触）。许多普通结构表现出一种与状态相关的非线性行为，例如，一根只能拉伸的电缆可能是松散的，也可能是绷紧的；轴承套可能是接触的，也可能是不接触的；冻土可能是冻结的，也可能是融化的。这些系统的刚度由于系统状态的改变，在不同的值之间突然变化。状态改变也许和载荷直接有关（如在电缆情况中），也可能由某种外部原因引起（如在冻土中的紊乱热力学条件）。Ansys 程序中单元的激活与杀死选项用来给这种状态的变化建模。

接触是一种很普遍的非线性行为，接触是状态变化非线性类型中一个特殊而重要的子集。

（2）几何非线性。如果结构经受大变形，它变化的几何形状可能会引起结构的非线性响应。例如，如图 16-2 所示，以钓鱼竿为例示范几何非线性。随着垂向载荷的增加，竿不断弯曲以致动力臂明显地减少，导致竿端显示出在较高载荷下不断增长的刚性。

（3）材料非线性。非线性的应力—应变关系是造成结构非线性的常见原因。许多因素可以影响材料的应力—应变性质，包括加载历史（如在弹—塑性响应状况下）、环境状况（如温度）、加载的时间总量（如在蠕变响应状况下）。

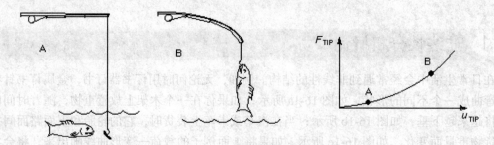

图 16-2　以钓鱼竿为例示范几何非线性

📖 16.1.2　非线性分析的基本信息

Ansys 程序的方程求解器计算一系列的联立线性方程来预测工程系统的响应。然而，非线性结构的行为不能直接用这样一系列的线性方程表示。需要一系列带校正的线性近似来求解非线性问题。

1. 非线性求解方法

一种近似的非线性求解是将载荷分成一系列的载荷增量。可以在几个载荷步内或者在一个载荷步的几个子步内施加载荷增量。在每一个增量的求解完成后，继续进行下一个载荷增量之前，程序调整刚度矩阵以反映结构刚度的非线性变化。遗憾的是，纯粹的增量近似不可避免地随着每一个载荷增量积累误差，导致结果最终失去平衡，它与牛顿—拉夫森近似的关系如图 16-3a 所示。

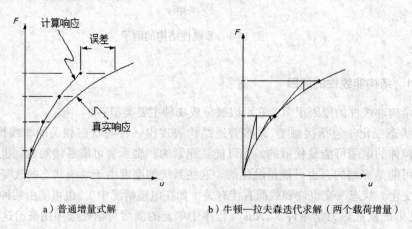

a）普通增量式解　　　　　　　b）牛顿—拉夫森迭代求解（两个载荷增量）

图 16-3　纯粹的增量近似与牛顿—拉夫森近似的关系

Ansys 程序通过使用牛顿—拉夫森迭代克服了这种困难，它迫使在每一个载荷增量的末端解达到平衡收敛（在某个容限范围内）。图 16-3b 描述了在单自由度非线性分析中牛顿—拉夫森迭代的使用。在每次求解前，NR 方法估算出残差矢量，这个矢量是回复力（对应于单元应力的载荷）和所加载荷的差值。然后程序使用非平衡载荷进行线性求解，且核查收敛性。如果不满足收敛准则，重新估算非平衡载荷，修改刚度矩阵，获得新解。持续这种迭代过程直到问题收敛。

Ansys 程序提供了一系列命令来增强问题的收敛性，如自适应下降、线性搜索、自动载荷步及二分法等，可被激活来加强问题的收敛性，如果不能得到收敛，那么程序要么继续计算下一个载荷步，要么终止（依据用户的指示而定）。

对某些物理意义上不稳定系统的非线性静态分析，如果仅仅使用NR方法，正切刚度矩阵可能变为降秩矩阵，导致严重的收敛问题。这样的情况包括独立实体从固定表面分离的静态接触分析，结构或者完全崩溃或者突然变成另一个稳定形状的非线性弯曲问题。对这样的情况，可以激活另外一种迭代方法——弧长方法，来帮助稳定求解。弧长方法导致NR平衡迭代沿一段弧收敛，从而即使当正切刚度矩阵的倾斜为零或负值时，也往往阻止发散。传统的NR方法与弧长方法的比较如图16-4所示。

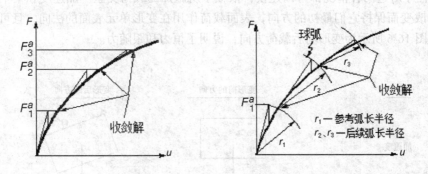

图16-4　传统的NR方法与弧长方法的比较

2. 非线性求解级别

非线性求解被分成3个操作级别：

（1）"顶层"级别为在一定"时间"范围内明确定义的载荷步组成。假定载荷在载荷步内是线性地变化的。

（2）在每一个载荷子步内，为了逐步加载，可以控制程序来执行多次求解（子步或时间步）。

（3）在每一个子步内，程序将进行一系列的平衡迭代以获得收敛的解。

图16-5所示说明了一段用于非线性分析的典型的载荷历史，显示了载荷步、子步及时间的关系。

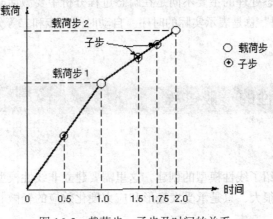

图16-5　载荷步、子步及时间的关系

3. 载荷和位移的方向改变

当结构经历大变形时应该考虑到载荷发生了什么变化。在许多情况下，无论结构如何变形，施加在系统中的载荷保持恒定的方向。而在另一些情况下，力将改变方向，随着单元方向的改变而变化。

 注意：

在大变形分析中不修正节点坐标系方向，因此计算出的位移在最初的方向上输出。

Ansys 程序对这两种情况都可以建模，依赖于所施加的载荷类型。加速度和集中力将不管单元方向的改变而保持它们最初的方向，表面载荷作用在变形单元表面的法向，且可被用来模拟跟随力。图 16-6 所示为变形前后载荷方向，说明了恒力和跟随力。

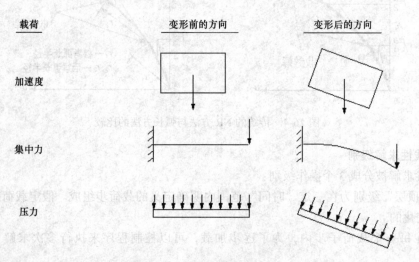

| 载荷 | 变形前的方向 | 变形后的方向 |

图 16-6　变形前后载荷方向

4. 非线性瞬态过程分析

非线性瞬态过程分析与线性静态或准静态分析类似：以步进增量加载，程序在每一步中进行平衡迭代。静态和瞬态处理的主要不同是在瞬态过程分析中要激活时间积分效应。因此，在瞬态过程分析中，"时间"总是表示实际的时序。自动时间分步和二等分特点同样也适用于瞬态过程分析。

16.2　结构非线性的一般过程

 16.2.1　建立模型

前面的章节已经介绍了线性模型的创建，这里需要建立非线性模型。其实建立非线性模型与线性模型的差别不是很大，只是承受大变形和应力硬化效应的轻微非线性行为，可能不需要对几何和网格进行修正。

另外，需要注意：

◆ 进行网格划分时需考虑大变形的情况。

◆ 非线性材料大变形的单元技术选项。

◆ 大变形下的加载和边界条件的限制。

对于要进行网格划分，如果预期有大的应变，需要将形状检查选项改为"强力机械"，对大变形的分析，如果单元形状发生改变，会减小求解的精度。

在使用"强力机械"选项的形状检查时，在 Ansys Workbench 2024 中的 Mechanical 应用程序中要保证求解之前网格的质量更好，以预见在大应变分析过程中单元的扭曲。

而使用"标准机械性"选项，形状检查的质量对线性分析很合适，因此在线性分析中不需要改变它。

当设置成"强力机械"形状检查时，很可能会出现网格失效。

16.2.2 分析设置

非线性分析的求解与线性分析不同。线性分析静力问题时，矩阵方程求解器只需要一次求解；而非线性分析时每次迭代需要新的求解，如图 16-7 所示。

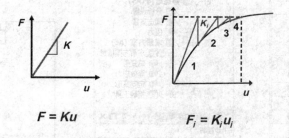

图 16-7 非线性分析的求解

非线性分析中求解前的设置同样是在详细信息栏中进行的，如图 16-8 所示，设置前需要首先单击 Mechanical 中的分析设置分支。

在这里需要考虑的选项设置有：

◆ 步控制：载荷步和子步。

◆ 求解器控制：求解器类型。

◆ 非线性控制：N-R 收敛准则。

◆ 输出控制：控制载荷历史中保存的数据。

1. 步控制

在详细信息栏中，步控制下的"自动时步"，使用户可定义每个加载步的初始子步、最小子步数和最大子步数，如图 16-9 所示。

如果在使用 Ansys Workbench 2024 进行分析时有收敛问题，则将使用自动时间步对求解进行二分。二分会以更小的增量施加载荷（在指定范围内使用更多的子步），从最后成功收敛的子步重新开始。

如果在详细信息栏中没有定义（即默认自动时步程序控制为），系统将根据模型的非线性特性自动设定。如果使用默认的自动时间步设置，用户应通过在运行开始查看求解信息和二分来校核这些设置。

2. 求解器控制

在详细信息栏中可以看到，求解器类型有"直接"和"迭代的"两种，如图 16-10 所示。

"分析设置"的详细信息	▼ ♯ ×
□ 步控制	
步骤数量	2.
当前步数	2.
步骤结束时间	2. s
自动时步	开启
定义依据	子步
携带时步	关闭
初始子步	10.
最小子步	5.
最大子步	100.
□ 求解器控制	
求解器类型	程序控制
弱弹簧	关闭
求解器主元检查	程序控制
大挠曲	开启
惯性释放	关闭
准静态解	关闭
⊞ 转子动力学控制	
⊞ 重新启动控制	
□ 非线性控制	
Newton Raphson选项	程序控制
力收敛	程序控制
力矩收敛	程序控制
位移收敛	程序控制
旋转收敛	程序控制
线搜索	程序控制
稳定性	程序控制
⊞ 高级	
□ 输出控制	
应力	是
反向应力	否
应变	是
接触数据	是
非线性数据	否
节点力	否
体积与能量	是
欧拉角	是
一般的其它参数	否
接触其他参数	否
存储结果在	所有时间点
结果文件压缩	程序控制
⊞ 分析数据管理	
⊞ 可显示性	

图 16-8　详细信息栏

"分析设置"的详细信息	▼ ♯ □ ×
□ 步控制	
步骤数量	2.
当前步数	1.
步骤结束时间	1. s
自动时步	开启
定义依据	子步
初始子步	10.
最小子步	5.
最大子步	100.
⊞ 求解器控制	
⊞ 转子动力学控制	
⊞ 重新启动控制	
⊞ 非线性控制	
⊞ 高级	
⊞ 输出控制	
⊞ 分析数据管理	
⊞ 可显示性	

图 16-9　步控制

静态结构 (A5)
分析设置
固定支撑
压力
求解方案 (A6)
求解方案信息
总变形
等效应力
定向变形
接触工具

静态结构 (A5)
分析设置
固定支撑
压力
求解方案 (A6)
求解方案信息
总变形
等效应力
定向变形
接触工具

"分析设置"的详细信息	▼ ♯ □ ×
⊞ 步控制	
□ 求解器控制	
求解器类型	程序控制 ▼
弱弹簧	程序控制
求解器主元	直接
大挠曲	迭代的
	开启
惯性释放	关闭
准静态解	关闭
⊞ 转子动力学控制	
⊞ 重新启动控制	
⊞ 非线性控制	
⊞ 高级	
⊞ 输出控制	
⊞ 分析数据管理	
⊞ 可显示性	

图 16-10　求解器控制

对求解器类型进行设置后，涉及程序代码对每次 Newton-Raphson 平衡迭代建立刚度矩阵的方式。

◆ 直接求解器适用于非线性模型和非连续单元（壳和梁）。

◆ 迭代求解器更有效（运行时间更短），适用于线弹性行为的大模型。

◆ 默认的"程序控制"将基于当前问题自动选择求解器。

如果在详细信息栏的求解器控制栏中，设置"大挠度"为"开启"，则系统将多次迭代后调整刚度矩阵以考虑分析过程中几何的变化。

3. 非线性控制

非线性控制用来自动计算收敛容差。在 Newton-Raphson 迭代过程中用来确定模型何时收敛或"平衡"。默认的收敛准则适用于大多工程应用。对特殊的情形，可以不考虑默认值而收紧或放松收敛容差。加紧的收敛容差给出更高精确度，但可能使收敛更加困难。

4. 输出控制

大多时候可以很好地应用默认的输出控制，很少需要改变准则。为了收紧或放松准则，不改变默认参考值，但是改变容差因子一到两个量级。

不采用"放松"准则来消除收敛困难。查看求解中的 MINREF 警告消息，确保使用的最小参考值对求解的问题来说是有意义的。

📖 16.2.3 查看结果

求解结束后可以查看结果。

对大变形问题，通常应从"结果"选项卡"显示"面板中按实际比例缩放来查看变形，任何求解结果都可以被查询到。

如果定义了接触，接触工具可用来对接触相关结果进行后处理（压力、渗透、摩擦应力、状态等）。

如果定义了非线性材料，需要得到各种应力和应变分量。

16.3 接触非线性结构

接触非线性问题需要的计算时间将大大增加，所以学习有效地设置接触参数、理解接触问题的特征和建立合理的模型都可以达到缩短分析计算时间的目的。

📖 16.3.1 接触基本概念

两个独立的表面相互接触并且相切，称之为接触。一般物理意义上，接触的表面包含如下特性：

◆ 不同物体的表面不会渗透。

◆ 可传递法向压缩力和切向摩擦力。

◆ 通常不传递法向拉伸力，可自由分离和互相移动。

接触是状态发生改变的非线性行为，系统的刚度取决于接触状态，即取决于实体之间是接触或分离。

实际上，接触体间不相互渗透。因此，程序必须建立两表面间的相互关系以阻止分析中的相互穿透。在程序中来阻止渗透，称为强制接触协调性。Workbench Mechanical 中提供了几种不同的接触公式来在接触界面强制协调性。接触协调性不被强制时发生渗透，如图 16-11 所示。

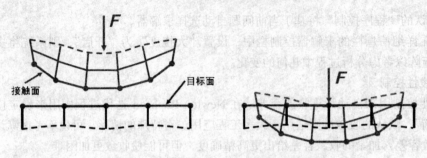

图 16-11　接触协调性不被强制时发生渗透

16.3.2　接触类型

在 Ansys Workbench 2024 的 Mechanical 中有 5 种不同的接触类型，分别为绑定、无分离、无摩擦、粗糙和摩擦的，如图 16-12 所示。

16.3.3　刚度及渗透

在 Ansys Workbench 2024 中接触所用的公式默认为"罚函数"，如图 16-13 所示，但在大变形问题的无摩擦或摩擦接触中建议使用"广义拉格朗日法"。增强拉格朗日公式增加了额外的控制自动减少渗透。

图 16-12　接触类型

图 16-13　接触所用的公式

"法向刚度"是接触罚刚度因子，只用于"罚函数"公式 或"广义拉格朗日法"公式中。

接触刚度在求解时可自动调整，如图 16-14 所示。如果收敛困难，刚度自动减小。法向接触刚度因子是影响精度和收敛行为最重要的参数。

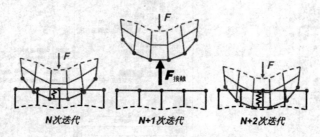

图 16-14　接触刚度可自动调整

◆ 刚度越大，结果越精确，收敛变得越困难。

◆ 如果接触刚度太大，模型会振动，接触面会相互弹开。

16.3.4　搜索区域

在详细信息栏中还需要进行搜索区域的设置，它是一接触单元参数，用于区分远场开放和近场开放状态，可以认为它是包围每个接触检测点周围的球形边界。

如果一个在目标面上的节点处于这个球体内，Ansys Workbench 2024 中的 Mechanical 应用程序就会认为它"接近"接触，而且会更加密切地监测它与接触检测点的关系（也就是说什么时候及是否接触已经建立）。在球体以外的目标面上的节点相对于特定的接触检测点不会受到密切检测。搜索半径如图 16-15 所示。

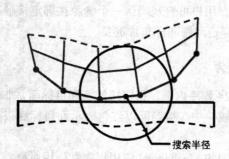

图 16-15　搜索半径

如果绑定接触的缝隙小于搜索区域半径，Ansys Workbench 2024 中的 Mechanical 应用程序仍将会按绑定来处理那个区域。

对于每个接触检测点，有两个选项来控制搜索区域的大小，如图 16-16 所示。

◆ 程序控制：此选项为默认，搜索区域通过其下的单元类型、单元大小由程序计算给出。

◆ 自动检测值：搜索区域等于全局接触设置的容差值。

◆ 半径：用户手动为搜索区域设置数值。

为便于区分，自动检测值或者用户定义的搜索区域"半径"，在接触区域以一个球的形式出现，如图 16-17 所示。

图 16-16　控制搜索区域

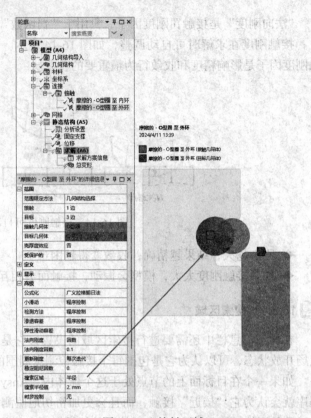

图 16-17　接触区域

通过定义搜索区域半径，用户可直观确认一个缝隙在绑定接触行为是否被忽略，搜索区域区域对于大变形问题和初始穿透问题同样非常重要。

16.3.5　对称 / 非对称行为

在 Ansys Workbench 2024 程序内部，指定接触面和目标面是非常重要的。接触面和目标面都会显示在每一个"接触区域"中。接触面以红色表示而目标面以蓝色表示，接触面和目标面指定了两对相互接触的表面。

Ansys Workbench 2024 中的 Mechanical 应用程序默认用对称接触行为，这意味着接触面和目标面不能相互穿透。对称 / 非对称行为如图 16-18 所示。

对于非对称行为，接触面的节点不能穿透目标面。这是需要记住的十分重要的规则。如图 16-19 左图所示，顶部网格是接触面的网格划分。节点不能穿透目标面，所以接触建立正确。如图 16-19 右图所示，底部网格是接触面而顶部是目标面。因为接触面节点不能穿透目标面，发生了太多的实际渗透。

（1）使用对称行为的优点

◆ 对称行为比较容易建立（所以它是 Workbench-Mechanical默认的）。

图 16-18　对称 / 非对称行为

◆ 更大计算代价。

◆ 解释实际接触压力这类数据将更加困难，需要报告两对面上的结果。

（2）使用非对称行为的优点

◆ 用户手动指定合适的接触面和目标面，但选择不正确的接触面和目标面会影响结果。

◆ 观察结果容易而且直观，所有数据都在接触面上。

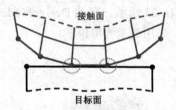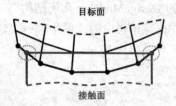

图 16-19　非对称行为

16.3.6　接触结果

在 Ansys Workbench 2024 中，对于对称行为，接触面和目标面上的结果都是可以显示的。对于非对称行为，只能显示接触面上的结果。当检查接触工具工作表时，可以选择接触面或目标面来观察接触结果，如图 16-20 所示。

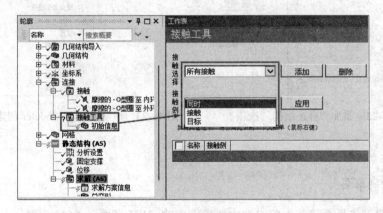

图 16-20　接触结果

16.4　结构非线性实例 1——刚性接触

本实例为研究刚性接触的两物体之间的接触刚度。模型如图 16-21 所示。

16.4.1　问题描述

在本实例中建立的模型为二维模型。在分析时将下面的模型固定，力加载于上面模型的顶部。

图 16-21　模型

📖 16.4.2　项目原理图

01 打开 Ansys Workbench 2024 程序，展开左边工具箱中的"分析系统"栏，将工具箱里的"静态结构"选项直接拖动到项目管理界面中或是直接在项目上双击载入，添加"静态结构"选项，结果如图 16-22 所示。

02 右键单击"静态结构"模块中的 A3"几何结构"栏 几何结构 ？ ，在弹出的快捷菜单中选择"新的 DesignModeler 几何结构"，如图 16-23 所示，启动 DesignModeler 创建模型应用程序。然后单击菜单栏中的"单位"→"毫米"，采用毫米为单位。

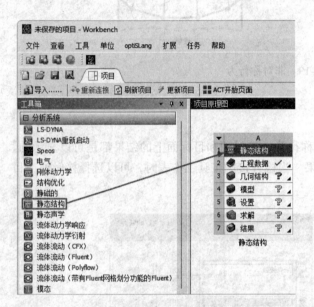

图 16-22　添加"静态结构"选项　　　图 16-23　启动 DesignModeler 创建模型应用程序

📖 16.4.3　绘制草图

01 创建工作平面。首先单击选中树轮廓中的"XY 平面" ✈ XY平面分支，然后单击工具栏中的"新草图"按钮 ，创建一个工作平面，此时树轮廓中"XY 平面"分支下，会多出一个名为"草图 1"的工作平面。

02 创建草图。单击选中树轮廓中的"草图 1"，然后单击树轮廓下端的"草图绘制"标签，打开草图绘制工具箱窗格。然后单击工具栏中的"查看面 / 平面 / 草图"按钮 ，将视图切换为 XY 方向的视图。在新建的"草图 1"上绘制图形。

03 绘制下端板草图。利用草图工具箱中的矩形命令绘制下端板草图。注意绘制时要保证下端板的左下角与坐标的原点相重合，标注并修改尺寸，如图 16-24 所示。

04 绘制上端圆弧板草图。单击选择"建模"标签，返回到树轮廓中，单击选中"XY平面" ✈ XY平面分支，然后再次单击工具栏中的"新草图"按钮 ，创建一个工作平面，此时树轮廓中的"XY 轴平面"分支下，会多出一个名为草图 2 的工作平面。利用工具栏中的绘图命令绘制上端圆弧板草图。绘制后添加圆弧与线相切的几何关系，标注并修改尺寸，如图 16-25 所示。

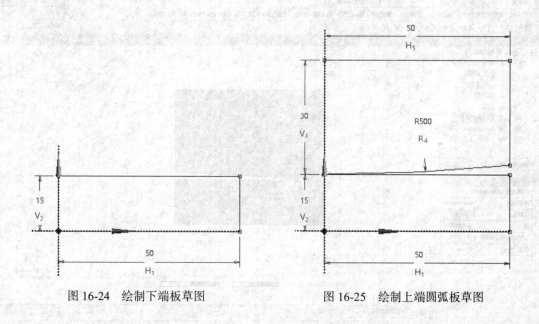

图 16-24　绘制下端板草图　　　　　图 16-25　绘制上端圆弧板草图

📖 16.4.4　创建面体

01　创建下端板。单击菜单栏中的"概念"→"草图表面"，执行从草图创建面命令。此时单击选中树轮廓中的"草图 1"分支，然后返回到详细信息视图，单击"应用"按钮 应用。完成面体的创建。

02　生成下端板模型。完成从草图生成面体命令后，单击工具栏中的"生成"按钮 生成，来重新生成模型，结果如图 16-26 所示。

图 16-26　生成下端板模型

03　创建上端圆弧板模型。再次单击菜单栏中的"概念"→"草图表面"，执行从草图创建面命令。此时单击选中树轮廓中的"草图 2"分支。然后返回到详细信息视图单击"应用"按钮 应用。完成面体的创建。单击工具栏中的"生成"按钮 生成，重新生成模型，最终的上端圆弧板模型如图 16-27 所示。

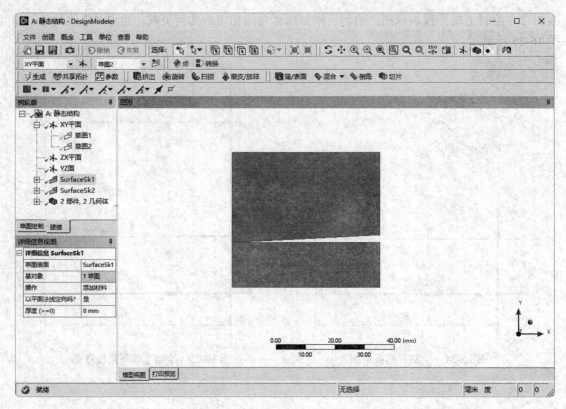

图 16-27　最终的上端圆弧板模型

📖 16.4.5　更改模型类型

01 设置项目单位。单击菜单栏中的"单位"→"度量标准 (tonne，mm，s，℃，mA，N，mV)"，然后选择"用项目单位显示值"，如图 16-28 所示。

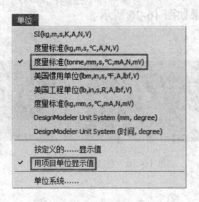

图 16-28　设置项目单位

02 更改模型分析类型。在 Ansys Workbench 2024 界面中，右键单击项目原理图的 A3 "几何结构"栏，在弹出的快捷菜单中选中"属性"。此时右栏将弹出"属性 原理图 A3：几何结构"栏，更改其中的第 12 行中的"分析类型"为 2D，如图 16-29 所示。

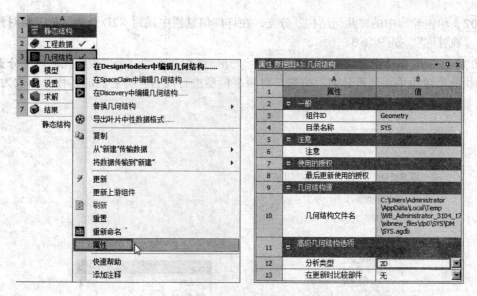

图 16-29　更改模型分析类型

16.4.6　修改几何体属性

01 双击"静态结构"模块中的 A4"模型"栏 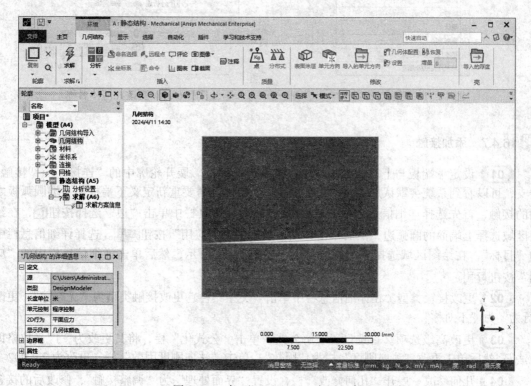，打开 Mechanical 应用程序，如图 16-30 所示。

图 16-30　打开 Mechanical 应用程序

02 单击轮廓中的"几何结构"分支，在详细信息栏中找到"2D 行为"栏，将对称属性更改为"轴对称"，如图 16-31 所示。

03 更改几何体名称。右键单击轮廓中"几何结构"下的一个"表面几何体"分支，在弹出的快捷菜单中单击"重命名"按钮，对两个模型进行改名，将它们的名称分别改为 up 和 down，如图 16-32 所示。

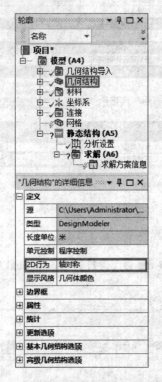

图 16-31 更改对称属性

图 16-32 更改几何体名称

📖 16.4.7 添加接触

01 设定下端板与上端圆弧板接触，类型为无摩擦。展开轮廓中的"连接"→"接触"分支，可以看到系统会默认加上接触，如图 16-33 所示。需要重新定义下端板和上端圆弧板之间的接触，首先选择详细信息栏中的"接触"，然后在工具栏中单击"边"选择按钮🔲，在绘图区域选择上端面的圆弧边，然后单击详细信息栏中的"应用"按钮 应用 。选择详细信息栏中的"目标"，在绘图区域选择下端面的上边，如图 16-34 所示，然后单击详细信息栏中的"应用"按钮 应用 。

02 更改接触类型。在详细信息栏中单击"类型"栏，更改接触类型为"无摩擦"。更改"行为"为"不对称"。

03 更改高级选项。首选设置求解公式，单击"公式化"栏，将其更改为"广义拉格朗日法"；然后单击更改"法向刚度"栏为"因数"；单击"法向刚度因数"栏，更改为 2.e-002。

04 几何修改。展开"几何修改"栏，设置"界面处理"为"调整接触"，修改后的接触如图 16-35 所示。

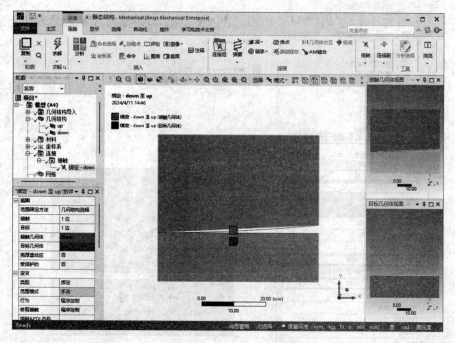

图 16-33 默认加上接触

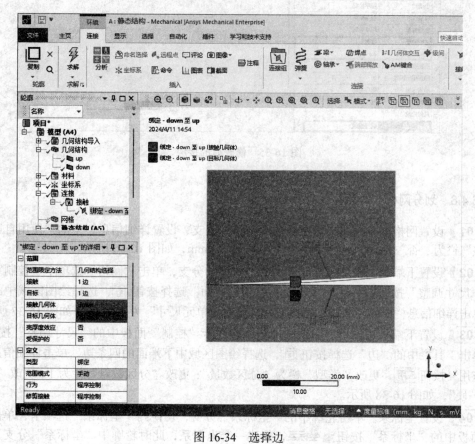

图 16-34 选择边

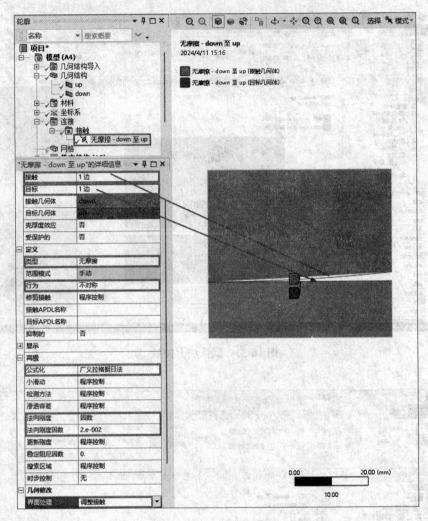

图 16-35　修改后的接触

📖 16.4.8　划分网格

01 设置网格划分。单击轮廓中的"网格"分支，设置详细信息栏中的"使用自适应尺寸调整"栏为"否"；单击"单元尺寸"栏更改为 1.0mm，如图 16-36 所示。

02 设置下端板网格。单击轮廓中的"网格"分支，单击"网格"选项卡"控制"面板中的"尺寸调整"按钮🗊，然后单击工具栏中的"面"选择按钮🗊，选择绘图区域中的下端面，单击详细信息栏中的"应用"按钮 应用，更改"单元尺寸"为 100mm，如图 16-37 所示。

03 设置下端板边网格。单击"网格"选项卡"控制"面板中的"尺寸调整"按钮🗊，然后单击工具栏中的"边"选择按钮🗊，选择绘图区域中下端面的四条边，单击详细信息栏中的"应用"按钮 应用，更改"类型"栏为"分区数量"；更改"分区数量"栏为 1；更改"行为"栏为"硬"，如图 16-38 所示。

04 设置坐标系。单击轮廓中的"坐标系"分支，切换到"坐标系"选项卡，单击"插入"面板中的"坐标系"按钮 ✳ 坐标系，创建一个坐标系，此时轮廓中"坐标系"分支下，会多出一个坐标系分支。然后单击工具栏中的"顶点"选择按钮 ，选择绘图区域中下端板与上端圆弧板重合的点，单击详细信息栏中的"应用"按钮 应用，定义坐标系，如图16-39所示。

图 16-36　设置网格划分

图 16-37　设置下端板网格

图 16-38　设置下端板边网格

图 16-39　设置坐标系

05 设置上端圆弧板网格。单击"网格"选项卡"控制"面板中的"尺寸调整"按钮，然后单击工具栏中的"面"选择按钮，选择绘图区域中的上端圆弧面，单击详细信息栏中的"应用"按钮应用，更改"类型"栏为"影响范围"；更改"球心"为"坐标系"；"球体半径"更改为10mm；"单元尺寸"更改为0.5mm。

06 网格划分。右键单击轮廓中的"网格"分支，在弹出的快捷菜单中单击"生成网格"栏命令。对设置的网格进行划分。划分后的网格如图16-40所示。

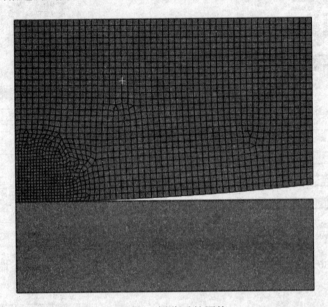

图16-40　划分后的网格

16.4.9　分析设置

01 设置时间步。单击轮廓中的"分析设置"，首先将详细信息栏中的"自动时步"设置为"开启"，将"初始子部"设置为10，将"最小子步"设置为5，将"最大子步"设置为100。在详细信息栏的"求解器控制"分组中，将"弱弹簧"设置为"关闭"，将"大挠曲"设置为"开启"。设置后的结果如图16-41所示。

02 添加固定约束。在轮廓中单击"静态结构（A5）"分支，此时选项卡显示为"环境"选项卡。单击"环境"选项卡"结构"面板中的"固定的"按钮固定的，如图16-42所示。然后单击工具栏中的"面"选择按钮，选择绘图区域中的下端板，单击详细信息栏中的"应用"按钮应用，如图16-43所示。

03 添加压力约束。单击"环境"选项卡"结构"面板中的"压力"按钮压力。然后单击工具栏中的"边"选择按钮，选择绘图区域中上端圆弧板的最顶端，单击

图16-41　设置时间步

详细信息栏中的"应用"按钮 应用，更改"大小"为 5MPa，如图 16-44 所示。

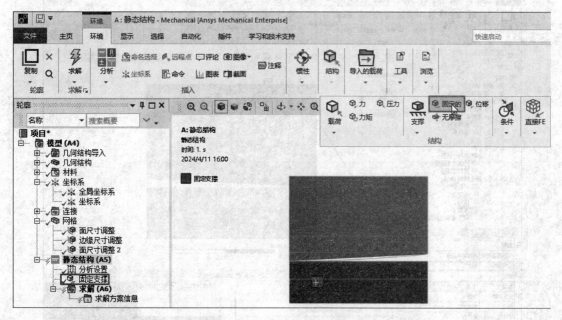

图 16-42 "结构"面板

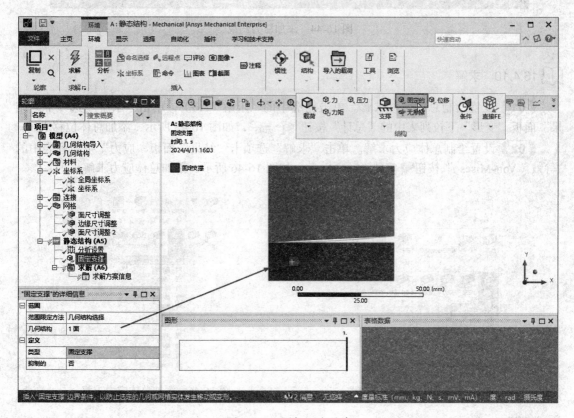

图 16-43 添加固定约束

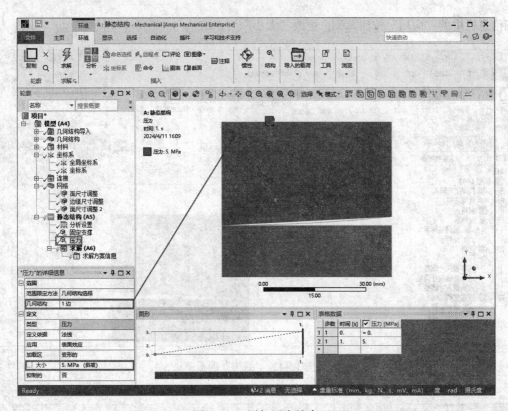

图 16-44　添加压力约束

16.4.10　求解

01 设置绘制总体位移求解。单击轮廓中的"求解（A6）"，单击"求解"选项卡"结果"面板"变形"下拉列表中的"总计"按钮 🔲 总计 ，如图 16-45 所示，添加总体位移求解。

02 设置绘制总体应力求解。单击"求解"选项卡"结果"面板"应力"下拉列表中的"等效（Von-Mises）"按钮🔲 等效 (Von-Mises)，如图 16-46 所示，添加总体应力求解。

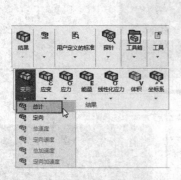

图 16-45　添加总体位移求解

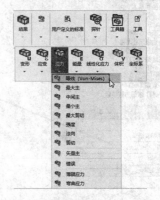

图 16-46　添加总体应力求解

03 设置绘制定向变形求解。单击"求解"选项卡"结果"面板"变形"下拉列表中的

"定向"按钮  定向，如图 16-47 所示，添加定向变形求解。

04 求解模型。单击"求解"选项卡"求解"面板中的"求解"按钮 ⚡，进行求解，如图 16-48 所示。

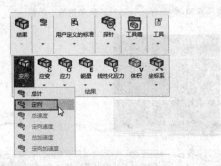

图 16-47　添加定向变形求解　　　　　　　　　　　图 16-48　求解

📖 16.4.11　查看求解结果

01 查看收敛力。单击轮廓中的"求解（A6）"中的"求解方案信息"，然后将详细信息栏中的"求解方案输出"更改为"力收敛"。可以在绘图区域看到求解的收敛力，如图 16-49 所示。

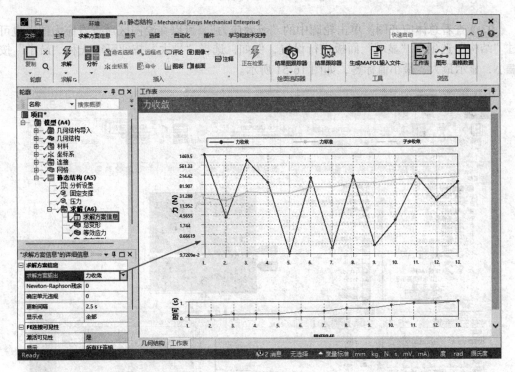

图 16-49　收敛力

02 查看总体变形图。单击轮廓中的"总变形"，可以在绘图区域查看总体变形图，如图 16-50 所示。可以看到最大和最小的位移，单击图形区域的播放按钮，还可以查看动态显示的位移变形情况。

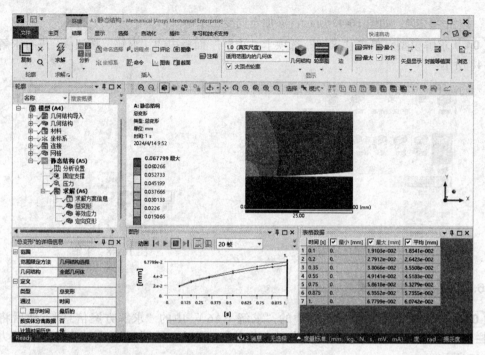

图 16-50　总体变形图

03 查看总体应变图。单击轮廓中的"等效应力"，可以在绘图区域查看应力图，也可以通过"结构"选项卡"显示"面板进行设置，例如，选择"最大"按钮■■最大和"最小"按钮■■最小，显示最大、最小值标签，如图 16-51 所示。

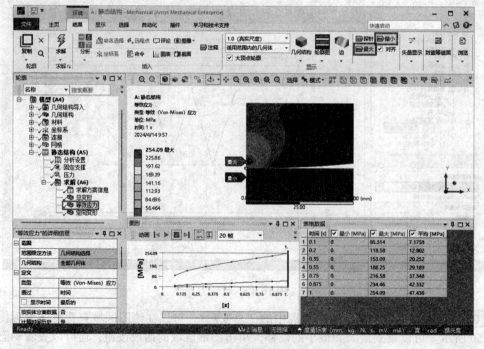

图 16-51　总体应变图

04 查看定向应变图。单击轮廓中的"定向变形"，可以在绘图区域查看定向应变图，也可以通过"结构"选项卡"显示"面板进行设置，如图 16-52 所示。

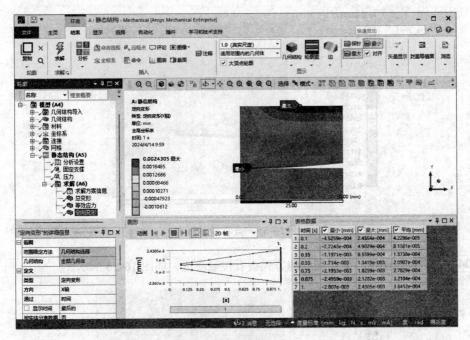

图 16-52　定向应变图

16.4.12　接触结果后处理

01 查找接触工具。单击轮廓中的"求解（A6）"分支，然后单击"求解"选项卡"工具箱"面板下拉列表中的"接触工具"按钮 **接触工具**，如图 16-53 所示。

02 求解接触压力。右键单击轮廓中的"接触工具"分支，在弹出的快捷菜单中选择"插入"→"压力"，如图 16-54 所示，然后进行求解。

图 16-53　"接触工具"按钮

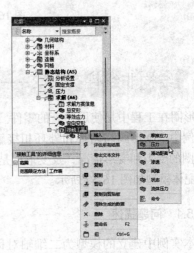

图 16-54　求解接触压力

03 查看接触压力。单击轮廓中"接触工具"下的"压力",查看接触压力,如图 16-55 所示。

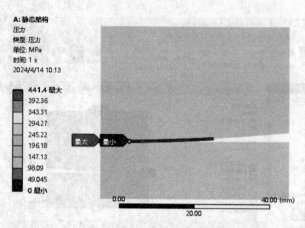

图 16-55　查看接触压力

04 查看接触渗透。采用同样的方式查看接触渗透,如图 16-56 所示。

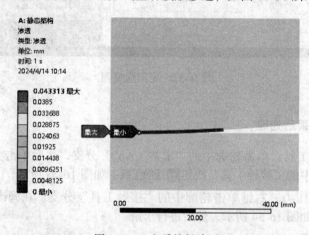

图 16-56　查看接触渗透

16.5　结构非线性实例 2——O 形圈

　　O 形圈在工程中是使用频繁的零件。它主要起到密封的作用,在本实例中,O 形圈与内环和外环相接触。本实例校核装配过程中 O 形圈的受力和变形情况,及变形后是否能达到密封的效果。O 形圈装配体模型如图 16-57 所示。

📖 16.5.1　问题描述

　　在本实例中建立的模型为二维轴对称模型。在分析时将内环固定,力加载于外环。O 形圈在模拟装配中可以移动。在本例中,

图 16-57　O 形圈装配体模型

内环和外环材料为钢，O形圈材料为橡胶。三个部件间创建两个接触对，分别为内环与O形圈、O形圈与外环。然后运行两个载荷步来分析三个部件的装配过程。

📖 16.5.2 项目原理图

01 打开 Ansys Workbench 2024 程序，展开左边工具箱中的"分析系统"栏，将工具箱里的"静态结构"选项直接拖动到项目管理界面中，或是直接在项目上双击载入，添加"静态结构"选项，结果如图 16-58 所示。

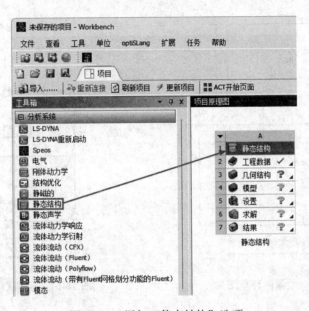

图 16-58 添加"静态结构"选项

02 右键单击"静态结构"模块中的 A3"几何结构"栏 ⬚几何结构 ？⬚，在弹出的快捷菜单中选择"新的 DesignModeler 几何结构"，如图 16-59 所示，启动 DesignModeler 创建模型应用程序。然后单击菜单栏中的"单位"→"毫米"，采用毫米为单位。

📖 16.5.3 绘制草图

01 创建工作平面。单击选中树轮廓中的"XY 平面" ✖ XY平面 分支，然后单击工具栏中的"新草图"按钮 🔑，创建一个工作平面，此时树轮廓中"XY 平面"分支下，会多出一个名为"草图 1"的工作平面。

02 创建草图。单击选中树轮廓中的"草图 1"，然后单击树轮廓下端的"草图绘制"标签，打开草图绘制工具箱窗格。然后单击工具栏中的"查看面 / 平面 / 草图"按钮 🔏，将视

图 16-59 启动 DesignModeler 创建模型应用程序

图切换为 XY 方向的视图。在新建的"草图 1"上绘制图形。

03 绘制内环草图。利用工具箱中的绘图命令绘制内环草图。注意绘制时要保证内环的左端线中点与坐标的原点相重合，标注并修改尺寸，如图 16-60 所示。

04 绘制 O 形圈草图。单击选择"建模"标签，返回到树轮廓中，单击选中"XY 平面" ✳ XY平面 分支，然后再次单击工具栏中的"新草图"按钮 ，创建一个工作平面，此时树轮廓中"XY 平面"分支下，会多出一个名为"草图 2"的工作平面。利用工具栏中的绘图命令绘制 O 形圈草图。绘制后添加圆与线相切的几何关系，标注并修改尺寸，如图 16-61 所示。

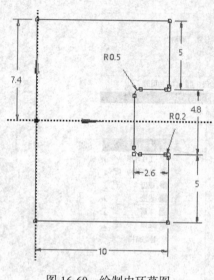

图 16-60　绘制内环草图

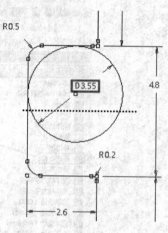

图 16-61　绘制 O 形圈草图

05 绘制外环草图。单击选择"建模"标签，返回到树轮廓中，单击选中"XY 平面" ✳ XY平面 分支，再次单击工具栏中的"新草图"按钮 ，创建一个工作平面，此时树轮廓中"XY 平面"分支下，会多出一个名为"草图 3"的工作平面。利用工具栏中的绘图命令绘制外环草图，标注并修改尺寸，如图 16-62 所示。

📖 16.5.4　创建面体

01 创建内环面体。单击菜单栏中的"概念"→"草图表面"，执行从草图创建面命令。此时单击选中树轮廓中的"草图 1"分支。然后返回到详细信息视图，单击"应用"按钮 应用 。完成面体的创建。

02 生成内环面体模型。完成从草图生成面体命令后，单击工具栏中的"生成"

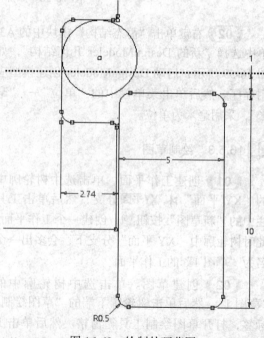

图 16-62　绘制外环草图

按钮 生成，来重新生成模型，结果如图 16-63 所示。

03 冻结实体。完成面体模型的创建后，单击"工具"下拉菜单中的"冻结"按钮 冻结，将所创建的模型进行冻结操作。

04 生成 O 形圈体模型。单击菜单栏中的"概念"→"草图表面"，执行从草图创建面命令。此时单击选中树轮廓中的"草图 2"分支，然后返回到详细信息视图，单击"应用"按钮 应用，完成面体的创建。单击工具栏中的"生成"按钮 生成，生成 O 形圈面体模型，结果如图 16-64 所示。

图 16-63 生成内环面体模型

图 16-64 生成 O 形圈面体模型

05 冻结实体。完成面体模型的创建后，单击"工具"下拉菜单中的"冻结"按钮 冻结，将所创建的模型进行冻结操作。

06 生成外环面体模型。再次单击菜单栏中的"概念"→"草图表面"，执行从草图创建面命令。此时单击选中树轮廓中的"草图 3"分支。然后返回到详细信息栏单击"应用"按钮 应用。完成外环面体的创建。然后单击工具栏中的"生成"按钮 生成，生成外环面体模型，结果如图 16-65 所示。至此模型创建完成，将 DesignModeler 应用程序关闭，返回到 Workbench 界面。

16.5.5 添加材料

01 设置项目单位。单击菜单栏中的"单位"→"度量标准（tonne，mm，s，℃，mA，N，mV）"，选择"用项目单位显示值"，如图 16-66 所示。

02 双击"静态结构"模块中的 A2"工程数据"栏，进入到材料模块，如图 16-67 所示。

03 添加材料。单击工作区域左上角的"轮廓原理图 A2：工程数据"模块最下边的"点击此处添加新材料"栏。输入新材料名称"橡胶"，然后单击展开左边工具箱中的"超弹性"栏，双击选择其中的第一项"Neo-Hookean"。此时工作区左下角将出现"Neo-Hookean"目录，在这里输入"初始剪切模量 Mu"的值为 1，"不可压缩性参数 D1"的值为 1.5，添加后的各栏如图 16-68 所示。

图 16-65 生成外环面体模型

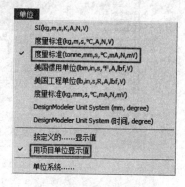

图 16-66 设置项目单位

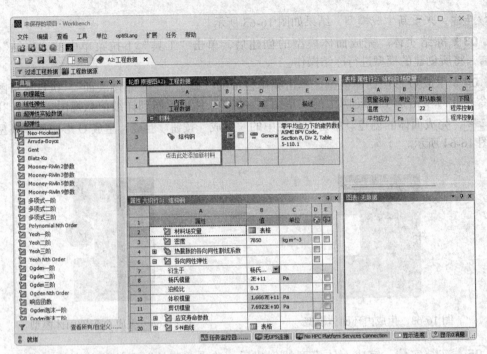

图 16-67 材料模块

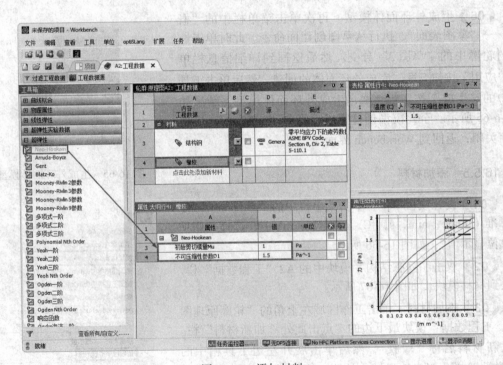

图 16-68 添加材料

04 关闭 "A2：工程数据" 标签，返回到 "项目" 中。这时 "模型" 模块指出需要进行一次刷新。

05 更改模型分析类型。在 Ansys Workbench 2024 界面中，右键单击项目原理图的 A3 "几何结构" 栏，在弹出的快捷菜单中选中 "属性"。此时右栏将弹出 "属性 原理图 A3：几何结构" 栏，更改其中的第 12 行中的 "分析类型" 为 2D，如图 16-69 所示。

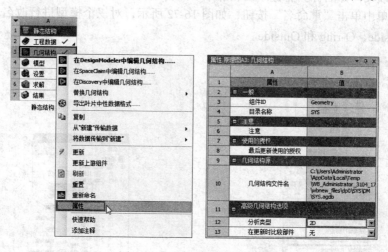

图 16-69　更改模型分析类型

16.5.6　修改几何体属性

01 双击 "静态结构" 模块中的 A4 "模型" 栏，打开 Mechanical 应用程序，如图 16-70 所示。

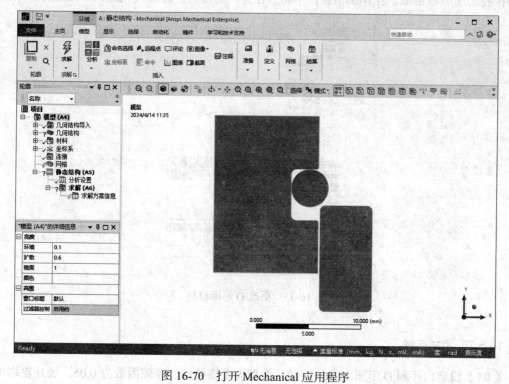

图 16-70　打开 Mechanical 应用程序

02 单击轮廓的"几何结构"分支，在详细信息栏中找到"2D 行为"栏，将此栏对称属性更改为"轴对称"，如图 16-71 所示。

03 更改几何体名称。右键单击轮廓中"几何结构"下的一个"表面几何体"分支，在弹出的快捷菜单中单击"重命名"按钮，如图 16-72 所示，对三个模型进行改名，将它们的名称分别改为 Inside、O-ring 和 Outside。

图 16-71　更改对称属性

图 16-72　更改几何体名称

04 更改 O 形圈材料。在本实例中，内环和外环采用系统默认的结构钢，而 O 形圈材料采用橡胶。选中 O 形圈，在详细信息栏中将"任务"更改为"橡胶"，如图 16-73 所示。

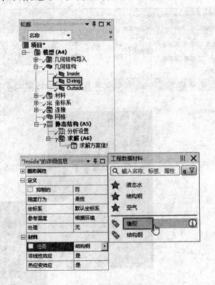

图 16-73　更改 O 形圈材料

16.5.7　添加接触

01 设定内环和 O 形圈之间的接触，类型为摩擦接触，摩擦因数为 0.05。展开轮廓中的

"接触"分支，可以看到系统会默认加上接触，如图 16-74 所示。需要重新定义内环和 O 形圈之间的接触，首先选择详细信息栏中的"接触"，然后在工具栏中单击"边"选择按钮，在绘图区域选择内环的 7 条边，如图 16-75 所示。然后单击详细信息栏中的"应用"按钮 应用 。

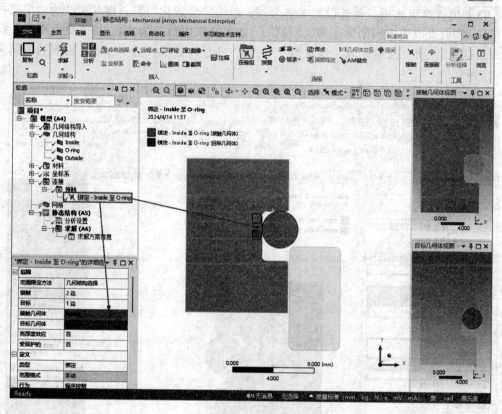

图 16-74　默认加上接触

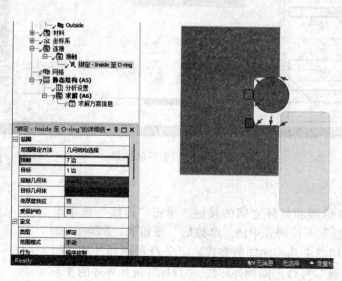

图 16-75　选择边

02 更改接触类型。设置接触类型为摩擦接触，摩擦因数为 0.05。在详细信息栏中单击"类型"栏，更改接触类型"摩擦的"，并将"摩擦系数"设置为 0.05。更改"行为"为"不对称"。

03 更改高级选项。首选设置求解公式，单击"公式化"栏，将其更改为"广义拉格朗日法"，然后更改"法向刚度"为"因数"；"法向刚度因数"为 0.1。将"更新刚度"设置为"每次迭代"。将"搜索区域"设置为"半径"，并且设置半径为 1.5mm，设置后的结果如图 16-76 所示。

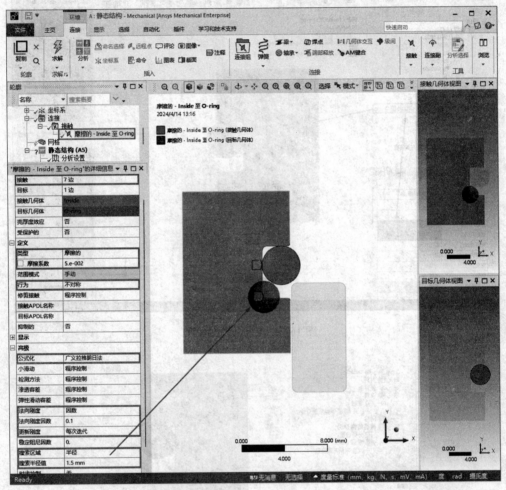

图 16-76　设置后的结果

04 设定 O 形圈和外环之间的接触。单击"连接"选项卡"接触"面板"接触"下拉列表中的"摩擦的"按钮，如图 16-77 所示。采用与上几步同样的方式来定义 O 形圈和外环之间的接触。选择"接触"为 O 形圈的外环线，"目标"选择外环的 3 条边线，详细信息栏的设置如图 16-78 所示。

图 16-77　"接触"面板

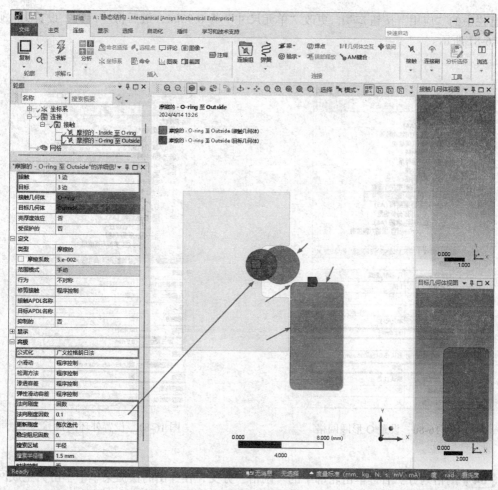

图 16-78　详细信息栏的设置

📖 16.5.8　划分网格

01 设置内环网格。单击轮廓中的"网格"分支，单击"网格"选项卡"控制"面板中的"尺寸调整"按钮🗊，然后单击工具栏中的"面"选择按钮🗊，选择绘图区域中的内环面，单击详细信息栏中的"应用"按钮 应用，更改"单元尺寸"为 50mm，最后将"捕获曲率"和"捕获邻近度"改为"是"，如图 16-79 所示。

02 设置 O 形圈网格。单击"网格"选项卡"控制"面板中的"尺寸调整"按钮🗊，选择绘图区域中的 O 形圈，单击详细信息栏中的"应用"按钮 应用，更改"单元尺寸"为 0.2mm，最后将"行为"设置为"柔软"，如图 16-80 所示。

03 设置外环网格。单击"网格"选项卡"控制"面板中的"尺寸调整"按钮🗊，选择绘图区域中的外环面，单击详

图 16-79　设置内环网格

细信息栏中的"应用"按钮 应用 ，更改"单元尺寸"为 0.5mm，最后将"行为"设置为"硬"，如图 16-81 所示。

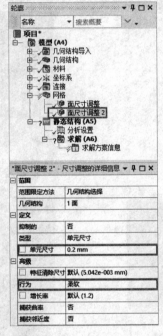

图 16-80 设置 O 形圈网格

图 16-81 设置外环网格

04 网格划分。右键单击轮廓中的"网格"分支，在弹出的快捷菜单中单击"生成网格"栏，如图 16-82 所示。对设置的网格进行划分。划分后的图形如图 16-83 所示。

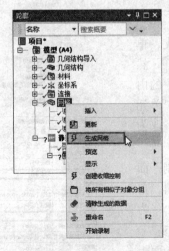

图 16-82 网格划分

图 16-83 划分后的网格

16.5.9 分析设置

01 设置载荷步。单击轮廓中的“分析设置”，首先将详细信息栏中的“步骤数量”设置为 2，然后根据如图 16-84 所示设置载荷步 1。更改“当前步数”为 2，对载荷步 2 进行如图 16-85 所示的设置。

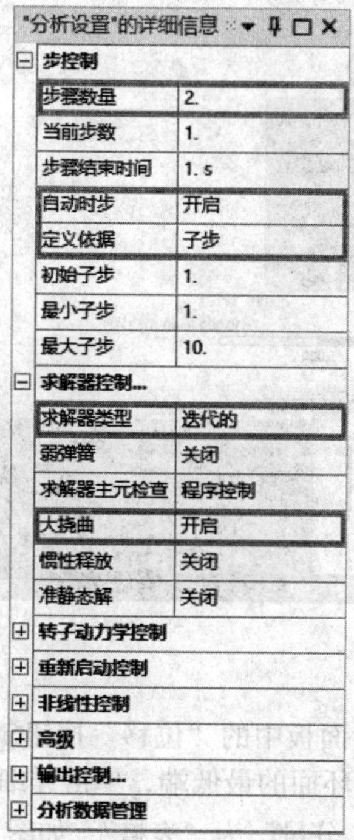

"分析设置"的详细信息
步控制
步骤数量 2.
当前步数 1.
步骤结束时间 1. s
自动时步 开启
定义依据 子步
初始子步 1.
最小子步 1.
最大子步 10.
求解器控制...
求解器类型 迭代的
弱弹簧 关闭
求解器主元检查 程序控制
大挠曲 开启
惯性释放 关闭
准静态解 关闭
转子动力学控制
重新启动控制
非线性控制
高级
输出控制...
分析数据管理

图 16-84 设置载荷步 1

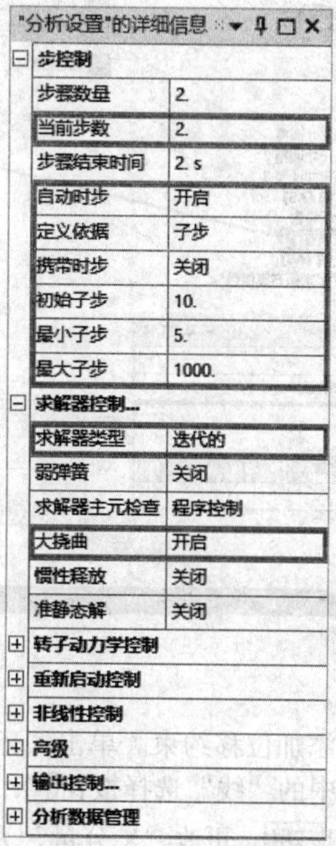

"分析设置"的详细信息
步控制
步骤数量 2.
当前步数 2.
步骤结束时间 2. s
自动时步 开启
定义依据 子步
携带时步 关闭
初始子步 10.
最小子步 5.
最大子步 1000.
求解器控制...
求解器类型 迭代的
弱弹簧 关闭
求解器主元检查 程序控制
大挠曲 开启
惯性释放 关闭
准静态解 关闭
转子动力学控制
重新启动控制
非线性控制
高级
输出控制...
分析数据管理

图 16-85 设置载荷步 2

02 添加固定约束。在轮廓中单击“静态结构（A5）”分支，此时选项卡显示为“环境”选项卡。单击“环境”选项卡“结构”面板中的“固定的”按钮 固定的，如图 16-86 所示。选择绘图区域中的内环面，单击详细信息栏中的“应用”按钮 应用，添加固定约束，如图 16-87 所示。

环境
复制
轮廓
求解
求解
分析
命名选择
远程点
评论
图像
注释
坐标系
命令
图表
截面
插入
惯性
载荷
力
压力
力矩
支撑
固定的
位移
无摩擦
结构

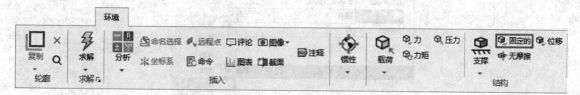

图 16-86 “环境”选项卡

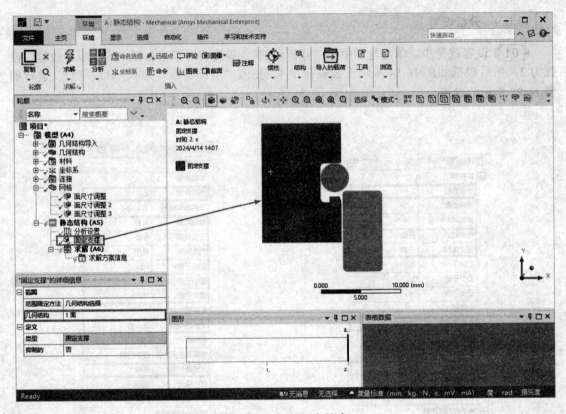

图 16-87 添加固定约束

03 添加位移约束。单击"环境"选项卡"结构"面板中的"位移"按钮 **位移**，然后单击工具栏中的"线"选择按钮，选择绘图区域中的外环面的最低端，单击详细信息栏中的"应用"按钮 **应用**，更改"X 分量"为 0mm，然后选择"Y 分量"为"表格"，如图 16-88 所示。在绘图区域的右下方更改表格数据，在这里将第三行"Y 分量"更改为 5mm。这时在"表格数据"框的左边的图形将显示位移的矢量图，如图 16-89 所示。

图 16-88 选择"Y 分量"为"表格"

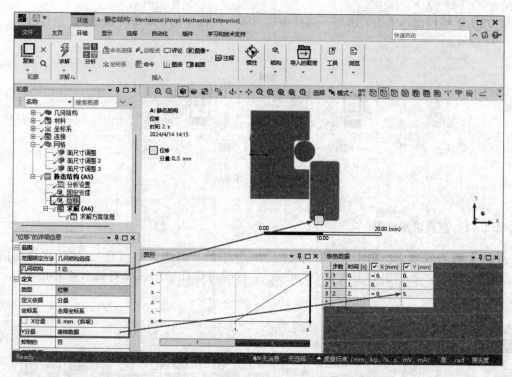

图 16-89　更改表格数据

16.5.10　求解

01 设置绘制总体位移求解。单击轮廓中的"求解（A6）"，单击"求解"选项卡"结果"面板"变形"下拉列表中的"总计"按钮 🔲 **总计** ，如图 16-90 所示，添加总体位移求解。

02 设置绘制总体应力求解。单击"求解"选项卡"结果"面板"应力"下拉列表中的"等效（Von-Mises）"按钮 🔲 **等效 (Von-Mises)**，如图 16-91 所示，添加总体应力求解。

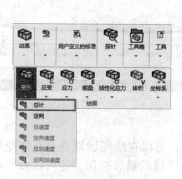

图 16-90　添加总体位移求解　　　　　　图 16-91　添加总体应力求解

03 求解模型。单击"求解"选项卡"求解"面板中的"求解"按钮 ⚡，进行求解，如图 16-92 所示。

图 16-92　求解

16.5.11　查看求解结果

01 查看收敛力。单击轮廓"求解（A6）"中的"求解方案信息"，然后将详细信息栏栏中的"求解方案输出"更改为"力收敛"。这时可以在绘图区域看到求解的收敛力，如图 16-93 所示。

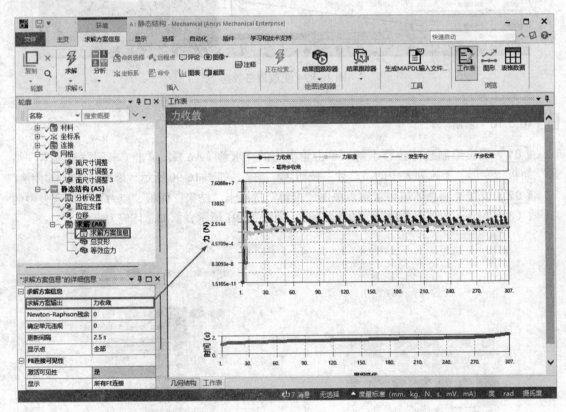

图 16-93　收敛力

02 查看总体变形图。单击轮廓中的"总变形"，可以在绘图区域查看总体变形图，如图 16-94 所示。可以看到最大和最小的位移，单击图形区域的播放按钮，还可以查看动态显示的位移变形情况。

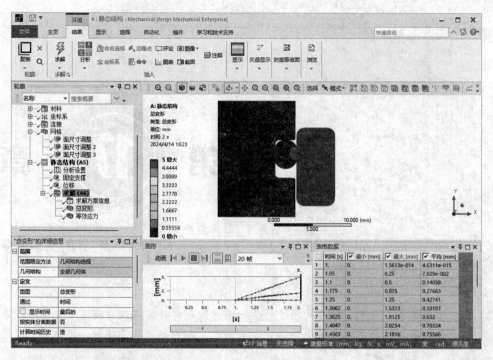

图 16-94　总体变形图

03 查看总体应变图。单击轮廓中的"等效应力"，可以在绘图区域查看总体应变图，如图 16-95 所示。

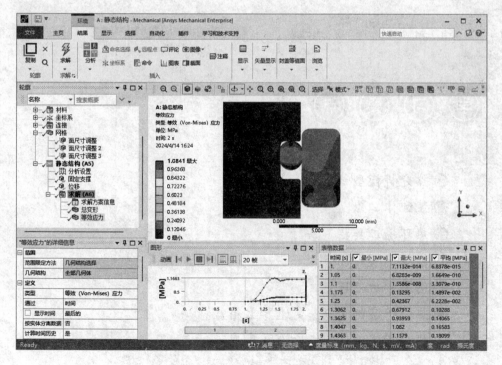

图 16-95　总体应变图

第 **17** 章

热分析

本章介绍热分析。热分析用于计算一个系统或部件的温度分布及其他热物理参数。热分析在许多工程应用中扮演重要的角色，如内燃机、涡轮机、换热器、管路系统、电子元件等。

- 热分析模型
- 装配体
- 热环境工具栏
- 求解选项
- 结果和后处理
- 热分析实例1——变速器上箱盖
- 热分析实例2——齿轮泵基座

17.1 热分析模型

在 Ansys Workbench 2024 的 Mechanical 应用程序中，热分析模型与其他模型有所不同。

在热分析中，对于一个稳态热分析的模拟，温度矩阵 $\{T\}$ 通过下面的矩阵方程解得：

$$[K(T)]\{T\} = \{Q(T)\}$$

式中，假设在稳态分析中不考虑瞬态影响，$[K]$ 可以是一个常量或是温度的函数；$\{Q\}$ 可以是一个常量或是温度的函数。

上述方程基于傅里叶定律：固体内部的热流是 $[K]$ 的基础；热通量、热流率以及对流在 $\{Q\}$ 为边界条件；对流被处理成边界条件，虽然表面传热系数可能与温度相关。

17.1.1 几何模型

在热分析中，所有的实体类都被约束，包括体、面、线。对于线实体的截面和轴向在 DesignModeler 中定义，热分析里不可以使用质量点的特性。

关于壳体和线体的假设：

◆ 壳体：没有厚度方向上的温度梯度。
◆ 线体：没有厚度变化，假设在截面上是常温，但在线实体的轴向仍有温度变化。

17.1.2 材料属性

在稳态热分析中，唯一需要的材料属性是导热性，即需定义热导率，如图 17-1 所示。另外，还需注意：

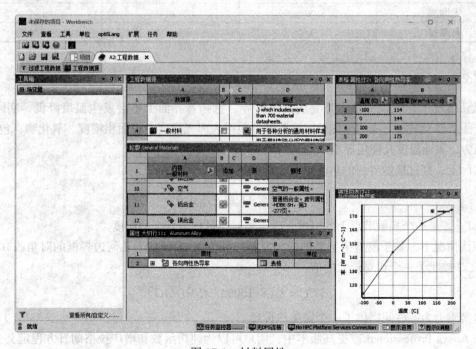

图 17-1　材料属性

◆ 导热性是在工程数据中输入的。

◆ 温度相关的导热性以表格形式输入。

若存在任何的温度相关的材料属性，就将导致非线性求解。

17.2 装配体

热分析的装配体要考虑组件间的热导率和接触的方式等。

📖 17.2.1 实体接触

在装配体中需要实体接触，如图 17-2 所示。此时为确保部件间的热传递，实体间的接触区将被自动创建。当然，不同的接触类型将会决定热量是否会在接触面和目标面间传递，总结见表 17-1。

如果部件间初始就已经接触，那么就会出现热传导。如果部件间初始就没有接触，那么就不会发生热传导。

图 17-2　实体接触

表 17-1　实体接触

接触类型	接触区内部件间的热传递		
	起始接触	搜索区域内	搜索区域外
绑定	√	√	×
不分离	√	√	×
粗糙	√	×	×
无摩擦	√	×	×
有摩擦	√	×	×

📖 17.2.2 热导率

默认情况下，假设部件间是完美的热传导，意味着界面上不会发生温度降低，实际情况是，有些条件会削弱完美的热传导，这些条件包括表面光滑度、表面粗糙度、氧化物、包埋液、接触压力、表面温度及使用导电纸等。

实际上，穿过接触界面的热流速，由接触热通量 q 决定：

$$q = TCC \cdot (T_{\text{target}} - T_{\text{contact}})$$

式中，T_{contact} 是一个接触节点上的温度；T_{target} 是对应目标节点上的温度。

默认情况下，基于模型中定义的最大材料热导率 KXX 和整个几何边界框的对角线 $ASMDIAG$、TCC 被赋予一个相对较大的值。

$$TCC = KXX \cdot 10000 / ASMDIAG$$

这实质上为部件间提供了一个完美热传导。

在 Ansys Professional 或更高版本中，用户可以为纯罚函数和增广拉格朗日方程定义一个有限热传导（TCC）。在细节窗口，为每个接触域指定 TCC 输入值，如果已知接触热阻，那么它的相反数除以接触面积就可得到 *TCC* 值。

17.3 热环境工具栏

在 Ansys Workbench 2024 中添加热载荷是通过工具栏中的命令进行添加。热环境工具栏如图 17-3 所示。

图 17-3　热环境工具栏

📖 17.3.1　热载荷

热载荷包括热流量、热通量及热生成等。

1. 热流： 🔋 **热流**

◆ 热流可以施加在点、边或面上，分布在多个选择域上。

◆ 单位是能量比时间（energy/time）。

2. 理想绝热（热流量为 0）： 🔋 **理想绝热**

◆ 可以删除原来面上施加的边界条件。

3. 热通量： 🔋 **热通量**

◆ 热通量只能施加在面上（二维情况时只能施加在边上）。

◆ 单位是能量比时间再除以面积。

4. 内部热生成： 🔋 **内部热生成**

◆ 内部热生成只能施加在实体上。

◆ 单位是能量比时间再除以体积。

正的热载荷会增加系统的能量。

📖 17.3.2　热边界条件

在 Mechanical 中有三种形式的热边界条件，包括温度、对流、辐射。在分析时至少应存在一种类型的热边界条件，否则，如果热量源源不断地输入到系统中，稳态时的温度将会达到无穷大。

另外，分析时给定的温度或对流载荷不能施加到已施加了某种热载荷或热边界条件的表面上。

1. 温度： 🔲**温度**

◆ 给点、边、面或体指定一个温度。

◆ 温度是需要求解的自由度。

2. 对流：🔥 对流

◆ 只能施加在面上（二维分析时只能施加在边上）。

◆ 对流 q 由导热膜系数 h、面积 A 以及表面温度 $T_{surface}$ 与环境温度 $T_{ambient}$ 的差值来定义。

$$q = hA(T_{surface} - T_{ambient})$$

式中，h 和 $T_{ambient}$ 是用户指定的值。

◆ 导热膜系数 h 可以是常量或是温度的函数。

3. 辐射：🔥 辐射

◆ 施加在面上（二维分析施加在边上）。

$$Q_R = \sigma \varepsilon FA(T_{surface}^4 - T_{ambient}^4)$$

式中，σ 为斯蒂芬—玻尔兹曼常数；ε 为放射率；A 为辐射面面积；F 为形状系数（默认是 1）。

◆ 只针对环境辐射，不存在于面面之间（形状系数假设为 1）。

◆ 斯蒂芬—玻尔兹曼常数自动以工作单位制系统确定。

17.4　求解选项

　　从 Workbench 工具箱中双击"稳态热"，将在项目原理图中建立一个"稳态热"模块（稳态热分析），如图 17-4 所示。

　　在 Mechanical 里，可以使用"分析设置"为热分析设置求解选项。

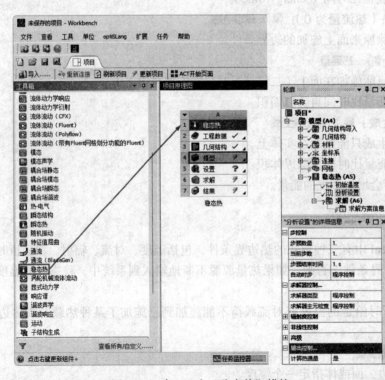

图 17-4　建立一个"稳态热"模块

为了实现热应力求解，需要在求解时把结构分析关联到热模型上。如图 17-5 所示，在"静态结构"中插入了一个"导入的载荷"分支，并同时导入了施加的结构载荷和约束。

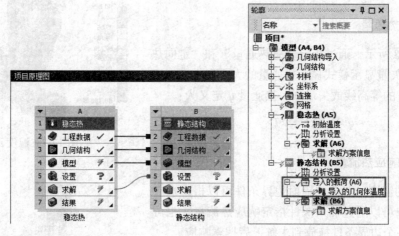

图 17-5　热应力求解

17.5　结果和后处理

后处理可以处理各种结果，包括温度、热通量、反作用的热流速和用户自定义结果，如图 17-6 所示。

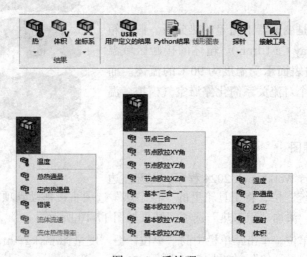

图 17-6　后处理

模拟时，结果通常是在求解前指定，但也可以在求解结束后指定。搜索模型求解结果不需要再进行一次模型的求解。

17.5.1 温度

在热分析中，温度是求解的自由度，标量，没有方向，但可以显示温度云图，如图 17-7 所示。

17.5.2 热通量

如图 17-8 所示，通过指定"总热通量"和"定向热通量"，激活矢量显示模式显示热通量的大小和方向，可以得到热通量的等高线或矢量图。热通量 q 定义为：

$$q = -KXX \cdot \nabla T$$

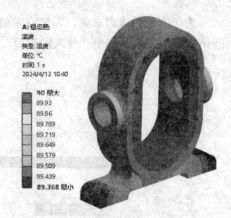

图 17-7 温度云图

17.5.3 响应热流量

对给定的温度、对流或辐射边界条件可以得到响应热流量，用户可以通过插入探针指定响应热流量，也可以交替地把一个边界条件拖放到求解上后搜索响应。

图 17-8 热通量

17.6 热分析实例 1——变速器上箱盖

变速器箱盖是一个典型的箱体类零件，是变速器的关键组成部分，用于保护箱体内的零件。本实例将分析一个如图 17-9 所示变速器上箱盖的热传导特性。

17.6.1 问题描述

在本例中进行的是变速器上箱盖的热分析。假设箱体材料为灰铸铁（Gray Cast Iron）。箱体的接触区域温度为 60℃。箱体的内表面承受温度为 90℃的流体。而箱体的外表面则用一个对流关系简化停滞空气模拟，温度为 20℃。

17.6.2 项目原理图

图 17-9 变速器上箱盖

01 打开 Ansys Workbench 2024 程序，展开左边工具箱中的"分析系统"栏，将工具箱里的"稳态热"选项直接拖动到项目管理界面中或是直接在项目上双击载入，添加"稳态热"选项，结果如图 17-10 所示。

02 设置项目单位。单击菜单栏中的"单位"→"度量标准 (kg，m，s，℃，A，N，V)"，然后选择"用项目单位显示值"，如图 17-11 所示。

03 导入模型。右键单击 A3 "几何结构"栏 ⬚ 几何结构 ❓ ，弹出快捷菜单，选择"导入几何模型"→"浏览"，然后打开"打开"对话框，打开电子资料包源文件中的"gear case .igs"。

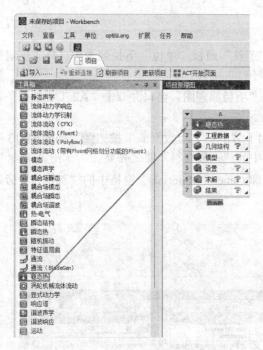

图 17-10　添加"稳态热"选项　　　　图 17-11　设置项目单位

04 双击 A4"模型"栏 ⬛ 模型 🔁 ，启动 Mechanical 应用程序，如图 17-12 所示。

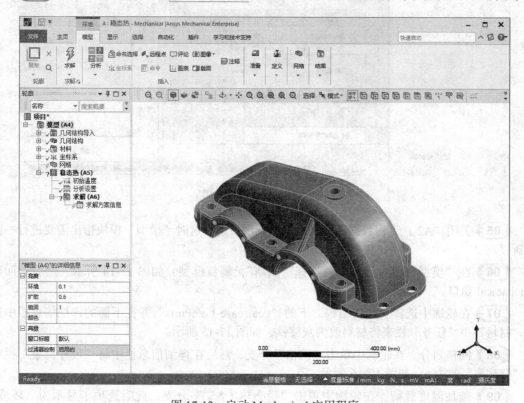

图 17-12　启动 Mechanical 应用程序

📖 17.6.3 前处理

01 设置单位系统。在"主页"选项卡"工具"面板"单位"下拉列表中选择"度量标准（m，kg，N，s，V，A）"，设置单位为米制单位。

02 为部件选择一个合适的材料，返回到"项目原理图"窗口并双击"A2 工程数据"栏 🖹 **工程数据** ✓ ，得到它的材料特性。

03 在打开的材料特性应用中，单击应用上方的"工程数据源"按钮▦，如图 17-13 所示。打开左上角的"工程数据源"窗口。单击其中的"一般材料"使之亮显。

04 在"一般材料"亮显的同时单击"轮廓 General Materials"窗格中的"灰铸铁"旁边的"+"将这两种材料添加到当前项目。

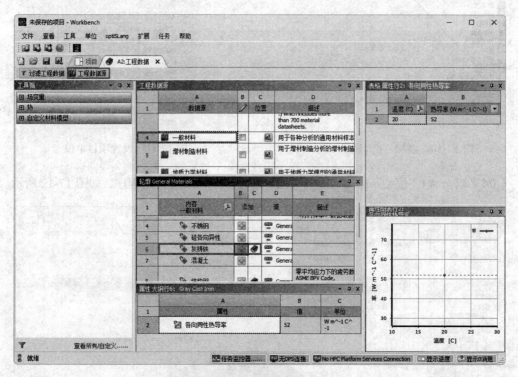

图 17-13　材料特性应用

05 关闭"A2：工程数据"标签，返回到项目中。这时"模型"模块指出需要进行一次刷新。

06 在"模型"栏右键单击，选择"刷新"，刷新模型，如图 17-14 所示。然后返回到 Mechanical 窗口。

07 在轮廓中选择"几何结构"下的"gear case-FreeParts"并在下面的详细信息栏中选择"材料"→"任务"栏来将材料改为灰铸铁，如图 17-15 所示。

08 网格划分。在轮廓中单击"网格"分支，然后在详细信息栏中将"尺寸调整"栏中的"分辨率"改为 6，如图 17-16 所示。

09 施加温度载荷。在轮廓中单击"稳态热（A5）"分支，此时选项卡显示为"环境"选项卡。单击"环境"选项卡"热"面板中的"温度"按钮🔘 温度。

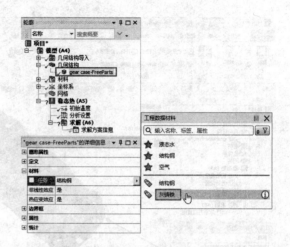

图 17-14　刷新模型　　　　　　　　　　图 17-15　改变材料

10 选择面。单击工具栏中的"面"选择按钮，然后选择如图 17-17 所示的上盖内表面（此时可首先选择一个面，然后单击工具栏中的"扩展"→"限值"）。

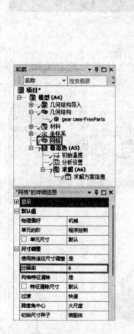

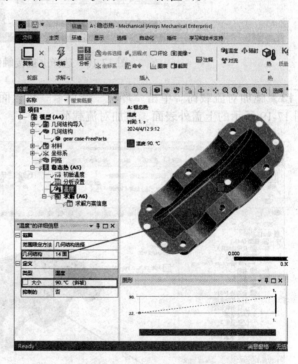

图 17-16　网格划分　　　　　　　　　图 17-17　选择上盖内表面

11 单击详细信息栏的"几何结构"栏中的"应用"按钮 应用。此时"几何结构"栏显示为 14 面，然后更改"大小"为 90℃。

12 施加温度载荷。再次单击"环境"选项卡"热"面板中的"温度"按钮 温度。选择如图 17-18 所示的上盖接触面。然后单击详细信息栏"几何结构"栏中的"应用"按钮 应用。此时"几何结构"栏显示为 8 面。更改"大小"为 60℃，如图 17-18 所示。

图 17-18　选择上盖接触面

13 施加对流载荷。单击"环境"选项卡"热"面板中的"对流"按钮 **对流**，然后选择如图 17-19 所示的上盖外表面，施加对流载荷。

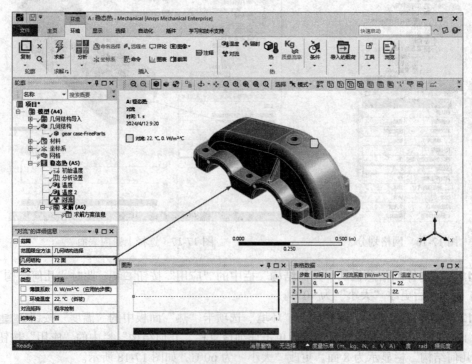

图 17-19　施加对流载荷

14 选择上盖内表面后单击详细信息栏的"几何结构"栏中的"应用"按钮 应用 。此时"几何结构"栏显示为 72 面。

15 在详细信息栏中单击"薄膜系数"栏中的箭头，然后在弹出的快捷菜单中单击"导入温度相关的"，如图 17-20 所示，弹出"导入对流数据"对话框。

16 在"导入对流数据"对话框的下栏选择框中选中"Stagnant Air–Simplified Case"，如图 17-21 所示。然后单击"OK"按钮 OK ，关闭对话框。返回到详细信息栏将"环境温度"更改为 20℃。

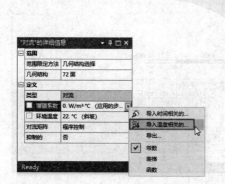

图 17-20 详细信息栏

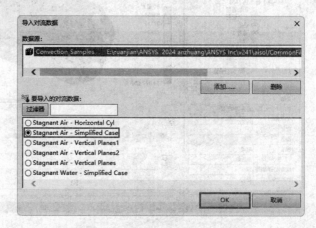

图 17-21 "导入对流数据"对话框

17.6.4 求解

求解模型，单击"求解"选项卡"求解"面板中的"求解"按钮 ⚡，如图 17-22 所示，进行求解。

17.6.5 结果

01 查看热分析的结果。单击轮廓中的"求解（A6）"分支，此时选项卡显示为"求解"选项卡。单击"求解"选项卡"结果"面板"热"下拉列表中的"温度"和"总热通量"，查看热分析的结果，如图 17-23 所示。

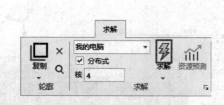

图 17-22 求解

图 17-23 查看热分析的结果

02 单击"求解"选项卡"求解"面板中的"求解"按钮 ⚡，对模型进行计算。如图 17-24 和图 17-25 所示为温度结果和总热通量结果。

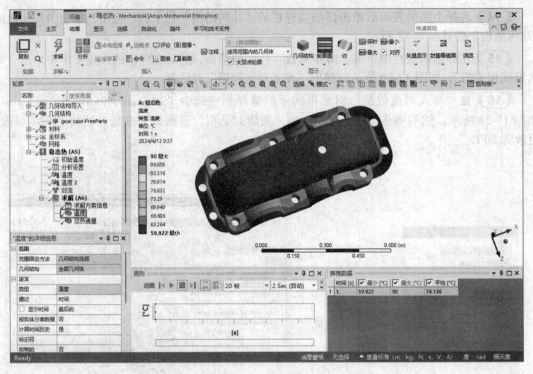

图 17-24　温度结果

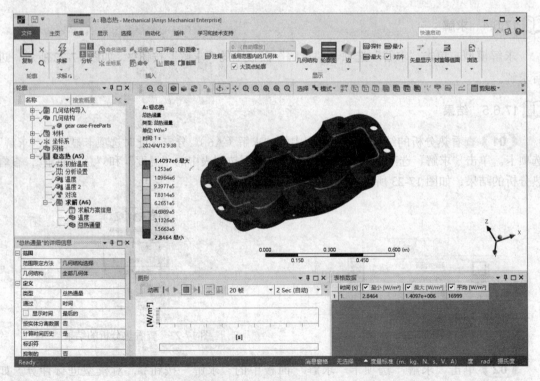

图 17-25　总热通量结果

03 查看矢量图。保持轮廓中的"总热通量"为选择状态，此时选项卡显示为"结果"选项卡。单击"结果"选项卡"矢量显示"面板中的"矢量"按钮⇥。可以以矢量图的方式来查看结果。也可以通过拖动滑块来调节矢量箭头的长短，矢量图如图 17-26 所示。

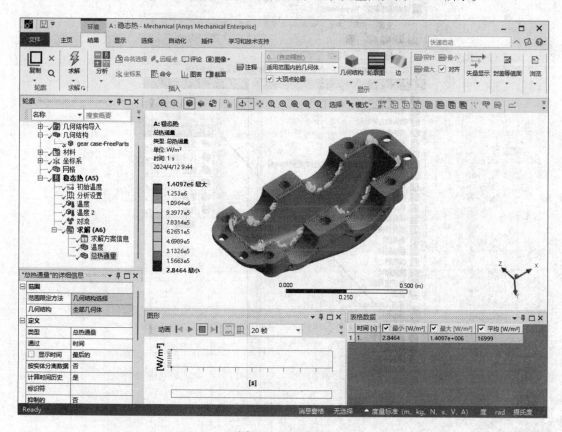

图 17-26 矢量图

17.7 热分析实例 2——齿轮泵基座

齿轮泵基座传热对其性能有重要影响。降低传热量则会增加零件的热应力，导致润滑油性能的恶化。因此，研究基座内传热显得非常重要。本实例将分析一个如图 17-27 所示齿轮泵基座的热传导特性。

📖 17.7.1 问题描述

本实例中，假设环境温度为 22℃，齿轮泵内部温度为 90℃。而齿轮泵基座外表面的传热方式为静态空气对流换热。

📖 17.7.2 项目原理图

01 打开 Ansys Workbench 2024 程序，展开左边工具箱

图 17-27 齿轮泵基座

中的"分析系统"栏,将工具箱里的"稳态热"选项直接拖动到项目管理界面中,或是直接在项目上双击载入,添加"稳态热"选项,结果如图 17-28 所示。

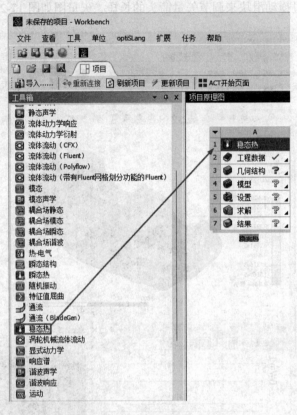

图 17-28 添加"稳态热"选项

02 设置项目单位。单击菜单栏中的"单位"→"度量标准(kg,m,s,℃,A,N,V)",然后选择"用项目单位显示值",如图 17-29 所示。

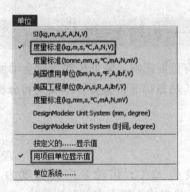

图 17-29 设置项目单位

03 导入模型。右键单击 A3"几何结构"栏 ■ 几何结构 ? ,弹出快捷菜单,选择"导入几何模型"→"浏览",然后打开"打开"对话框,打开电子资料包源文件中的"gear_ pump. igs"。

04 双击 A4 "模型" 栏 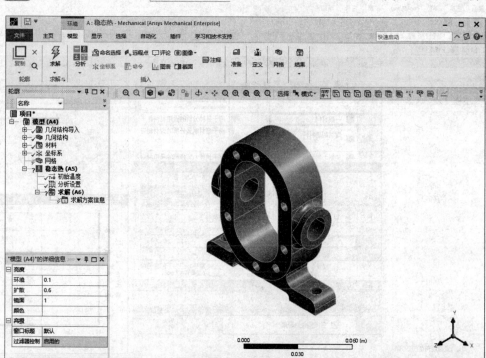 启动 Mechanical 应用程序，如图 17-30 所示。

图 17-30　启动 Mechanical 应用程序

17.7.3　前处理

01 设置单位系统。在 "主页" 选项卡 "工具" 面板 "单位" 下拉列表中选择 "度量标准 (mm, kg, N, s, mV，mA)"，设置单位为毫米单位。

02 为部件选择一个合适的材料，返回到 "项目原理图" 窗口并双击 "A2 工程数据" 栏 工程数据 ✓，得到它的材料特性。

03 在打开的材料特性应用中，单击应用上方的 "工程数据源" 按钮，如图 17-31 所示。打开左上角的 "工程数据源" 窗口，单击其中的 "一般材料" 使之亮显。

04 在 "一般材料" 亮显的同时单击 "轮廓 General Materials" 窗格中的 "灰铸铁" 旁边的 "+" 将这两种材料添加到当前项目。

05 关闭 "A2：工程数据" 标签，返回到项目中。这时 "模型" 模块指出需要进行一次刷新。

06 在 "模型" 栏右键单击，选择 "刷新"，刷新模型，然后返回到 Mechanical 窗口。

07 在轮廓中选择 "几何结构" 下的 "gear_pump-FreeParts" 并在下面的详细信息栏中选择 "材料" → "任务" 栏来将材料改为灰铸铁，如图 17-32 所示。

08 网格划分。在轮廓中单击 "网格" 分支，右键单击，如图 17-33 所示。在弹出的快捷菜单中单击 "插入" → "尺寸调整"。然后在详细信息栏中单击 "几何结构"，在绘图区域中选择整个基体，然后在详细信息栏中输入 "单元尺寸" 为 3mm，如图 17-34 所示。

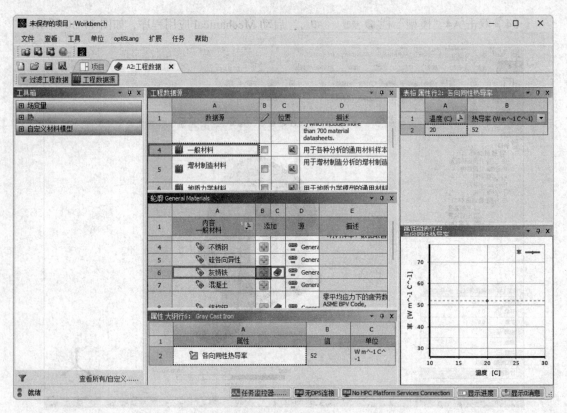

图 17-31　材料特性应用

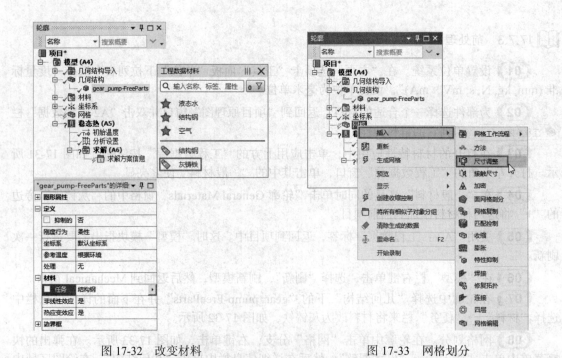

图 17-32　改变材料

图 17-33　网格划分

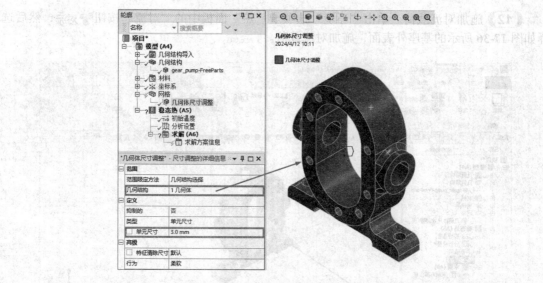

图 17-34 详细信息栏

09 施加温度载荷。在轮廓中单击"稳态热（A5）"分支，此时选项卡显示为"环境"选项卡。单击"环境"选项卡"热"面板中的"温度"按钮 温度。

10 选择面。单击工具栏中的"面"选择按钮，然后选择如图 17-35 所示的基座内表面（此时可首先选择一个面，然后单击工具栏中的"扩展"→"限值"）。

11 选择基座内表面后单击详细信息栏的"几何结构"栏中的"应用"按钮 应用。此时"几何结构"栏显示为 4 面，然后更改"大小"为 90℃。

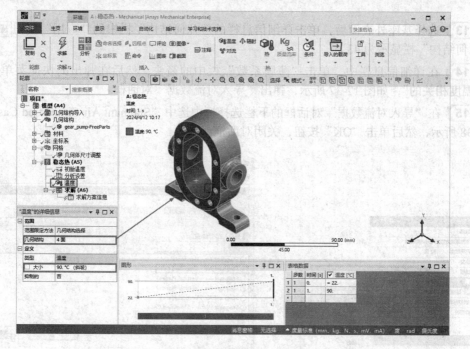

图 17-35 选择基座内表面

12 施加对流载荷。单击"环境"选项卡"热"面板中的"对流"按钮 🐝 对流，然后选择如图 17-36 所示的基座外表面，施加对流载荷。

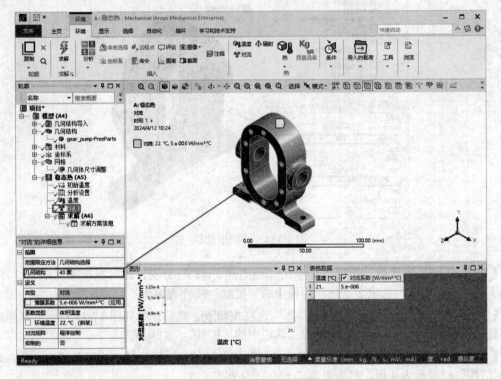

图 17-36 施加对流载荷

13 选择基座外表面后，单击详细信息栏的"几何结构"栏中的"应用"按钮 应用。此时"几何结构"栏显示为 43 面。

14 在详细信息栏中，单击"薄膜系数"栏中的箭头，然后在弹出的快捷菜单中单击"导入温度相关的"，如图 17-37 所示，弹出"导入对流数据"对话框。

15 在"导入对流数据"对话框的下栏选择框中选中"Stagnant Air-Simplified Case"，如图 17-38 所示，然后单击"OK"按钮，关闭对话框。

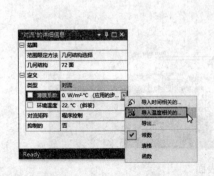

图 17-37 详细信息栏

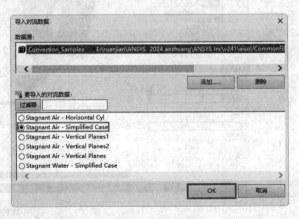

图 17-38 "导入对流数据"对话框

17.7.4 求解

求解模型，单击"求解"选项卡"求解"面板中的"求解"按钮⚡，如图 17-39 所示，进行求解。

17.7.5 结果

01 查看热分析的结果。单击轮廓中的"求解（A6）"分支，此时选项卡显示为"求解"选项卡。单击"求解"选项卡"结果"面板"热"下拉列表中的"温度"和"总热通量"，如图 17-40 所示。

图 17-39　求解　　　　　　　　　　　　图 17-40　"热"下拉列表

02 单击"求解"选项卡"求解"面板中的"求解"按钮⚡，对模型进行计算。图 17-41 和图 17-42 所示为温度结果和总热通量结果。

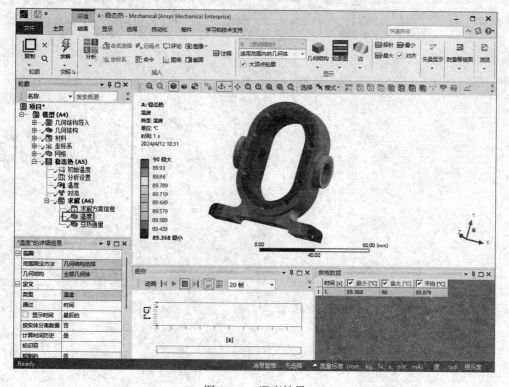

图 17-41　温度结果

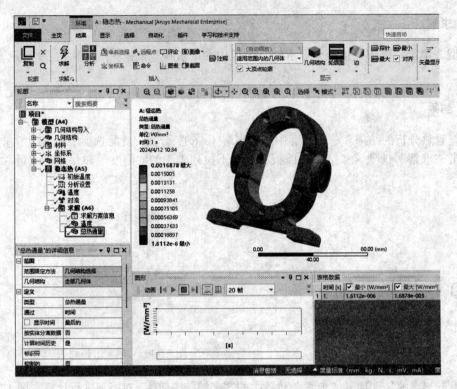

图 17-42　总热通量结果

第 **18** 章

优化设计

　　优化设计是一种寻找确定最优设计方案的技术。本章介绍了 Ansys 优化设计的全流程步骤，详细讲解了其中各种参数的设置方法与功能，最后通过拓扑优化设计实例对 Ansys Workbench 优化设计功能进行了具体演示。

　　通过本章的学习，可以完整深入地掌握 Ansys Workbench 优化设计的各种功能和应用方法。

◎ 优化设计概论

◎ 优化设计界面

◎ 优化设计实例——板材拓扑优化设计

18.1 优化设计概论

所谓最优设计，指的是一种方案可以满足所有的设计要求，而且所需的支出（如重量、面积、体积、应力、费用等）最小。即最优设计方案也可理解为一个最有效率的方案。

设计方案的任何方面都是可以优化的，如尺寸（如厚度）、形状（如过渡圆角的大小）、支撑位置、制造费用、自然频率、材料特性等。实际上，所有可以参数化的 Ansys 选项均可做优化设计。

📖 18.1.1 Ansys 优化方法

Ansys 提供了两种优化方法，这两种方法可以处理绝大多数的优化问题。零阶方法是一种很完善的处理方法，可以很有效地处理大多数的工程问题。一阶方法基于目标函数对设计变量的敏感程度，因此更加适于精确的优化分析。

对于这两种方法，Ansys 提供了一系列的分析—评估—修正的循环过程。即对初始设计进行分析，对分析结果就设计要求进行评估，然后修正设计。这一循环过程重复进行，直到所有的设计要求都满足为止。除了这两种优化方法，Ansys 还提供了一系列的优化工具以提高优化过程的效率。例如，随机优化分析的迭代次数是可以指定的。随机计算结果的初始值可以作为优化过程的起点数值。

在 Ansys 的优化设计中，包括的基本定义有设计变量、状态变量、目标函数、合理和不合理的设计、分析文件、迭代、循环、设计序列等。可以参考下面这个典型的优化设计问题。

在以下的约束条件下找出如图 18-1 所示矩形截面梁的最小重量。

总应力 σ 不超过 σ_{max} [$\sigma \leqslant \sigma_{max}$]；梁的变形 δ 不超过 δ_{max}[$\delta \leqslant \delta_{max}$]；梁的高度 h 不超过 h_{max}[$h \leqslant h_{max}$]。

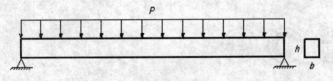

图 18-1　矩形截面梁

📖 18.1.2 定义参数

在 Ansys Workbench 2024 中的设计探索主要帮助工程设计人员在产品设计和使用之前确定其他因素对产品的影响。根据设置的定义参数进行计算，确定如何才能最有效地提高产品的可靠性。在优化设计中所使用的参数是设计探索的基本要素，而各类参数可来自 Mechanical、DesignModeler 和其他应用程序中。设计探索中共有三类参数：

（1）输入参数。输入参数可以从几何体、载荷或材料的属性中设定。如可以在 CAD 系统或 DesignModeler 中定义厚度、长度等作为设计探索中的输入参数，也可以在 Mechanical 中定义压力、力或材料的属性作为输入参数。

（2）输出参数。典型的输出参数有体积、重量、频率、应力、热流、临界屈曲值、速度和质量流等。

（3）导出参数。导出参数是指不能直接得到的参数，所以导出参数可以是输入和输出参数的组合值，也可以是各种函数表达式等。

18.1.3 设计探索优化类型

在 Ansys Workbench 2024 中，设计探索的优化工具包括 3 种：

（1）参数相关性：用于得到输入参数的敏感性，也就是说可以得出某一输入参数对相应曲面的影响究竟是大还是小。

（2）响应面：能直观地观察到输入参数的影响，图表形式能动态地显示输入与输出参数间的关系。

（3）目标驱动优化：简称 GDO。在设计探索中分为两部分，分别是直接优化及响应面优化。实际上它是一种多目标优化技术，是从给出的一组样本中来得到一个"最佳"的结果。其一系列的设计目标都可用于优化设计。

18.2 优化设计界面

18.2.1 设计探索用户界面

进行优化设计时，需要自 Ansys Workbench 2024 中进入到设计探索的优化设计模块，在 Workbench 界面下，设计探索栏在图形界面的左边区域，里面包含优化设计的 5 种类型：3D ROM、参数相关性、响应面、响应面优化和直接优化，如图 18-2 所示。

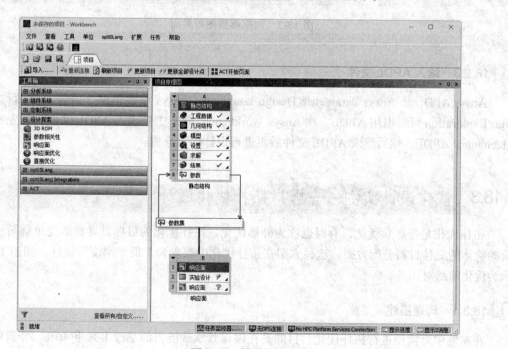

图 18-2　图形界面

📖 18.2.2　设计探索数据参数界面

在数据参数图形界面中，用户能见到轮廓、属性、表格、图表等，如图 18-3 所示。

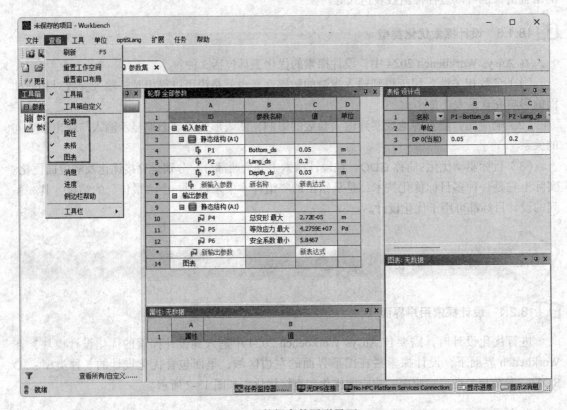

图 18-3　数据参数图形界面

📖 18.2.3　读入 APDL 文件

Ansys APDL 是 Ansys Parametric Design Language（Ansys 参数化设计语言）的简称。Design Exploration 可以引用 APDL。在 Ansys Workbench 2024 中要读入 APDL 文件，则先要打开 Mechanical APDL，然后读入 APDL 文件后再进行设计探索分析。

18.3　优化设计实例——板材拓扑优化设计

拓扑优化是指形状优化，有时也称为外形优化。拓扑优化的目标是寻找承受单载荷或多载荷的物体的最佳材料分配方案。这种方案在拓扑优化中表现为"最大刚度"设计。如图 18-4 所示为优化前后对比。

📖 18.3.1　问题描述

在本例中对模型进行拓扑优化，目的是在确保其承载能力的基础上减重 40%。分析使用软件是针对普通设计工程师的设计探索快速分析工具，使用该软件具有使用方便、快捷、不需要具备有限元基本知识的特点。利用设计探索的拓扑优化功能，得到了在承受固定载荷下的支架模型，以减少的材料质量为状态变量，保证结构刚度最大的拓扑形状，为后期的详细设计提供依据。

图 18-4　优化前后对比

18.3.2　项目原理图

01 打开 Workbench 程序，展开左边工具箱中的分析系统栏，将工具箱里的"静态结构"选项直接拖动到项目管理界面中或是直接在项目上双击载入，添加"静态结构"选项，结果如图 18-5 所示。

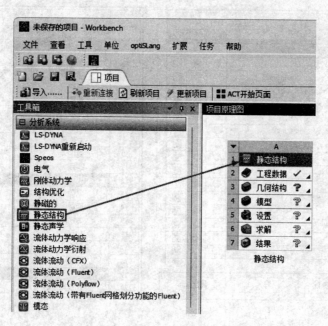

图 18-5　添加"静态结构"选项

02 在工具箱中选中"结构优化"选项，按着鼠标不放，向项目管理器中拖动，此时项目管理器中可拖动到的位置将以绿色虚线框显示，如图 18-6 所示。

03 添加"结构优化"选项到"静态结构"模块的第 6 行的"求解"栏中，此时两个模块分别以字母 A、B 编号显示在项目管理器中，其中两个模块中间出现 4 条链接，其中以方框结尾的链接为可共享链接、以圆形结尾的链接为下游到上游链接，结果如图 18-7 所示。

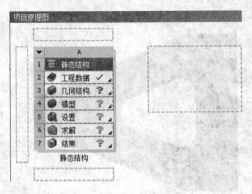 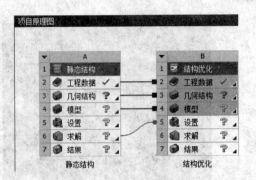

图 18-6　可拖动到的位置　　　　　　　　　图 18-7　添加"结构优化"选项

04 在 Ansys Workbench 2024 主界面中选择菜单栏中的"单位"→"单位系统"命令，打开"单位系统"对话框，如图 18-8 所示。取消 D8 栏中的对号，"度量标准（kg，mm，s，℃，mA，N，mV）"选项将会出现在"单位"菜单栏中。设置完成后单击"关闭"按钮 关闭 ，关闭此对话框。

	A	B	C	D			A	B
1	单位系统	✔		✗		1	数量名称	单位
2	SI(kg,m,s,K,A,N,V)	○		□		2	基础单元	
3	度量标准(kg,m,s,℃,A,N,V)	◉	◉	□		3	角度	radian
4	度量标准(tonne,mm,s,℃,mA,N,mV)	○		□		4	化学量	mol
5	美国惯用单位(lbm,in,s,℉,A,lbf,V)	○		□		5	当前	A
6	美国工程单位(lb,in,s,R,A,lbf,V)	○		□		6	长度	m
7	度量标准(g,cm,s,℃,A,dyne,V)	○		✔		7	亮度	cd
8	度量标准(kg,mm,s,℃,mA,N,mV)	○		☑		8	质量	kg
9	度量标准(kg,µm,s,℃,mA,µN,V)	○		✔		9	立体角	sr
10	度量标准(decatonne,mm,s,℃,mA,N,mV)	○		✔		10	温度	K
11	美国惯用单位(lbm,ft,s,℉,A,lbf,V)	○		✔		11	时间	s
12	一致的CGS	○				12	常见单元	
13	一致的NMM	○				13	电荷	A s
14	一致 µMKS	○				14	能量	J
15	一致的KGMMMS	○				15	力	N
16	一致的GMMMS	○				16	功率	W
17	一致 BIN	○				17	压力	Pa
	一致 BGT					18	电压	V
						19	其他单位	
						20	加权声压级	dBA

复制　　删除　　导入……　　导出……　　　　　　　　　　　　　　　关闭

图 18-8　"单位系统"对话框

05 选择菜单栏中的"单位"→"度量标准（kg，mm，s，℃，mA，N，mV）"命令，设置模型的单位，如图 18-9 所示。

06 新建模型。右键单击 A3 "几何结构" 栏 ，弹出快捷菜单，选择 "新的 DesignModeler 几何结构"，打开 DesignModeler 模型。

07 设置单位系统。单击菜单栏中的 "单位" → "毫米"，采用毫米为单位。

图 18-9　设置模型的单位

18.3.3　创建模型

01 创建工作平面。首先单击选中树轮廓中的 "XY 平面" **XY平面** 分支，然后单击工具栏中的 "新草图" 按钮，创建一个工作平面，此时树轮廓中的 "XY 平面" 分支下，会多出一个名为 "草图 1" 的工作平面。

02 创建草图。单击选中树轮廓中的 "草图 1" 草图，然后单击树轮廓下端的 "草图绘制" 标签，打开 "草图绘制" 工具箱窗格。在新建的 "草图 1" 的草图上绘制图形。单击工具栏中的 "查看面 / 平面 / 草图" 按钮，将视图切换为 XY 方向的视图。

03 绘制草图。打开的草图绘制工具箱默认展开 "绘制" 栏，利用其中的绘图工具绘制如图 18-10 所示的草图。

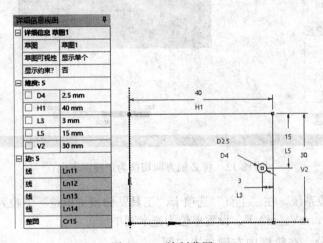

图 18-10　绘制草图

04 拉伸模型。单击工具栏中的 "挤出" 命令 **挤出**，此时树轮廓自动切换到 "建模" 标签，并生成 "挤出 1" 分支。在详细信息视图中，设置 "FD1，深度（>0）" 为 1mm，即拉伸深度为 1mm。单击工具栏中的 "生成" 按钮 **生成**。

05 隐藏草图。在树轮廓中右键单击挤出 1 分支下的草图 1。在弹出的快捷菜单中选择 "隐藏草图"。最后生成的模型如图 18-11 所示。

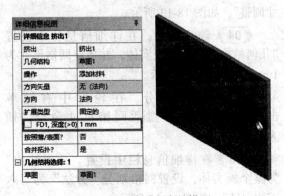

图 18-11　最后生成的模型

📖 18.3.4 前处理

01 双击 A4 "模型" 栏 📦 模型 🔁 ◢，启动 Mechanical 应用程序。单击绘图区域右下角坐标中的 Z 轴，将 Z 轴方向切换为正视图方向，如图 18-12 所示。

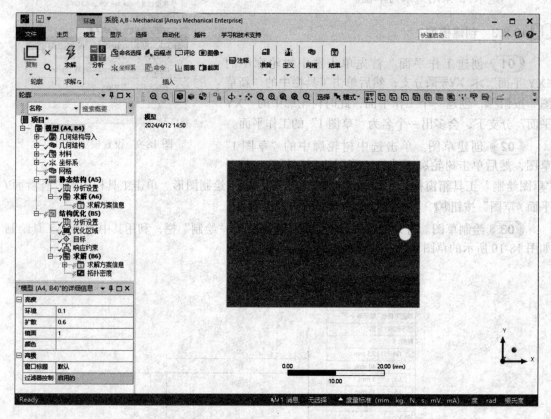

图 18-12 将 Z 轴方向切换为正视图方向

02 设置单位系统。在 "主页" 选项卡 "工具" 面板 "单位" 下拉列表中选择 "度量标准（mm，kg，N，s，mV，mA）"，设置单位为毫米制单位。

03 网格划分。在轮廓中右键单击 "网格" 分支，激活网格尺寸命令 "插入" → "尺寸调整"，如图 18-13 所示。

04 输入尺寸。在详细信息栏中设置 "几何结构" 为整个板实体，并指定网格尺寸为 1mm，如图 18-14 所示。

05 网格划分。在轮廓中右键单击 "网格" 分支，激活网格尺寸命令 "插入" → "方法"。

06 在详细信息栏中设置 "几何结构" 为整个板实体，设置网格划分 "方法" 为 "六面体主导"，如图 18-15 所示。

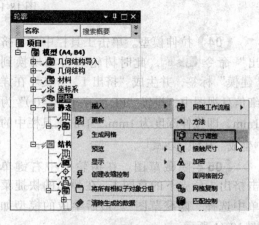

图 18-13 网格划分尺寸调整

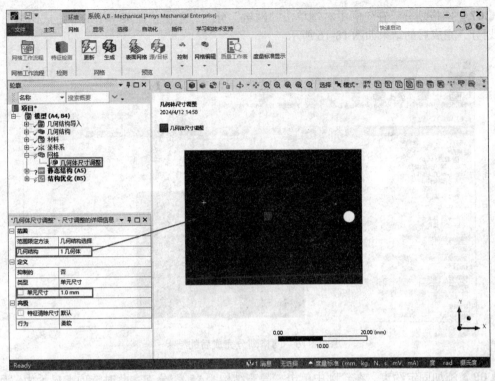

图 18-14　输入尺寸

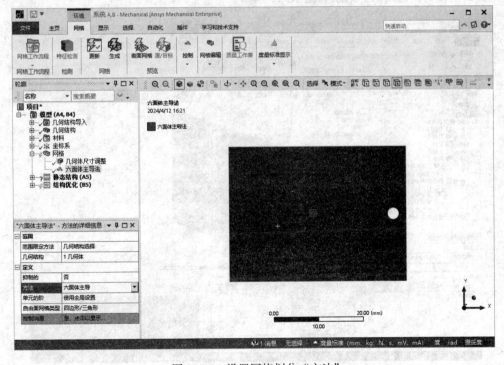

图 18-15　设置网格划分"方法"

07 网格划分。在轮廓中右键单击"网格"分支，单击快捷菜单中的"生成网格"进行网格划分，完成后的结果如图 18-16 所示。

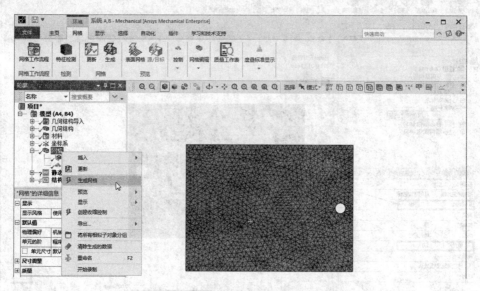

图 18-16　网格划分完成后的结果

08 施加固定约束。在轮廓中单击"静态结构（A5）"分支，此时选项卡显示为"环境"选项卡。单击"环境"选项卡"结构"面板中的"固定的"按钮 固定的。选择实体的左端面，将左端面约束设为固定约束，结果如图 18-17 所示。

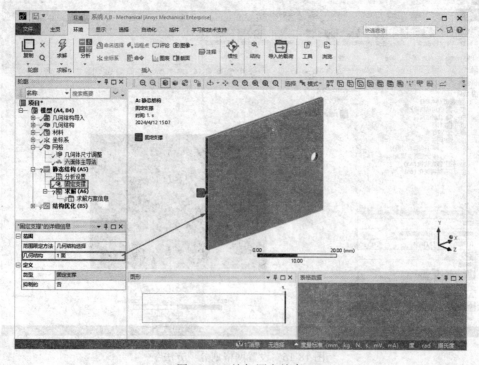

图 18-17　施加固定约束

09 施加载荷约束。实体最大负载为10N，作用于圆孔垂直向下。单击"环境"选项卡"结构"面板中的"力"按钮💢 力，插入一个"力"，在轮廓中将出现一个力选项。

10 选择参考受力面，并指定受力位置为圆孔面。将"定义依据"栏更改为"分量"，然后将"Y分量"改为–10N。符号表示方向沿Y轴负方向，大小为10N，如图18-18所示。

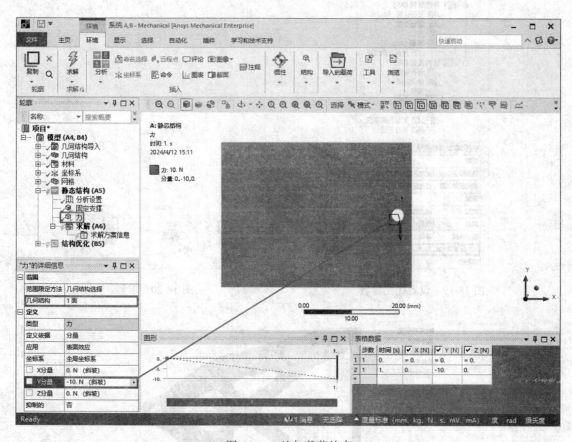

图18-18　施加载荷约束

11 设置优化参数。单击模型中结构优化（B5）分支下的"响应约束"，在详细信息栏中的"保留百分比"更改为50%，如图18-19所示。

18.3.5　求解

求解模型，单击"主页"选项卡"求解"面板中的"求解"按钮💢，如图18-20所示，进行求解。

18.3.6　结果

查看优化分析的结果，单击树形目录中"求解（B6）"分支下的"拓扑密度"，设置"保留阈值"为0.2，查看优化分析后的结果，如图18-21所示。

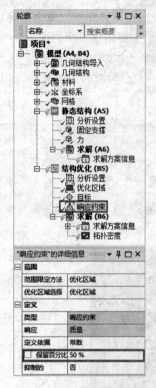

图 18-19　设置优化参数

图 18-20　求解

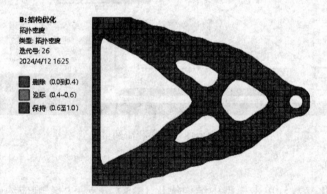

图 18-21　优化分析后的结果